DEUTSCHE AKADEMIE DER WISSENSCHAFTEN ZU BERLIN
INSTITUT FÜR DEUTSCHE SPRACHE UND LITERATUR

WÖRTERBUCH DER DEUTSCHEN TIERNAMEN

herausgegeben von
Wilhelm Wissmann †

INSEKTEN

5. Lieferung

bearbeitet von Wolfgang Pfeifer

AKADEMIE-VERLAG · BERLIN
1967

Erschienen im Akademie-Verlag GmbH, 108 Berlin, Leipziger Straße 3–4

Lizenznummer: 202 · 100/98/67
Gesamtherstellung: VEB Druckhaus „Maxim Gorki", 74 Altenburg
Bestellnummer: 3044/5 · ES 7 D/18 G 3 · 18,–

905. Der N. wird teils mit 'Laubkäfer', teils mit 'Grünkäfer' interpretiert, so daß dabei nicht nur an *Melolontha* F., sondern auch an → *Amphimallon* BERTH., → *Cetonia* F., → *Potosia* MULS. und andere größere Käfer zu denken ist. — *scarabaeus salignéus* HENISCH Thes. (1616) 621. — *scarabaeus arboreus* JONSTON Hist. Nat. Ins. (1657) 69. — *bruchus* DECIMATOR Thes. (1608) 173; hier zwar als „Brachkäfer" verdeutscht, doch sind darunter wohl auch die als verheerende Plage einfallenden Maikäfer zu verstehen, s. Beiheft 1, S. 26ff. Danach eindeutig *bruchus* „mayen-käfer" KIRSCH Cornucopiae (1718) 215; WEBER Lex. 3 (1770) 495. *bruchus majalis* ALER Dict. 2 (1727) 1355.

Dem Volke sind die Maikäfer wohl bekannt. Sie sind vielfach die Vertreter des Begriffes Käfer schlechthin (s. unten 2); sie waren es auch, die den inhaltlichen Wandel des Wortes *Käfer* von 'Heuschrecke' zu 'Käfer' entscheidend bestimmten (s. oben Sp. 64f. und vor allem Beiheft 1, bes. S. 24ff.). Man begegnet ihrem Auftreten mit zwiespältigen Gefühlen: Als einzelne werden sie als Frühlingsboten geschätzt und begrüßt (s. Hwb. Abgl. 5, 1532), in der Masse gelten sie als zu bannende Plage (s. Beiheft 1, S. 27f.) und werden heute als schwere Schädlinge bekämpft. Dennoch bleiben sie ein begehrtes Objekt des Kinderspiels; Kinderreime und Ansingeverse zeugen von ihrer Beliebtheit. Ihre Neigung zu Aberrationen hat weithin zu besonderen N.n geführt, mit denen die Farbvarianten unterschieden werden (s. unten 7). Die Larven (Engerlinge) sind gut bekannt und haben eine Vielzahl von N.n erhalten (s. unten 9ff.).

1. Zeit des Auftretens. Zu den wesentlichen Eigentümlichkeiten der Käfer gehört ihre Flugzeit im Mai (vgl. schon: „scarabei rubei qui in principio aestatis in mense Madio folia corrodunt" [13. Jh.] ALBERTUS MAGNUS De Anim. 15, 43). Früheres Auftreten (zweite Aprilhälfte) in wärmeren Lagen bei günstigem Wetter ist möglich, aber selten. Da die Käfer nach Begattung und Eiablage rasch absterben, sind sie kaum über den Monat Mai hinaus anzutreffen. — Für die Varianten des Grundworts *-käfer* vgl. oben Sp. 64ff. und unten Sp. 517ff. *Majenkefer* (15. Jh.) Tegernseer Fischbüchl. 177. *megenkefer* TROCHUS Voc. (1517) H 6 a. *Maykeffer* (16. Jh.) bei LINDNER Jagdtraktate 1, 270. *Meykefer* (Straßburg 1554) Jb. Gesch. Elsaß-Lothr. 4, 56. *Maiokefer* (16. Jh.) FISCHER Schwäb. 4, 1404. *Meyenkefer* SCHWENCKFELD Theriotropheum (1603) 554; HELLWIG Thiergarten (1703) 273. *Maykäfer* Samml. Nat.- u. Med.-Gesch. (Frühling 1718) 965. *Maikäfer* ALER Dict. 2 (1727) 1355; CAMPE 3 (1809) 192; BREHM 6 ([1]1869) 23; SCHMIDT Schadinsekten (1939) 37. *Meichäfer(e)* FRIEDLI Bärndütsch 6, 208 und 268. *Meichäber* HUNZIKER Aargau 178. *Maienchäfer* Schweiz. Id. 3, 162. *Maienkäfer* MITZKA Schles. 2, 838. *Mejakäfr* KNOTHE Nordböhmen 393. *Maie-*, *Maierkäfer* FISCHER Schwäb. 4, 1404. *Mejerchäfer* KUMMER Schaffhausen 2, 63. Auch umgestellt zu *Käfermaier* FISCHER a. a. O. *Mojakeafer* BIRLINGER Schwäb.-Augsb. 325. *Mäkäwer* AUTENRIETH Pfälz. 91. *Mäkavr* (Schles.) Zs. f. dt. Maa. (1906) 340. *Meerkaver* MITZKA Schles. 2, 862. *Maikäwer* SCHMOECKEL-BLESKEN Soest 178. *Maikewr* (Oberharz) Zs. f. hd. Maa. 4 (1903) 53. *Mäkābr* LUX Dobschau (Zips) 138. *Maikevver* WREDE Köln 2, 172. *Maikäwer* WOSSIDLO-TEUCHERT Mecklenb. 4, 1072; (Quedlinburg) Nd. Jb. 30 (1904) 10; DANNEIL Altmärk. 131. *Maikaewe* f. SCHAMBACH Göttingen 129. *Maikēw* f., *Maikiarw* f. WOESTE Westfalen 169. *Maikäff* Zs. d. Vereins f. rhein. u. westfäl. Volkskde 30 (1933) 61. *Maikäber*, *-keeber* BRENDICKE Berlin 148. *Mäkiewer* Luxemb. Wb. 2, 350. Dazu die wohl erstarrten Diminutivformen *Maekeawek* (Westfalen) Nd. Jb. 49 (1923) 15. *Mäkiewerlek* Luxemb. Wb. a. a. O. — Vgl. nl. *mey-kever* HOUTTUYN 9 (1766) 210, *meikever* Nl. Wb. 9, 465; engl. *May-chafer*, *May-beetle* NED 6, M 256, *May-bug* ebda 259; schwed. *majbagge* SAO 16, M 62.

Im Nd. die sibilierten Formen *Maisäwer* WOSSIDLO-TEUCHERT Mecklenb. 4, 1072. *Maisebber*, *-seber*, *-sewwer*, *-sewer* MENSING Schlesw.-Holst. 3, 576. *Maiseber* SCHUMANN Lübeck 5. *Maizēba*, *-zēva* LARSSON Altengamme 35. *Maisäbr*, *-säwe(r)* KÜCK Lüneburg 2, 343. *Maitsēve(r)*, *-tsīve(r)* BISCHOFF Elbostfälisch 62. *Mesewer*, *Matsewer*, *Mesewel*, *-sēwel* SCHAMBACH Göttingen 134. *Maisewel* (Braunschweig) Korr.-Bl. d. Vereins f. nd. Sprachf. 26 (1905) 85. *Maisaebl* (Hildesheim) FROMMANN Dt. Maa. 1, 40. *Maisēweke(n)* WREDE Plattdt. (Hannover) 158. — Zum Anlaut vgl. oben Sp. 66.

Meynkefert ROLLENHAGEN Froschmeuseler (1595) Ccc 3b. *Maikäwwert* Rhein. Wb. 6, 271. *Maikēwerte* f. LEITHAEUSER Berg. Land 23. *Maikäferz* BERTHOLD Hess.-Nass. 2, 226. *Maikiwwert*, *-kiwwerz*, *-kiwwes*, *-kiwwig*, *-kiw(w)el(ze)* Rhein. Wb. 5, 766. *Maigiwelze* ebda 760. *Maikiwitz*, *-kewetz* BERTHOLD a. a. O. *Maikitz* LEITHAEUSER a. a. O.; Rhein. Wb. 5, 765. *Maikats(e)* f. WOESTE Westfalen 196; wohl entstanden aus < *-kave(r)te*, wie auch *Maekate* f. (Westfalen), vgl. NÖRRENBERG in: Nd. Jb. 49 (1923) 25.

Meikavel SCHILLER-LÜBBEN Mnd. Wb. 3, 59. *Mai-*, *Mägkäwel* WOESTE Westfalen 168 und 169. *Maikäwel*, *-kiëwel* SCHMOECKEL-BLESKEN Soest 178. *Maikiäwel* (Recklinghausen) Korr.-Bl. d. Vereins f. nd. Sprachf. 17 (1893) 54. *Maikaewel*, *-kaebel* SCHAMBACH Göttingen 129. *Meikäwel*, *-köwel*, *-käwel* BERTHOLD Hess.-Nass. 2, 225. *Maikabbel*, *-keabel*, *-kavelts*, *-kabats* Rhein. Wb. 5, 761. *Maikäfel*, *-käfelster* ebda. *Maigēwelchen* ebda 760.

Maikob(b)el, *-köb(b)el*, *-kövvel*, *-kowert*, *-köwes* Rhein. Wb. 5, 766. *Maikobbelt* WIRTH

Volkskde in Anhalt 4/5, 30. *Mikkööbe* (Rogasen) Zs. f. dt. Maa. (1914) 319.

Maikleber KEHREIN Nassau 463; BERTHOLD Hess.-Nass. 2, 229. *Mēkleber* CRECELIUS Oberhessen 573. *Maykleber* SCHMIDT Westerwäld. 112. *Maikleber, -klēwer* Rhein. Wb. 5, 766. *Maiklewer* KEHREIN a. a. O. *Maikleawwer* CRECELIUS a. a. O. 505. *Mai-, Mäjgläwer* HEINZERLING-REUTER Siegerland 87. *Maiglewern* FREILING Hess. Odenwald 36. *Maiglewe* BORN Darmstadt § 272. — Zu den Formen des Grundworts s. oben Sp. 67.

Mai-, Mēklette CRECELIUS Oberhessen 573. *Maiklette, -klatte* BERTHOLD Hess.-Nass. 2, 229. *Maiglat* CORELL Ziegenhain 88; zu *Glat* 'Klette'. *Maiglad* WENZEL Wortatlas d. Kreises Wetzlar 78. Dazu die Weiterbildung (wohl an *klettern* angelehnt, vgl. WENZEL a. a. O.) *Maikletter, -klatter* BERTHOLD a. a. O. *Mājegleder* BROMM Marburg § 69. *Maiklader* GRASSOW Kassel 57. *Maiglecke* („Spielform von *Maiklette*") WENZEL a. a. O. — Zu den Formen s. oben Sp. 67.

Maikrabbel Rhein. Wb. 5, 766; LEITHAEUSER Berg. Land 23. *Mai-, Moikrabbel* HARTWIG in: Jahresber. Ravensberg 40 (1926) 32. *Maikrabbelte* f. HALBACH Berg. Sprachsch. 427. *Maikrabbelter* m. Rhein. Wb. a. a. O. *Maikrabbeltse* LEITHAEUSER a. a. O. *Maikrabatze* Rhein. Wb. a. a. O.; HALBACH a. a. O. *Maikrawatze* LEITHAEUSER a. a. O. *Maikrabammelte* Rhein. Wb. a. a. O. *Maikräwwel* BERTHOLD Hess.-Nass. 2, 229.

Maikrammelte f. LEITHAEUSER Berg. Land 23; Rhein. Wb. 5, 767. Vgl. *krimmeln, kremmeln* 'sich auf engstem Raum durcheinanderbewegen, wimmeln' ebda 4,1514.

Maigratschke, -gratschker MITZKA Schles. 2, 838; vgl. *grätschen* 'unbehilflich schreiten' WEINHOLD Schles. 29, 'spreizen, breitbeinig gehen' MITZKA 1, 447, daneben auch *gratschen* 'plump zugreifen, ungeschickt tasten' WEINHOLD a. a. O.

Maikāmel, Mechkömel („wahrscheinlich Mischung aus *-kafel* und *-hammel*") BERTHOLD Hess.-Nass. 2, 226. *Mākōmr* LUX Dobschau (Zips) 138. *Maikamer(t)* MARTIN-LIENHART Elsäss. 1, 437. *Maikām* WOESTE Westfalen 169. *Maikämer* Rhein. Wb. 5, 765. *Maikemer* DAMKÖHLER Nordharz 121. *Maikämel, -kämelte* Rhein. Wb. a. a. O. *Maikemelte* HALBACH Berg. Sprachsch. 427. *Maikimmert, -kimmelze* Rhein. Wb. a. a. O.

Maikips Rhein. Wb. 5, 765; FOLLMANN Lothring. 350; SCHÖN Saarbrücken 136. *Maikibbels, -kibbens, -kibbes, -kibbicks* Rhein. Wb. a. a. O.

Maigatscher MITZKA Schles. 2, 838. *Mai-, Maien-, Maiakatscher, Mokatscha* ebda 836; 838; 889. Zu *katschen, kätschen* '(laut oder schmatzend) kauen' JUNGANDREAS Schles. Zeitwortbildg. 87, DWb 5, 278; vgl. auch *Junikatscher* Sp. 444, *Mistkatscher* Sp. 489. *Maiknabbel, Maiknebel* Rhein. Wb. 5, 766; vgl. *knabbeln, knäbbeln* 'knabbern, nagen' ebda 4, 834. *Maienmummel, -momel* BERTHOLD Hess.-Nass. 2, 222; zu *mummeln* 'mit zahnlosem Munde kauen', *Mummel* 'Käfer' ebda 2, 390. *Maifrisser* Luxemb. Wb. 2, 350; analog zu luxemb. *Looffrisser* [Laub-], s. unten Sp. 521.

Majewiwwel, Määkwewwel BERTHOLD Hess.-Nass. 2, 222. *Mēkwiwel* CRECELIUS Oberhessen 573. Vgl. *Wibel*, s. oben Sp. 67f. Dazu wohl als Weiterbildung *Maigwelem* [-wilhelm?] BERTHOLD a. a. O. 232.

Maibope FOLLMANN Lothring. 350. Vgl. *Bope* 'Käfer', s. oben Sp. 69. *Maibackel* ZIESEMER Preuß. 1, 359. Vgl. *Backel* 'Käfer', s. oben Sp. 71.

Meiklemer FOLLMANN Lothring. 350. *Maiklämmer* Rhein. Wb. 5, 766. *Maiklemmer* BERTHOLD Hess.-Nass. 2, 229. Dazu vgl. Zusammensetzungen mit *-klemmer, -kneiper*, s. oben Sp. 493.

Maitier BERTHOLD Hess.-Nass. 2, 231; KEHREIN Nassau 271; Rhein. Wb. 5, 771. *Mai-, Mädeier* Luxemb. Wb. 2, 350. *Maidea* ZENDER Eifel 233.

Maywurm ADELUNG 3 (1777) 425. *Maiwurm* MÜLLER-FRAUREUTH Obersächs. 2, 683; MITZKA Schles. 2, 838. Eigentl. N. für → *Meloe* L., s. oben Sp. 409f., auch für 'Engerling' s. unten. Die Namensgleichheit von *Melolontha* und *Meloe* beruht sicher nicht auf Verwechslung, ungenauer Unterscheidung oder Übertragung; der N. *Maiwurm* ist vielmehr beide Male als 'Insekt im Mai' aufzufassen und als jeweils selbständige Bildung anzusehen. *Maigewürm* BERTHOLD Hess.-Nass. 2, 225.

Maiatzel SCHMIDT Straßburg 71; MARTIN-LIENHART Elsäss. 1, 86; Reimwort auf *Dreckspatzel*, vgl. auch *Muratzel* 'Assel' ebda. *Maiding* BERTHOLD Hess.-Nass. 2, 221. *Maiendüppel* FISCHER Schwäb. 6, 2509. *Moiadippel* BERTELE in: Bayer. Hefte f. Volkskde 2/3 (1915) 151. Vgl. *Düppel, Dibl* 'Drehkrankheit der Schafe', 'dummer Mensch', *düppelig* 'schwindlig, tölpelhaft' FISCHER 2, 474f. *Maifläz* Hallesche Monatsh. 2 (1955) 7,35; *Fläz* 'ungehobelter, rüpelhafter Mensch, Flegel' MÜLLER-FRAUREUTH Obersächs. 1, 340. *Maiflēel* [-flegel] Rhein. Wb. 5, 759. *Mai-, Maiergeier* (Leipzig) mündl. *Maiguweld* SCHÖNFELD Fuhnegeb. 30. *Maijocki* MITZKA Schles. 2, 838. *Maikegel* Rhein. Wb. 5, 765. *Maikerf, -kerwer, -kerbs* ebda. *Maiklabaster, -klabatz* ebda. *Maikoben* MITZKA Schles. 2, 838. *Maikrätschel, -krätzer* BERTHOLD a. a. O. 229. *Maikürmes* ebda. *Maikutt* MITZKA a. a. O. *Mailatz* BERTHOLD 2, 229; vgl. hess. *Käferletz, -latz* '(Mai-)Käfer', s. unten Sp. 518. *Maipanz* Rhein. Wb. 5, 769; vgl. *Panz* verächtliche Bezeichnung von Personen, Kindern u. dgl. ebda 6, 490, eigentl. 'Rumpf größerer Säugetiere' ebda 6, 488. *Maipotsch* MITZKA Schles. 2, 839; vgl. *Pōtsch* 'schwerfällig herumtappender, alberner Mensch' KNOTHE Nordböhmen 145. *Maischipps*

Rhein. Wb. 5, 771; vgl. *schipsen* 'piepen, zirpen', *Schipstierchen* 'Grille' ebda 7, 1147 und 1149. *Maiwatz* [<-käferz?] BERTHOLD a. a. O. 2, 232; doch vgl. auch hess. *Watz* 'männl. Zuchtschwein, Eber' CRECELIUS Oberhess. 896.

Maiker MITZKA Schles. 2, 838. *Mœitse* („in Klagenfurt sind unter der Jugend männliche Koseformen auf *-tse* sehr beliebt") LESSIAK Pernegg/ Kärnten 95.

Junikewert Rhein. Wb. 3, 1253. *Johanniskleber* BERTHOLD Hess.-Nass. 2, Karte 29; zum Grundwort s. oben Sp. 67. *Brachkäfer* ZIESEMER Preuß. 1, 749. *Brukafer*, *Brouchkafer* KNOTHE Nordböhmen 111; MITZKA Schles. 1, 148. *Braaksäwken* BERGHAUS Sprachschatz d. Sassen 1, 200. Eigentl. 'Junikäfer' (→*Amphimallon solstitialis* L., Sp. 442f.); es ist möglich, daß die einander recht ähnlichen Arten zuweilen nicht unterschieden werden; überdies erscheinen in kälteren Landstrichen und im Gebirge die Maikäfer oft erst im Juni.

Osterkäfer (18. Jh.) DWb 7, 1376. *Monatskäfer* OKEN 5, 3 (1836) 1792; BERGE Käferbuch (1844) 203; ursprünglich N. für alle Käfer, „welche nur 1 oder einige Monate leben" (CAMPE 3 [1809] 335), hier auf den Maikäfer als den bekanntesten Vertreter dieser Gruppe eingeschränkt.

Redaktionsmaikäfer CALWER Käferbuch ([6]1916) 1317; SCHEERPELTZ Maikäfer (1950) 35. Scherzhafte N.-Gebung für Einzelexemplare, deren Auftreten außerhalb der üblichen Flugzeit, etwa in warmen Vorfrühlings- oder Spätsommertagen, als Zeitungsnachricht bekannt gemacht wird.

2. Weithin gelten das Simplex Käfer und seine Varianten und Synonyme als N.n für den Maikäfer. Das ist einmal auf die inhaltliche Entwicklung des Wortes *Käfer* zurückzuführen; *Käfer* bezeichnet zunächst (vom 9. Jh. an) in der Übersetzung von griech.-lat. *brūchus* die '(junge, ungeflügelte) Heuschrecke', danach (im allgemeinen Sinne 'Nager, Fresser') in verheerenden Plagen auftretende Insekten, und im Anschluß daran (im engeren Sinne) die 'Maikäfer', vgl. oben Sp. 64 und die ausführliche Darstellung in Beiheft 1. Zum anderen zählen die Maikäfer zu den bekanntesten Käfern in Deutschland und gelten daher vielfach als die Vertreter des Begriffes 'Käfer' schlechthin; vgl. „*Käfer*, oder, wie andere schreiben, *Kefer*, ... welche Worte ohne Bey-Namen mehrentheils die gemeinen Käfer, das ist die Meyen-Käfer ... zu bedeuten pflegen" MERCKLEIN Thierbuch (1696) 562. Ähnlich bringen moderne Wbb. unter dem Stichwort *Käfer* (oder unter dem diesen Begriff vertretenden Synonymon) Erläuterungen wie „ursprünglich nur der Maikäfer" (Rhein. Wb. 4, 30), „spez. der Maikäfer" (JUTZ Vorarlberg 2, 2), „gängigste Bezeichnung ... für Maikäfer" (CRECELIUS Oberhessen 2, 505 s. v. *Kleber*), „bes. Maikäfer" (MENSING Schlesw.-Holst. 4, 444 s. v. *Sebber*), „namentlich ... Maikäfer" (FRISCHBIER Preuß. 49 s. v. *Backel*). Als Fischköder werden empfohlen „im Mayen *kefer*, ... im herbst die *roßkefer*" (1570) Haushaltung in Vorwerken 177. Ähnlich: „nim dan jm mayen die *keffer*" (16. Jh.) bei LINDNER Jagdtraktate 1, 264. — *Chäfer* FRIEDLI Bärndütsch 3 (1911) 219. *Käfer* JUTZ Vorarlberg 2, 2; (ostfrk.) Zs. f. Maforsch. 30 (1963/ 64) 199. *Käfer* m., *Kefere* f. („die heutige Form auf *-e* als Fem. stammt aus dem Pl.") Luxemb. Wb. 2, 2. *Kevver* WREDE Köln 2, 33. *Kafer* (Oberharz) Zs. f. dt. Maa. (1910) 240. *Kaber*, *Kawer* (Schles.) in: Wort u. Brauch (1911) 184. *Kiefer*, *Kieber*, *Kiewer*, *Kierwer* Luxemb. Wb. 2, 350. *Kevverche* WREDE a. a. O. Vgl. frz. *escarbot*, dial. *escarnot*, *écharbot* ROLLAND 3, 329; v. WARTBURG FeW 11, 288ff.

Daneben stehen viele N.n (besonders im westlichen Teile des Sprachgebiets), die mit den verschiedensten Suffixen gebildet sind (s. auch oben Sp. 66f.). Derartige N.n sind in den meisten Fällen als diminutive Koseformen anzusehen. Sie schließen sich teils an das Grundwort *Käfer* an (wobei oft sprachlicher Spieltrieb mitgewirkt und zu Zersprechungen geführt hat), teils sind diese Suffixbildungen an Wörter angelehnt, die etwas Kleines, Rundes oder etwas Lebendiges, Bewegliches bezeichnen. — Vgl. auch WORTMANN Kibbe (Bezeichnung für kleine Tiere) und verwandte Bildungen, in: Nd. Wort 4 (1964) 53ff., wo, ausgehend von Benennungen für kleine Haustiere, ähnliche Wörter behandelt und auf ein gemeinsames Benennungsmotiv zurückgeführt werden; WORTMANN stellt derartige N.n in den „Bezirk des Keimens, Knospens, Sprießens" und sucht von daher ihre etymologische Verwandtschaft zu erweisen.

Käwig Rhein. Wb. 4, 355. *Käwerick* ebda. *Käberick*, *Keberick* ebda 7 und 356. *Koferick* ebda 1109. *Keiferek*, *Kiewerek* Luxemb. Wb. 2, 325 und 350. *Käwäcker*, *Kewäcker(t)*, *Kewacker*, *Kawacker(t)* Rhein. Wb. 4, 353 und 450. *Keweker*, *Kieweker* Luxemb. Wb. 2, 222 und 350. *Käwicks*, *Kewicks*, *Käwäcks*, *Kawackes* Rhein. Wb. 4, 353; 355; 450. *Käwerickes*, *Kewerickes* ebda 355 und 450. *Käwarikes* LUDWIG Moselfrk. 14. *Kewerekes* FOLLMANN Lothring. 284. *Kewareges* ZENDER Eifel 233. *Kebereckes* (Trier), *Keberiken* (Wittlich) mündl.

Käfel FOLLMANN Lothring. 270. *Giewele* Luxemb. Wb. 2, 350. *Käwels*, *Kewels*, *Käwelze* Rhein. Wb. 4, 355 und 450. *Käferletz* BERTHOLD Hess.-Nass. 2, Karte 29. *Kalberlatz* („wohl aus *Käferlatz* durch volksetymologische Angleichung an *Kalb* entstanden") HOFMANN Niederhess. 132, vgl. hess. *Maikalb*, s. unten Sp. 524.

Käwwerling VILMAR Kurhessen 189. *Käber-*, *Keber-*, *Käwer-*, *Kewerling* Rhein. Wb. 4, 7; 355; 356; 450. *Käfeleng* WEITZ Aachen 97. *Kiewer-*, *Kieferleng*, *Kiewerlenk* Luxemb. Wb. 2, 350. *Kävelenk* ROVENHAGEN Aachen 60. *Käwerlenk*

(Saarburg) Rhein. Wb. 2, 611. *Kewerlenk* FOLLMANN Lothring. 284. *Kiewer-*, *Kieferlek*, *Guewerlek* Luxemb. Wb. 2, 350; dazu das Kollektivum *Gekiewerleks* n. 'viele Maikäfer' ebda 27, und die Spielformen *Kierwe(r)lek*, *Kiewelek*, *Giewelek*, *Guewelek*, *Gewelik*, *Kiewerneckel* ebda 350, *Knuewelek*, *Knewelek*, *Knuerelek* ebda 415. *Kriewe(r)lek* („an *kriwwelen* 'krabbeln' angenähert") ebda 350. *Käwering*, *Kewering*, *Kebering* Rhein. Wb. 4, 355; 356; 450.

Käferz BERTHOLD Hess.-Nass. 2, Karte 29. *Käwerz* Rhein. Wb. 4, 355. *Käwirz* ebda. *Kewirz* WEGELER Koblenz 40. *Kä-*, *Kewatz*, *Kä-*, *Kewetz*, *Kewitz* Rhein. Wb. 4, 353; 355; 450. *Kewets* ZENDER Eifel 233. *Kabatz* Rhein. Wb. 4, 2. *Kebetsch* ebda 356. *Kibitz*, *Köwitz* SCHMIDT Westerwald 144. *Köwitz*, aufgefaßt als „Kuhwitz", s. Rhein. Wb. 4, 1697. *Pöwitz* SCHMIDT a. a. O. *Piwwitz* BERTHOLD Hess.-Nass. 2, 641. Vgl. *Piewicks*, *Piewitt* 'Kiebitz', 'körperlich zurückgebliebener, kleiner Mensch' ebda 632. *Krewitz* Rhein. Wb. 4, 1482. *Käwert* ebda 355. *Kēwitte* WOESTE Westfalen 125.

Kärf Rhein. Wb. 4, 181. *Kirbel*, *Kirbeleng* FOLLMANN Lothring. 287. *Kierbelchen*, *Kierb(e)lek*, *Kierplek* Luxemb. Wb. 2, 350. Varianten zu *Käfer*, vielleicht in Anlehnung an *Kerbe*, luxemb. *Kierf*, rhein. *Karf*, *Kerf*, *Kerwel* (Rhein. Wb. 4, 416ff.). Ob unter Einfluß von schriftsprachlichem *Kerbtier*, wie FOLLMANN und Luxemb. Wb. a. a. O. annehmen? Vgl. auch rhein. *karwelen*, *karbeln*, *kärbeln* 'stolpern, herumtorkeln' (Rhein. Wb. 4, 178), an das sich manche Weiterbildungen angeschlossen haben können. *Karwes*, *Kärwer* Rhein. Wb. 4, 223. *Kerbse* ebda 420. *Ker-*, *Kärwäck(er)*, *-wackert*, *-wackes*, *Karwäcks* ebda 223 und 427. *Kärwickes*, *-werick(es)* ebda 223. *Kärwerz*, *-witz* ebda 223 und 224. *Kerwatz*, *-werz*, *-wetz*, *-witz* ebda 427. *Kärberz* ebda 178.

Käff Rhein. Wb. 4, 34. *Kiefel* ebda 459. *Käwes* ebda 355. *Kewens* ebda 450.

Krabbel, *Krabbelte* Rhein. Wb. 4, 1305f. *Krabatz*, *Krabammelle* ebda 1301. Zu *krabbeln* 'herumkriechen, -wimmeln' ebda; vgl. auch *Maikrabbel*, s. oben Sp. 515, und *Pferdskrabbeler*, *Mistkrabbel* u. dgl. für 'Mistkäfer', s. oben Sp. 465 und 471.

Knävel Rhein. Wb. 4, 905. *Knebel* ebda. Zu *knawen*, *knaweln*, *knäwern* 'kauen, knabbern' ebda.

Kabbel, *Käbbel* Rhein. Wb. 4, 4. *Käbbels*, *Kebbels*, *Käbbens*, *Kebbens* ebda 5 und 355. *Kibbels*, *Kibbes* ebda 451. *Kips* ebda 514. *Köbbel* ebda 1093. *Kövvel* ebda 1295. Vgl. auch *Käbbelchen* Kosewort für 'Kalb', *Käbbes* 'dickleibiger Mensch' ebda 4f. und s. WORTMANN in Nd. Wort 4 (1964) 53ff.

Kämert Rhein. Wb. 4, 107. *Kämmelte* ebda 122. *Kimmelte* ebda 469. Vgl. *Kammel* 'unordentlich Gekleidete', *Kämmel* 'eitle, verwöhnte, aber auch lästige Person', ebda 121f., *kimmeln* 'in wimmelnder Bewegung sein' ebda 469.

Kägel Rhein. Wb. 4, 52. *Kegel* ebda 356. *Kernerickes* ebda 426. *Kalvarickes* ebda 101; an *Kalvacker* 'Kalviner, nicht-katholischer Christ, hartköpfiger Mensch' (ebda) angelehnt?

Kitz Rhein. Wb. 4, 581. Vgl. *Kitz* 'Kleinigkeit', *kitzig* 'winzig klein', *Kitz* 'Kosewort für Huhn; junge Ziege; junges Reh; Kalb' und auch für andere Tiere, s. ebda.

Kläfer Rhein. Wb. 4, 595. *Kläber*, *Kleber*, *Klewer* ebda 592; 679; 711. *Kleber* BERTHOLD Hess.-Nass. 2, Karte 29. *Kleawwer*, *Klewwer* CRECELIUS Oberhess. 505. *Gläwer* HEINZERLING-REUTER Siegerland 87. *Klewa* FOLLMANN Lothring. 270. Zur Form s. oben Sp. 67 und vgl. *Maikleber*, s. oben Sp. 515. *Klawackel* CRECELIUS a. a. O. *Kläverick* Rhein. Wb. 4, 674. *Klewert*, *Klewat*, *Klebat* FOLLMANN a. a. O. *Gläwert* HEINZERLING-REUTER a. a. O. *Klewäckert* Rhein. Wb. 4, 711. *Klabatz* ebda 591. *Klabaster* ebda 588.

Klette f. VILMAR Kurhessen 206; BERTHOLD Hess.-Nass. 2, Karte 29. *Kleatte* CRECELIUS Oberhess. 506. *Kletter* BERTHOLD a. a. O. Zur Form s. oben Sp. 67 und vgl. *Maiklette*, *-kletter*, s. oben Sp. 515.

Seever, *Säver*, *Sebber* SCHÜTZE Holstein 4, 91. *Sebber*, *Seffer*, *Sepper*, *Sewwer*, mit langem Stammvokal *Sēber*, *Sēwer* MENSING Schlesw.-Holst. 4, 444. *Zewwer* ebda 5, 758. *Seber* SCHUMANN Lübeck 5. *Sebb'r*, *Säwe(r)*, *Sebb'l* KÜCK Lüneburg 3, 109. *Zawwer* (westaltmärk.) BISCHOFF Elbostfälisch 62. *Zēbe* HEIGENER Lauenburg 88. Zur Form s. oben Sp. 66, vgl. auch *Maisebber*, s. oben Sp. 514, und *Sabbe* u. dgl. 'Engerling', s. unten Sp. 540. Dazu die Diminutiva *Sewwaken*, *Sewweken* MENSING 4, 481. *Sewwacken* (Fehmarn) WIEPERT in: Die Heimat 65 (1958) 130. *Säwack'n* KÜCK a. a. O. 3, 26. *Sēw'rken* ebda 109. *Säwwäk* DANNEIL Altmärk. 180. *Zewerk*, *Zabbark* (westaltmärk.) BISCHOFF a. a. O. *Säwkärl* DANNEIL a. a. O. *Zäfrin*, *Zebereinebuk* [-bock] MISCHKE Rummelsburg/Bütow 74; beide N.n auch für 'Engerling', s. unten.

Wiebelchen BERTHOLD Hess.-Nass. 2, Karte 29; vgl. oben *Wibel* Sp. 67ff. *Backel*, *Bakel*, *Bake* FRISCHBIER Preuß. 1, 49; vgl. oben Sp. 71. *Bunsar* („Junikäfer, Maikäfer; jedes summende Insekt") Siebenbürg.-Sächs. Wb. 1, 816. *Torn* JENSEN Nordfries. 636. *Torr* „(Mist-, Mai-) Käfer" OUTZEN Gloss. d. fries. Spr. 362. Vgl. dän. (jütl.) *tor(re)* 'Käfer', dazu s. oben Sp. 70 sowie FALK-TORP Norw.-Dän. etym. Wb. 1273.

Katscher, *Katschkerle* MITZKA Schles. 2, 631. Vgl. oben *Maikatscher* (Sp. 515).

3. Käfer, oft in Massen, laubfressend auf Bäumen. *laubkeffer* (15. Jh., md.) DIEFENBACH

Gloss. 154. *Laubkäfer* FRISIUS Nomencl. (1556) 63; RULAND Dict. (1586) 905. Die vorgenannten Belege entsprechen dem weiteren Wortsinne des alten N.s *melolontha*, s. oben Sp. 512f.; später steht der N. in engerem Sinne für zoolog. *Melolontha* F. 'Maikäfer': *Laubkäfer* LAICHARTING Tyrol. Ins. 1 (1781) 33; CAMPE 3 (1809) 43; SCHMIDT-GÖBEL Insecten 2 (1881) 22; Bad. Mitteil. 6 (1915) 334; Thüring. Wb. 4, 105. *Laubchäfer* Schweiz. Id. 3, 162; KUMMER Schaffhausen 2, 63. *Lab-, Lā-, Lachkawer* SATTER Gottschee 14.

Laf-, Loofdeier [Laubtier] Luxemb. Wb. 2, 350. *Laubhans* BERTHOLD Hess.-Nass. 2,51. *Lābhans* (Oberhessen) in: Zs. f. hd. Maa. 4 (1903) 53. *Laubgaul* BERTHOLD a. a. O. *Lābgaul* (Hessen) PFISTER Nachtr. 75. *Laubfresser* BERTHOLD a. a. O.; Rhein. Wb. 5, 172. *Lābfresser* CRECELIUS Oberhess. 574. *Loof-, Laffresser, -frisser, -freisser* Luxemb. Wb. 2, 350.

Blůkāfa, mit Assimilation des Anlauts *Blō-, Blůklawer* KNOTHE Nordböhmen 95. Ebda (wie auch von MITZKA Schles. 1, 134) als „Blattkäfer" gedeutet. Eher als *Blaukäfer* 'Mistkäfer' (→ *Geotrupes* LATR., Sp. 500) anzusehen, das hier auf den Maikäfer übertragen wurde? — Den N. *Blattkäfer* verwendet bereits FRISCH Insecten 4 (1722) 29, doch in umfassenderem Sinne für alle Käfer, die der heutigen Unterfamilie *Melolonthinae* angehören, da sie „vor andern auf den Bäumen häuffiger gefunden werden".

Bluestchäfer TOBLER Appenzell 62; Schweiz. Id. 3, 162. *Blustkäfer* JUTZ Vorarlberg 1, 396. Zu *Bluest* 'der Zustand (auch die Zeit) des Blühens; die Blüten' Schweiz. Id. 5, 172, *Blust, Bluescht* 'Gesamtheit der Blüten eines Baumes, Strauches oder anderer Pflanzen' JUTZ a. a. O. Käfer vernichten Blätter und Blüten. (THURNHERR Benennungsmotive 153 faßt dagegen *Bluest* als Zeitangabe auf und sieht in diesem N. — wie in *Maikäfer* — eine „Benennung nach der Zeit des Auftretens".)

Schosklemer WREDE Rhein. Volkskde 94; zu *Schoß* 'Schößling, (junger) Trieb', zum Grundwort *-klemmer* s. oben Sp. 493.

Baumkäfer BECHSTEIN-SCHARFENBERG Forstinsekten 1 (1804) 60; BERGE Käferbuch (1844) 204. *Baum(s)kleber* BERTHOLD Hess.-Nass. 2, Karte 29. *Baumklepperle* OCHS Baden 1, 130. *Baumklette* CRECELIUS Oberhessen 506; BERTHOLD a. a. O. Zum Grundwort *-kleber, -klette* s. oben Sp. 67. *Boomtīke* STÜRENBURG Ostfries. 22; DOORNKAAT KOOLMAN Ostfries. 1, 201; zu fries. *Tieke* [Zecke] 'Insekt', 'Käfer', s. oben Sp. 72. Vgl. engl. *tree-beetle, tree-chafer*.

Büschkafr ZIMMERMANN in: Mitt. d. nordböhm. Exkursions-Klubs 31 (1908) 146. Vgl. *Büsch* 'Wald' KNOTHE Nordböhmen 115, *Busch, Puusch* 'Wald, Forst, Gehölz' MITZKA Schles. 1, 173.

Heckenkäfer ADELUNG 2 (1775) 1044; BERGE Käferbuch (1844) 204. *Hecke(n)deier* [-tier] Luxemb. Wb. 2, 141; zu *Heck* 'Hecke, Eichenschälwald' Wb. d. luxemb. Ma. 171. Vgl. engl. *hedge-chafer* NED 5, H 187.

Lō-, Lōrchäfer Schweiz. Id. 3, 162; „möglicherweise mit Beziehung auf den alten Brauch, den ersten Maikäfer aus dem Walde zu holen" zu *Lō* 'Wald, Wäldchen' ebda 951, *Loh* 'Wald, Holz' DWb 6, 1127. „Oder eher das der Volkssprache vertraute *Lō* 'Gerberlohe' wegen der Ähnlichkeit der Farbe?" (Schweiz. Id. a. a. O.).

Käfer mit Vorliebe am Laub der Eiche. *Eichenkäfer* BERGE Käferbuch (1844) 204. *Eikkäwer* WOSSIDLO-TEUCHERT Mecklenb. 2, 696. *Ääche(n)-kieber, -kiewer* Luxemb. Wb. 1, 50. *Ääche(l)-kiewer* ebda 2, 350. *Eechelskiewer* ebda 345. *Eichen-, Eichelkläfer* Rhein. Wb. 2, 46 und 47. *Aich-, Aichlgläwer* HEINZERLING-REUTER Siegerland 4 und 87.

Eeksever [Eichen-] (Mecklenb.) SIEMSSEN in: Magaz. Naturkde 1 (1791) 170. *Eiksäwer* WOSSIDLO-TEUCHERT Mecklenb. 2, 696. *Eckesääbe* WESTERMANN Baden (b. Verden) 65. *Eckernschäfer* (Ravensberg) KLEIN Provinzialwb. 1 (1792) 96. *Eckernsäbeken* STUHLMACHER Heidmark 23. *Ekernsēveken* (Schwalenberg) Nd. Jb. 32 (1906) 148. *Eckernschewek* (Lippe) WOESTE Westfalen 168. Zu nd. *Eek, Eik* 'Eiche', *Ecker, Eckel* 'Eichel'; zum (z. T. bis zum *sch*) sibilierten Grundwort *-zever, -sever* s. oben Sp. 66 und vgl. *Sebber, Sabbe* 'Engerling', s. unten Sp. 540. Hierher vielleicht auch die folgenden Formen, in denen das im Nd. ungewöhnliche anlautende *z* durch *t* (ähnlich *Zappe* > *Tappe* 'Engerling' s. unten) ersetzt und das Wort damit dem nd. *Täve, Teve, Tieve* 'Hündin, schlechtes Frauenzimmer' angeglichen wurde: *Eckeltewe* STRODTMANN Osnabrück (1756) 46. *Ekkeltäve* STÜRENBURG Ostfries. 46; DOORNKAAT KOOLMAN Ostfries. 1, 387. *Eckertēve* LASCH-BORCHLING Mnd. Hwb. 1, 524. *Ekeltieve, Jecketiev* SARTORI Westfäl. Volkskde ([2]1929) 48; Wortatlas 1, Karte 'Käfer'. *Maureckeltēwe* FROMMANN Dt. Maa. 2, 134; ebda unter Hinweis auf *Maur* 'Mutter' als „Mutter-Eichenhündin" erklärt.

Eckernsaabel SÖHNS in: Die Natur 39 (1890) 402; ebda für ein Reimwort zu *Maikāwel* gehalten und erklärt als „einer, der die Eicheln absäbelt", damit zu nd. *Sabel* 'Säbel' (s. DOORNKAAT KOOLMAN Ostfries. 3, 78) gestellt; eine solche volksetymologische Entwicklung des Grundwortes *Zever, Sebber* ist möglich, doch vgl. unten *Sabbe, Zappe* 'Engerling' Sp. 540. Dazu die durch Volksetymologie beeinflußten Weiterbildungen *Aikschaben* HARTWIG in: Jahresber. Ravensberg 40 (1926) 32. *Äckernsnābel* FROMME-ALPERS Hohenbostel (Deistervorland) 9. *Eckernsnabel* Wortatlas 1, Karte 'Käfer'. *Eckern-, Eckenschnabel* HARTWIG a. a. O. *Aikschnoabel, Eukschnaubel, Eickenschnobel* ebda. *Eukschnawel* (Lippe) FROMMANN Dt. Maa. 6, 58. *Aiksnāwel* WOESTE

Westfalen 168. *Eckernschnäbelken* Hartwig a. a. O.

Eckernscheerlsel Strodtmann Osnabrück (1756) 46. *Eckernscheersel* Adelung 3 (1777) 424; Berghaus Sprachschatz d. Sassen 2,467. *Äckernschiersel* ebda 1, 66. *Äckernschiarsel* (Westfalen) Nd. Jb. 49 (1923) 32. *Eckernschießel* Woeste Westfalen 168. *Äckernschiarsel, -schirsel, Aikanschirsel, Äckelkenschiärssel, Äckernschehrnchen* Hartwig in: Jahresber. Ravensberg 40 (1926) 32. *Eckernscherink* (Lippe) Frommann Dt. Maa. 6, 58. *Äckernschiarsel* u. dgl. wird (volksetymologisch) mit westfäl. *schiarn, schēä(r)n, schiärn* 'scheren' verbunden und als „Eichenscherer" (im Sinne von 'Eichenfresser') verstanden (vgl. Nörrenberg in: Nd. Jb. 49 [1923] 32, Hartwig in: Ravensb. Heimatkal. [1927] 85). Doch kann diesen Formen durchaus ein bis zum *sch* sibiliertes **Äckerschia(we)rsel* (<**-kiawersel*) zugrunde liegen, s. Korr.-Blatt d. Vereins f. nd. Sprachforsch. 44 (1932) 50.

Eckelwewel [-wibel] Strodtmann Osnabrück (1756) 46; Adelung 3 (1777) 424. *Eikwewer* Mi Mecklenb.-Vorpomm. 13; Berghaus Sprachschatz d. Sassen 1, 259; vgl. dazu *Scharnwewer* u. dgl., s. oben Sp. 472f.

Ääche(l)deier [-tier], *Ääche(l)krecher* [-kriecher] Luxemb. Wb. 2,350. *Äächebeseler* ebda 1,50; zu *beselen* 'wild umherrennen', *beseleg* 'unruhig', *Beseler* 'unüberlegter Geselle' ebda 103. *Äächefresser* ebda 414. *Eckernschlucker* Hartwig in: Jahresber. Ravensberg 40 (1926) 32. Zu *slūken* 'schlucken' (Woeste Westfalen 242) ? Oder an *schluiken* 'schleichen' (Schmoeckel-Blesken Soest 254) anzuschließen? *Eckerpogge* (Schaumburg-Lippe) Hartwig in: Zs. d. Vereins f. rhein. u. westfäl. Volkskde 22 (1925) 60 („also 'Eichenfrosch' . . . N. wegen der braunen Farbe? . . . Vielleicht Entstellung?", s. Ravensberger Heimatkal. [1927] 86). *Äächekiepchen* Luxemb. Wb. 2, 350; eigentl. 'Eichhörnchen', doch gelegentlich auch für 'Maikäfer'.

Akeschesser Luxemb. Wb. 1, 16; zu *Aker* 'Eichelmast, Eckerich' ebda. Andere knüpfen (volksetymologisch) an *Acker* an und lesen *Ackerschesser* Ferrant Insekten (1911) 235.

Kuessen-, Kuesten-, Kuesch(t)endeier [-tier] Luxemb. Wb. 2, 350. Zu *Kuescht* m. 'alte Eiche' Wb. d. luxemb. Ma. 255.

Vgl. dän. *oldenborre* DO 15, 410; schwed. *ollonborre* SAO 19, O 622, aus dän. *olden*, schwed. *ollon* 'Frucht der Buche, der Eiche' und dem lautmalenden Vb. md. *burren* 'mit Geräusch fliegen, summen, brummen' (vgl. Hellquist Svensk etym. Ob. [3]2,729 und s. *Burrkäfer* u. dgl. Sp. 526). Daneben sind dän. *oldenborer*, schwed. *ollonbårare* (volksetymologisch) mit dän. *bore*, schwed. *borra* 'bohren' verknüpft. Ält. dän. *oldentorre* DO 15, 412 (vgl. *torre* 'Käfer', s. oben Sp. 70) wird entlehnt als nd. *Uulentorn*, das „im Volksbewußtsein zu *Uul* 'Eule' gestellt" und danach vereinzelt zu *Eulenzorn* verhochdeutscht wurde, s. Mensing Schlesw.-Holst. 5, 306.

Weidenkäfer Schwenckfeld Theriotropheum (1603) 554; Steinbach Wb. 1 (1734) 840; Campe 5 (1811) 638; Schmidt-Göbel Insecten 1 (1881) 14; Frischbier Preuß. 2, 461; Berthold Hess.-Nass. 2, Karte 29. *Weidakäfr* Knothe Nordböhmen 539. *Widekäwer* Hertel Thüringen 255. *Winnkäwer* (Nordthür.) Zs. f. hd. Maa. 3 (1902) 363. *Widenkamer* (Nordhausen) Hertel a. a. O. *Widnkhamr* Hentrich Eichsfeld 89. *Weidenkleber, Waiweglewer* Wenzel Wetzlar 78.

Weidenhan Frisch Wb. (1741) 1,397. *Weidenhahn* Adelung 3 (1777) 424; Berge Käferbuch (1844) 204. Frisch möchte a. a. O. das Grundwort nicht als *-hahn* verstanden wissen, sondern aus *cantharis* entstanden sehen. Doch scheinen N.n wie *Hahn, Hähnchen* für 'Käfer' sehr alt zu sein, vgl. vor allem frk.-frz. *hanneton* (11. Jh.) 'Maikäfer' und s. oben Sp. 154.

Lindenkleber Berthold Hess.-Nass. 2, 154. *Kirschenkleber* ebda Karte 29. *Kirschentier* ebda.

Die großen Fraßschäden durch Käfer und Larve führen zu den N.n *Raubkäfer* Nemnich (1793) 2, 1237; Berge Käferbuch (1844) 204. *Vielfraßkäfer* Mitzka Schles. 1, 305. An verheerende Maikäferplagen, denen man mit Insektenprozessen und Bannung begegnete (vgl. Beiheft 1, S. 27), könnte erinnern *Hexenkäfer, -wurm* Adelung 3 (1777) 424; Berge Käferbuch (1844) 204; von Adelung freilich für „verderbtes" *Heckenkäfer* (s. oben Sp. 521) gehalten, doch vgl. auch engl. *Kitty-witch* Rolland 3, 331. *Waukēwe* f. Woeste Westfalen 317; „am wahrscheinlichsten steckt darin ein *wuoh*, ags. *vōh*, vgl. die mit *vōh* gebildeten ags. Composita; der Begriff 'böser, schädlicher Käfer' ist sehr passend" ebda.

4. Wie andere bekannte und vertraute Käfer (vgl. Marienkäfer Sp. 192ff., Leuchtkäfer Sp. 359ff.) werden auch die Maikäfer mit den N.n der Haustiere benannt. Im Kinderspiel dienen diese N.n oft zur Unterscheidung des (vermeintlichen) Geschlechts der Käfer (vgl. auch unten 7). *Maiochse* Mitzka Schles. 2, 838. *Maikuh, -kühchen* Rhein. Wb. 5, 767. *Maikō* [-kuh] Heinzerling-Reuter Siegerland 87. *Mojaküele* Birlinger Schwäb.-Augsb. 326. *Maikeebchen* [-kühchen], *Maikiejel* [-kühel?] Berthold Hess.-Nass. 2, 226. *Bonte Kuh* Rhein. Wb. 4, 1682. *Dass* [Dachs] *on Kuh* (zur Unterscheidung von Farbvarianten?) ebda. *Maikalb* Mitzka Schles. 2, 838; Rhein. Wb. 5, 762. *Maikalb, -kälbchen* Berthold a. a. O. 222. *Osterkälblein* (18. Jh.) DWb 7, 1376. *Winkǫb* [Weidenkalb] Spangenberg Rhön-Eichsfeld 141; vgl. *Weidenkäfer* u. dgl., s. oben Sp. 524. *Muschkaiba* [„Muhkälbchen"] Stauf v. d. March Nord-

mähr. 68; ähnliche N.n auch für 'Marienkäfer', s. oben Sp. 193. *Boller* ZIESEMER Preuß. 1, 714. Hierher? Zu *Boll, Bolle* 'Bulle'? *Junzen* WIEDER Südmähren 31. Entlehnt aus tschech. *junec, junčik* 'Stier, Ochse'?

Der männliche Maikäfer heißt *Ochse, Oss* („Maikäfer mit Hörnern", d. h. wohl: mit dem größeren Fühlerfächer des Männchens, s. oben Sp. 511) Rhein. Wb. 6, 335 und 426. *Ochse* BERTHOLD Hess.-Nass. 2, 225. *Ochsenkalb* Rhein. Wb. 6, 338. *Stier* ebda 8, 686. *Mulles, Molles* ebda 5, 1383; eigentl. 'junger Stier'. Der weibliche Maikäfer heißt *Kuh* („Maikäfer mit kurzen Fühlhörnern", d. h. wohl mit dem kleineren Fühlerfächer des Weibchens) Rhein. Wb. 4, 1682; BERTHOLD a. a. O. *Kō* HEINZERLING-REUTER Siegerland 78. *Kéichen* [Kühchen] Luxemb. Wb. 2, 324. *Kälbchen* Rhein. Wb. 5, 761. *Källefchen* Luxemb. Wb. a. a. O.

Maipferd Rhein. Wb. 5, 770. *Maihengst* ebda 760. *Maigaul* BERTHOLD Hess.-Nass. 2, 222. *Lābgaul* [Laub-] PFISTER Nachtr. 75. *Roßkiewer* Siebenbürg.-Sächs. Wb. 5, 231; sonst allgemein 'Mistkäfer', s. oben Sp. 463. *Pānzewel* DAMKÖHLER Nordharz 143; (Harzburg) Korr.-Bl. d. Vereins f. nd. Sprachforsch. 14, 82; eigentl. 'Mistkäfer', s. oben Sp. 467, hier auf *Melolontha* übertragen. Daneben für den männlichen Maikäfer *Pferd* Rhein. Wb. 5, 761. *Perdchen* ebda 6, 726. *Hengst* ebda 5, 761. *Hengscht* Luxemb. Wb. 2, 350. In einigen Gegenden als männlicher, in anderen als weiblicher N. gilt *Schimmel* (wohl für weißliche oder grau bestäubte Exemplare), s. Rhein. Wb. 7, 1129.

Mūhämmel („von dem brummenden Ton, den er von sich gibt") CRECELIUS Oberhessen 574. *Maihammel* BERTHOLD Hess.-Nass. 2, 225. *Hammel* ebda Karte 29.

Maibock Rhein. Wb. 5, 758. *Mēzije* [Maiziege] DAHLBERG Dorste 1, 180; wohl aus *Mēzēve(r)* (s. oben Sp. 514) umgedeutet und weitergebildet. *Maigus'ln* WIEDER Südmähren 31; zu tschech. *koza*, dial. *kozle, kůzle* 'Ziege'. *Mickes, Meges* Rhein. Wb. 5, 1124, eigentl. Lockruf und Kosename für Ziege, Schaf, Schweinchen. Als Bezeichnung des Männchens: *Maibock* ZIESEMER Preuß. 1, 693. *Bock* Rhein. Wb. 5, 761; Luxemb. Wb. 2, 350. Des Weibchens: *Girm* Rhein. Wb. 5, 761, eigentl. 'weibliches Schaf- oder Ziegenlamm' ebda 2, 1243. *Kibben, Kim* n. SCHAMBACH Göttingen 99; eigentl. 'weibliches Schaf', 'Ziege'.

Säukäfer (Meiningen) Zs. f. hd. Maa. 3 (1902) 117. *Maimucke* BERTHOLD Hess.-Nass. 2, 230; zu *Mucke* 'Mutterschwein' ebda 375. *Maigisschen* Luxemb. Wb. 2, 350; zu *Giss* 'Schwein' ebda 59.

Katzenkäfer Rhein. Wb. 4, 297. *Maikatte* WOESTE Westfalen 169. *Maihünkel* BERTHOLD Hess.-Nass. 2, 225; zu *Hünkel* 'Huhn' CRECELIUS Oberhessen 469. *Viehkäfer* BERTHOLD Hess.-Nass. 2, Karte 29.

Neben den Verbindungen mit Haustier-N.n nur vereinzelt andere Tierbezeichnungen. *Maihirsch* BERTHOLD Hess.-Nass. 2, 225. *Maiāpe* [-affe] Rhein. Wb. 5, 756. *Dromedar* („scherzhaft") ZIESEMER Preuß. 2, 113.

5. In allen deutschen Landschaften sind Kinderreime und Ansingeverse verbreitet, die den Käfer zum Fliegen auffordern („Maikäfer flieg! . . ."). Dazu die N.n *Flügchäfer* (Schweiz) THURNHERR Benennungsmotive 151. *Flichkewich* [Fliegkäfer] Rhein. Wb. 2, 615.

Auch der Maikäfer wird, wie viele andere fliegende Insekten, gemäß mittelalterlicher und volkstümlicher Auffassung als Vogel bezeichnet (vgl. Sp. 3f., Sp. 204ff., Sp. 361f. und 499f.). *Maivogel* Rhein. Wb. 5, 773. *Maifeel* [-vogel] BERTHOLD Hess.-Nass. 2, 222; SCHOOF Schwälmer Ma. in: Zs. f. dt. Maa. (1913) 157. *Mēkvūl* CRECELIUS Oberhessen 573. *Laubvogel* BERTHOLD Hess.-Nass. 2, 52. *Laubvoël* CRECELIUS Oberhessen 574.

6. Fluggeräusch. *Schnurr-, Schnurrenkäfer* BERTHOLD Hess.-Nass. 3, 387. *Brummkäfer* Rhein. Wb. 1, 1045. *Brummtike* [-zecke, im Sinne von 'Insekt, Käfer'] STÜRENBURG Ostfries. 46; DOORNKAAT KOOLMAN Ostfries. 1, 387. *Brummbär* („scherzweise") KNOTHE Nordböhmen 111. *Bakkelbrummer* ZIESEMER Preuß. 1, 359; zu *Backel* 'Käfer', s. oben Sp. 71.

Burrer (Mecklenb.) SCHILLER Thierbuch (1861) 11. *Burrkäfer* ZIESEMER Preuß. 1, 880. *Burrkäwer* DÄHNERT Plattdt. (1781) 64; WOSSIDLO-TEUCHERT Mecklenb. 2, 150; MENSING Schlesw.-Holst. 1, 589; (Quedlinburg) Nd. Jb. 29 (1903) 147. *Burrsäwer* WOSSIDLO-TEUCHERT a. a. O.; zum Grundwort s. oben Sp. 66. Auch N. für 'Mistkäfer' und ähnliche, geräuschvoll umherfliegende Käfer, s. oben Sp. 498. *Pōmännken* [Burr-] Korr.-Bl. d. Vereins f. nd. Sprachforsch. 44 (1932) 50. *Eckrnsommr* [-summer] KÜCK Lüneburg 1, 405; in Anlehnung an die Zusammensetzungen mit *Ecker-*, s. oben.

Hirle, Hirlehērts [-hirsch] (Saar) Rhein. Wb. 3, 691. N. in Anlehnung an andere summende Insekten wie Hirschkäfer und *Hirlichs, Hirling, Hirlitze* 'Hornisse'? Vielleicht hierher auch *Hurlu* Luxemb. Wb. 2, 192.

7. Maikäfer sind ein begehrtes Objekt des Kinderspiels. Sie werden als Frühlingsboten begrüßt und gesammelt. In Ansingeversen werden sie zum Fliegen aufgefordert (vgl. oben 5), oft bleiben sie dabei durch einen Faden mit dem Besitzer verbunden („die Maiokefer . . . bannd ich an Feden unnd muesten mir zuer Hannd fluegen oder kreisen" [16. Jh.] FISCHER Schwäb. 4, 1404; vgl. schon Schol. zu ARISTOPHANES Vesp. 1341, s. oben Sp. 453, ferner ROCHHOLZ Alemann. Kinderlied [1857] 463f.). Die gesammelten Käfer werden nach Farbvarianten unterschieden und benannt; oft dient dabei die Färbung zu einer Art ständischen Gliederung oder

aber zur Geschlechtsbestimmung (wie ähnlich oben 4).

Da sich die Fühlerendfächer von Männchen und Weibchen deutlich unterscheiden (s. oben Sp. 511), ist eine Geschlechtsbestimmung verhältnismäßig einfach. Doch dürfte die Kenntnis dieser Merkmale nicht allgemein sein, so daß vielfach nur mit einer vermeintlichen Geschlechtsbestimmung auf Grund irrelevanter Kriterien zu rechnen ist. — Die Färbungsunterschiede können Merkmale verschiedener Arten sein (*Melolontha melolontha* L.: Halsschild schwarz, Flügeldecken gelbbraun, Fühler und Beine rotbraun; *Melolontha hippocastani* F.: Halsschild rostrot, Flügeldecken braungelb mit schwarzen Außenrändern, Fühler rotbraun, Beine schwarz oder rostrot). „Die Färbungsunterschiede haben jedoch nur sehr bedingten Wert, da beide Arten in dieser Hinsicht sehr variabel sind" (Escherich Forstinsekten 2 [1923] 57).

Brauner Maykäfer Popowitsch Versuch (1780) 346. *Braunkäfer, Braunrock* Ziesemer Preuß. 1, 777. *Gelle(n)wibbel* Luxemb. Wb. 2, 51; zu *gellen, gelden* 'golden' ebda 50, daher auch 'Goldkäfer' (s. Sp. 454), aber auch allgemein 'Käfer' (s. Sp. 69). *Rotgerber* („in gewöhnlicher brauner Farbe") Frischbier Preuß. 2, 234.

Gemeiner („mit schwarzem Halsschild und roten Beinen") Fischer Schwäb. 6, 2509. *Gmoine* Pl. [Gemeine] Bertele in: Bayer. Hefte f. Volkskde 2/3 (1915) 151. *Bauer* („der gewöhnliche" Maikäfer) Rhein. Wb. 1, 542; Mitzka Schles. 2, 902; dalla Torre Tirol 118 („Kinder . . . schnellen die Fingerspitze auf den Vorderteil des Körpers mit den Worten: *'Edelmann, Knödelmann, Bürger* und *Bauern'*; aus dem Worte, bei welchem der Vorderkörper abspringt, schließen sie auf dessen soziale Stellung"). *Bauer*, Dimin. *Baierchen* Luxemb. Wb. 1, 76.

Für dunkel gefärbte Arten oder solche mit schwarzem Halsschild. *Schuster* Frischbier Preuß. 2, 324; Mitzka Schles. 3, 1258; Rhein. Wb. 7, 1951; (Bayern) Miller handschriftl. *Schooster* Bartsch Mecklenb. 2, 186. *Schusder* Heinzerling-Reuter Siegerland 284. *Schouster* Luxemb. Wb. 2, 350. *Schornsteinfeger* Mitzka Schles. 3, 1244; Berthold Hess.-Nass. 2, 225; Rhein. Wb. 7, 1729. *Schosteinfeger* Bartsch a. a. O. *Schlotfeger* (Vogtland, östl. Frankenwald) Weidner in: Sudhoffs Arch. 33 (1941) 222. *Schlaatfager* Bergmann Ochsenfurt 26. *Sottje* (Hamburg) Korr.-Bl. d. Vereins f. nd. Sprachforsch. 35 (1915/16) 83; eigentl. Spottname für „Schornsteinfeger", zu *Sott* 'Ruß', s. Mensing Schlesw.-Holst. 4, 696. *Bergmann* Rhein. Wb. 5, 761. *Mohr* Rhein. Wb. 5, 1227; Fischer Schwäb. 6, 2509. *Morekinni* [-könig] Schmidt Straßburg 75. *Trauerkönig* Askenasy Frankfurt 174.

Für Käfer mit rotem (rotbraunem) Halsschild. *Rōt-Brüstli* Schweiz. Id. 5, 865. *Rothbristerchen* [-brüstchen] Askenasy Frankfurt 174. *Rotbäucher* Rhein. Wb. 7, 531. *Rotspiegel* Müller-Fraureuth Obersächs. 2, 366. *Rotbunte* Pl. Schupp Hans Undög (1942) 28. *Röteli* Hodler Berndeutsch 105. *Korallenmännle* Jutz Vorarlberg 2, 127. *Krallenmännle* ebda 137. *Krallemännle* dalla Torre Tirol 118. *Koralle* als Farbbezeichnung? Oder besser als *Kralle-* aufzufassen?

Brauer Mitzka Schles. 1, 152. *Metzger* Rhein. Wb. 5, 761; Ehrhard Alpen 183. *Schneider* Rhein. Wb. 7, 1604; anderswo dagegen gilt dieser N. für weißliche, grau bestäubte Exemplare, s. Luxemb. Wb. 2, 350; (Vogtland, östl. Frankenwald) Weidner in: Sudhoffs Arch. 33 (1941) 222. *Kapuziner* Unger-Khull Steir. 372; (Südtirol) Ehrhard 181; Schmidt-Göbel Insecten 1 (1881) 14. *Kapeziner* Bergmann Ochsenfurt 26. *Engländer, Franzose* Rhein. Wb. 5, 761. *Rottürke* Taschenberg Was da kriecht u. fliegt (1861) 48; Brehm 6 ([1]1869) 72; Unger-Khull Steir. 507. Im Ansingevers *Türkenmännchen, Türkenweibchen* Rochholz Alemann. Kinderlied (1857) 465; N. gilt auch für 'Marienkäfer', s. oben Sp. 210. *Türke* Schmidt-Göbel Insecten 1 (1881) 14; Rhein. Wb. 8, 1484; (Oberbayern) Miller handschriftl.

En Adelegen Rhein. Wb. 1, 57. *Ön Adlijen* („soll von den roten Kragen hergeleitet sein, die die adligen Domherren trugen") Christa Trier 24. *En adelegen Hewerling* Rhein. Wb. a. a. O.; vgl. *Hewerling*, s. unten Sp. 531. *Bischof* dalla Torre Tirol 118. *Maikäferkönig* (Basel) Hwb. Abgl. 5, 1531. *König* Taschenberg Was da kriecht u. fliegt (1861) 48; Unger-Khull Steir. 403; (Oberbayern) Miller handschriftl.; Fischer Schwäb. 6, 2509; Mitzka Schles. 2, 707. *Köning* Wossidlo-Teuchert Mecklenb. 4, 529. *Keenic, Kiinic* Müller-Fraureuth Obersächs. 2, 81. *Kēnich* Rhein. Wb. 4, 1188. *Kinnek* Luxemb. Wb. 2, 361. *Künningelche* Wrede Köln 2, 117. *Könekel, Könengske* Rhein. Wb. a. a. O. *Köneks-che* (hier: „mit grauem Schild") Rovenhagen Aachen 68. Diese Farbvariante wird auch als Weibchen angesehen: *Königin* Rhein. Wb. 4, 1192. *Kinigin* Wb. d. luxemb. Ma. 223. *Kaiserkäfer* Unger-Khull Steir. 374. *Kaiser* Taschenberg a. a. O.; (Hamburg) Korr.-Bl. d. Vereins f. nd. Sprachforsch. 35 (1915/16) 83; Rhein. Wb. 4, 57. *Käser* Luxemb. Wb. 2, 350. Oft im Pl. *Kaisers* Wossidlo-Teuchert Mecklenb. 4, 33. *Kaiserkes* Rhein. Wb. 1, 542.

Für mit weißlichen Härchen bedeckte, unabgeriebene, wie mit Mehl bestäubte Exemplare. *Wäisskiewer, -kiefer, -kierwer, -gierwer* Luxemb. Wb. 2, 350. *Bäcker* Rhein. Wb. 1, 338; Luxemb. Wb. 1, 78; (Hamburg) briefl. *Müller* Linné-Müller 5, 1 (1774) 81; Berge Käferbuch (1844) 204; Taschenberg Was da kriecht u. fliegt (1861) 48; Mitzka Schles. 2, 902; Berthold Hess.-Nass. 2, 388; (Vogtland, östl. Frankenwald) Weidner in: Sudhoffs Arch. 33 (1941) 222; (Oberbayern) Miller handschriftl. *Möller* Wossidlo-Teuchert Mecklenb. 4, 1247. *Miller* (Quedlinburg) Nd. Jb. 30 (1904) 11. *Miller, Meller* Müller-Fraureuth

Obersächs. 2, 256. *Meller* FRISCHBIER Preuß. 2, 77; Luxemb. Wb. 2, 350. *Müllner* UNGER-KHULL Steir. 468. *Müllerchen* SCHENKLING Käferwelt (1885) 98. *Müllerke* BERGHAUS Sprachschatz d. Sassen 2, 675. Vgl. nl. *molenaar* HOUTTUYN 9 (1766) 210, Nl. Wb. 9, 1033 und *mulder* ebda 1232; frz. dial. *meunièré, moulinièro* ROLLAND 3, 331; ital. dial. *mulinèl, mulinàro* GARBINI 1174. *Müllergesell* FRISCHBIER a. a. O. *Weißmüller* Rhein. Wb. 9, 397. *Mehlmüller* („mit einem weißen, haarigen Bauche"), *Senfmüller* („mit einem braunen Bauche") LINNÉ-MÜLLER 5, 1 (1774) 81. *Mehlhöker* (Hamburg)Korr.-Bl. d. Vereins f. nd. Sprachforsch. 35 (1915/16) 83; vgl. *Höker* 'Krämer', dazu *Meß-, Schietenhöker* 'Mistkäfer', s. oben Sp. 486. *Mehllimmes* Rhein. Wb. 5, 1032; zu *Limm, Limmes* Koseform zu 'Lamm', auch 'einer, der weißes Haar hat' ebda 474. *Maalkapeziner* [Mehl-Kapuziner] BERGMANN Ochsenfurt 26; vgl. *Kapuziner* Sp. 528. *Mehlsack* Rhein. Wb. 5, 1033. *Mühlenpferd* ebda 761; N. gilt auch für andere Käfer und Insekten, vgl. oben Sp. 483. Die N.n werden zuweilen auch zur Geschlechtsbestimmung herangezogen: *Müller* „männl. Maikäfer" Rhein. Wb. 5, 1388; dazu der Kinderreim: „M., breng mir Mehl...". Daneben *Scheele Miller* „weibl. Maikäfer" ebda 7, 989; vgl. *scheel* 'schielend, einäugig', *Schelerche* 'Schmetterling'. *Mölleterschmännche, Mölleterschwiffche* [-weibchen] ebda 5, 1388.

Chinese (Hamburg) SCHUPP Hans Undög (1942) 28; ebda als nicht näher bestimmte Farbvariante angegeben.

Als N.n des Männchens gelten ferner: *Männchen* Rhein. Wb. 5, 761; Luxemb. Wb. 2, 350. *Khefrmō* [Käfermann] HEILIG Taubergrund 10. *Dädde* (Württemberg) mündl.; eigentl. 'Vater' (Kinderspr.), s. OCHS Baden 1, 433. *Hans* Rhein. Wb. a. a. O. Des Weibchens: *Fräuchen* Rhein. Wb. a. a. O. *Frächen* Luxemb. Wb. a. a. O. *Wibli* Schweiz. Id. 5, 865. *Moder* [Mutter] Rhein. Wb. 5, 1478. *Gretchen* ebda 761.

Für Maikäfer in Kopula: *Bex* m. FISCHER Schwäb. 1, 567; wohl zu *backen* 'festkleben'. *Gutsch* [Kutsche] ebda 3, 969; neben *Gutschen fahre* 'concumbere' ebda. *Gitscher* (Südtirol) EHRHARD Alpen 178.

8. Sonstige Namen. *roter kreutzkefer* (16. Jh.) bei LINDNER Jagdtraktate 1, 106. *Creutzkäfer* SCHWENCKFELD Theriotropheum (1603) 554. *Kreuzkäfer* STIELER Stammbaum (1691) 937; NEMNICH (1793) 2, 1237; SCHMIDT-GÖBEL Insecten 1 (1881) 14. *Mayenkreutz-Käfer* MARPERGER Kauffmanns Magaz. (1708) 1108. *Krüütskäver* BERGHAUS Sprachschatz d. Sassen 2 (1883) 274.

Kritzkäwer, Kritzkauber JECHT Mansfeld 58. *Gridsekēwer* HERTEL Thüringen 147. Mit Angleichung des Anlauts *Kritzekräwer* JECHT a. a. O. *Kritzekrebs* ebda; letzteres auch N. für 'Marienkäfer', s. oben Sp. 218. Diese Formen werden allgemein als *Kreuz-* aufgefaßt, s. JECHT, HERTEL a. a. O. Eher sind sie jedoch zu verbinden mit *kritzeln*, 'kitzeln, krabbeln', s. MÜLLER-FRAUREUTH Obersächs. 2, 110, *kritzen* 'kratzen' DWb 5, 2345, so daß die N.n als 'Krabbelkäfer' angesehen werden können; vgl. dazu die Verbindungen *Kritzekrebs* 'Maikäfer' (s. oben), auch 'Engerling' (s. unten Sp. 545), und *Mēkrēvet* [Maikrebs] DAHLBERG Dorste 1, 181, *Maikribs* Rhein Wb. 5, 767, deren Grundwort *Krebs* (wie nd. *Krabbe*, s. unten Sp. 544) mehrfach in N.n für krabbelnde, vielgliedrige Tiere begegnet. Zu erinnern ist ferner an W. BUSCHS *kritzekratze* als lautliche Wiedergabe der Fortbewegungsart der Maikäfer.

Kolbenkäfer NEMNICH (1793) 2, 1237; BERGE Käferbuch (1844) 204. Eigentl. der N. für alle Skarabaeiden, s. oben Sp. 440. Daher genauer: *May Kolbenkäfer* BRAHM Insektenkal. 1 (1790) 53. *Maikolbenkäfer* BEHLEN Forst- u. Jagdkde 4 (1842) 569. *Laub-Kolbenkäfer* SCHRANK-MOLL Nat.-hist. Briefe 1 (1785) 179.

Zusammen mit anderen Grabkäfern aus der Familie *Scarabaeidae* (s. oben Sp. 439) *Maulwurfskäfer* NEMNICH (1793) 2, 1237; CAMPE 3 (1809) 235; BERGE Käferbuch (1844) 204. *Totengräber* Rhein. Wb. 7, 1253; allgemein der N. für → *Silphidae* 'Aaskäfer', sonst auch 'Mistkäfer', 'Maulwurf', s. oben Sp. 496, und 'Engerling' (s. unten Sp. 555). *Krup-ut-de-Schit* (im Tiergespräch) WOSSIDLO-TEUCHERT Mecklenb. 4, 710; vgl. den ähnlichen Satz-N. für 'Mistkäfer' Sp. 476.

Kauzkäfer (Jena) POPOWITSCH Versuch (1780) 346; NEMNICH (1793) 2, 1237; BERGE Käferbuch (1844) 204; WEISE Altenburg 86. *Kauzkäfer* HERTEL Thüringen 132. *Kauzcher* ebda. *Maigüds* [-kauz] SCHÖNFELD Fuhnegeb. 21. Vielleicht hierher auch *Gutzegäuwer* (Hessen) PFISTER Nachtr. 87; das Grundwort ebda an *gauben, gauwen* 'murren, surren' angeschlossen. *Kizkäfer* HERTEL a. a. O. *Kitz(e)käfer, Kitz(e)krebs* Mitteil. d. Thüring. Wb.s. Zu *Kauz*, Dimin. *Kizche* (HERTEL)? Oder Weiterbildung von *Kritzekäfer, -krebs* (s. oben Sp. 529) in Anlehnung an *Kitz* 'Tierjunges (Reh, Kalb u. dgl.)'? Dazu vgl. oben Sp. 520.

Hühnerkleber („weil beliebtes Hühnerfutter") WENZEL Wortatlas d. Kr. Wetzlar 78. *Hühnerkläber* KEHREIN Nassau 463. *Hoinerklewer* ebda 204. *Hoinerkleawwer* CRECELIUS Oberhessen 469. *Hühnerklette* WENZEL a. a. O. *Hoinerkleatte* CRECELIUS a. a. O. 506. Zum Grundwort s. oben Sp. 67. *Hühnerkletter* BERTHOLD Hess.-Nass. 2, Karte 29; vgl. *Maikletter* Sp. 515. „Hühner sollen durch Maikäfer brütig werden" (Minden-Ravensberg) Hwb. Abgl. 5, 1534.

Eräpfelkawer [Erd-] SATTER Gottschee 14; vgl.: „in Schlesien bedeuten viele Maikäfer viele Kartoffeln" Hwb. Abgl. 5, 1534, doch gelten *Erd-*

äpfelkäfer, -wurm auch für den den Kartoffeln schädlichen 'Engerling', s. unten Sp. 546f.

Hewerling Christa Trier 111. *Hewer-, Heberling* Rhein. Wb. 3, 384. *Hewerlingsmännche* ebda 2, 676. In Anlehnung an rhein. *Kewerling* (s. oben Sp. 518); möglicherweise liegt die Vorstellung des „Pumpens" zugrunde, d. i. das wiederholte Anheben des Hinterleibes (vgl. *Heberling* 'Steißbein' Rhein. Wb. 3, 384), um vor dem Abfliegen Luft zu sammeln.

Oft bedecken Kotmassen den Boden unter den befallenen Bäumen („das lauschende Ohr vernimmt ... den geradezu fabrikmäßigen Stoffwechselbetrieb an den wie Regen herabrieselnden Kotmassen", s. Escherich Forstinsekten 2 [1923] 66); doch dürften die nachfolgenden N.n eher als Ausdrücke der Geringschätzung zu gelten haben. *Maischeißer* Wieder Südmähren 31. *Mäschesser* Luxemb. Wb. 2, 350. *Schißklemmer* Berthold Hess.-Nass. 3, 180; zum Grundwort s. oben Sp. 493. *Schisser* Rhein. Wb. 7, 1157. *Raupenschisser* Rhein. Wb. 7, 190, auch 'Engerling', s. unten Sp. 538. *Moiatreetscher, -tren(t)scher* (Eichstätt) Zs. f. hd. Maa. 3 (1902) 77; zu *trätschen* 'im Nassen, Kotigen herumtreten' Schmeller Bayer. 1, 681, *träntschen* 'verunreinigen, beklecksen' ebda 671.

Noskēwer, Neskēwerz, -kēwerick Rhein. Wb. 6, 298; ebda als ,,Nußkäfer" interpretiert. Vielleicht nach ihrer nußbraunen Farbe? Verschiedentlich wird auch die Meinung vertreten, daß Maikäfer nußähnlich schmecken. Da im Rhein. *Nuß* und *Nest* in der Lautform *Nös, Nes* zusammenfallen können, werden die N.n auch als „Nestkäfer" verstanden, dazu vgl. (unter dem Stichwort *Nest-*) *Neskēwerich* Rhein. Wb. 6, 157. Diese Auffassung wird begünstigt durch Bildungen wie *Nest-geck, -häkchen, -hucker, -kack, -quak,* die jeweils 'das Jüngste im Neste', dann auch kleine Tiere überhaupt bezeichnen.

Bochkēwer Hertel Thüringen 183. *Bōkrawr* Knothe Nordböhmen 100; Mitzka Schles. 1, 143. *Bůkrawer* Knothe 112. *Buschtjāw* Ziesemer Preuß. 1, 884 mit der unbefriedigenden Erklärung: „*tjaaw* 'Kerbe', also das Kerbtier im Busch, am Baum". *Buschtchan* [„Buschkern"?] ebda. *Ixknobben* (Schlüsselburg) Hartwig in: Ravensberger Heimatkal. (1927) 86; ebda als „unerklärlich" bezeichnet. *(Mai-)Klunder* Hertel Thüringen 139. *Kornmoure* [-mutter] Kehrein Nassau 241. *Leinkäfer* Frischbier Preuß. 2, 20. *Filipinche* Rhein. Wb. 6, 804. Als verächtliche Bezeichnungen gelten: *(Mai-)Quabbel* Rhein. Wb. 5, 770 und 6, 1257; auch 'Engerling', s. unten Sp. 544 und vgl. *Quabbel* 'hängender Fett-, Fleischklumpen (beim Rind, Schwein)', dann verächtlich für Personen. *Rotzkäfert* ebda 7, 542. *Stäwelts* ebda 8, 483.

Engere (Vorarlberg; „sowohl Maikäfer wie deren Larven") Schöpf Tirol 106. *Enger, Engerich, Engerling* Jutz Vorarlberg 1, 719; Fischer Schwäb. 2, 720. *Mairaupe* Rhein. Wb. 5, 770; sonst auch *Raupe* 'Engerling' ebda 7, 189 und s. unten. *Wärmer* Pl. [Würmer] Müller-Fraureuth Obersächs. 2, 683; häufiger der N. für 'Engerlinge', s. unten.

Pewerlenk Follmann Lothring. 41; wohl in Anlehnung an *Kewerlenk* (s. oben Sp. 519) unter Einfluß von *Peipleng, Paipampel, Paipolter* 'Schmetterling'. *Molgezäwer* m. [Molkenzauber], *Molkezabersche, -zaubersche, -zausche* f. Berthold Hess.-Nass. 2, 356. *Molkzäwersch* Heinzerling-Reuter Siegerland 174. *Molkenzäwersche* Rhein. Wb. 5, 1242. Eigentl. 'Schmetterling', ähnlich *Milch-, Molkendieb* u. dgl. (→ *Lepidoptera*). *Milord, Mellerdicks, Mollermal* Luxemb. Wb. 2, 350; „spaßhafte oder kindersprachliche Spielformen" neben *Meller-, Millemoler, Millermaler* 'Schmetterling' ebda. *Tabakstroler* Rhein. Wb. 8, 1018, Reimwort im Ansingevers „Mille, Mille, Moler, T.!".

Qualster Rhein. Wb. 6, 1283. *Gwalsder* Heinzerling-Reuter Siegerland 87. *Maiqualster, Maiwalsder* Berthold Hess.-Nass. 2, 232. Eigentl. *Qualster* 'Stink-, Beerenwanze' (→ *Pentatomidae*). *Nottkipp* Sartori Westfäl. Volkskde ([2]1929) 48; vgl. *Nötekip* 'Baumwanze' Rhein. Wb. 6, 298.

Buckereje m. Tschumpert Bündnerisch. Id. 146. *Bugarīe, Bugareje* f. (Graubünden) Schweiz. Id. 4, 1087. Aus rätorom. *buccaria* 'Maikäfer', s. Carigiet Rätoroman. Wb. (1882) 33.

Ranken (Zillertal) Nemnich (1793) 2, 1237; Schmeller Bayer. 2, 122; dalla Torre Tirol 118. *Rangger, Ranggnar* Schatz Tirol 471. *Ronggeler* (Oberinntal) dalla Torre a. a. O. *Ronker* Schmidt-Göbel Insecten 1 (1881) 14. N. gilt auch für 'Engerling' (s. unten Sp. 541) und für → *Amphimallon solstitialis* L. „Das Wort kann mit Hinsicht auf den Engerling mit deutscher Ableitung aus verdeutschtem lat. *eruncare* 'ausreuten' gebildet sein" Schneller Roman. Volksmaa. in Südtirol (1870) 276.

Zullen Pl. Laicharting Tyrol. Ins. 1 (1781) 34. *Zull* f. (Etsch, Eisack) dalla Torre Tirol 118. *Zūl* m. (Salurn) Schatz Tirol 736. *Zurle* f. Zingerle Lusern 60. *Zurlo* Bacher Lusern 431. *Zorla* m. Gamillscheg Lusern 10. *Pater Zulln* „Maikäfer mit rotem Rücken" (Meran) Ehrhard Alpen 184. Entlehnt aus ital. dial. *sorla, zorla*; („man könnte an das span. portug. *zurra, zorra* 'Fuchs' denken ..., da der Maikäfer von der Farbe der Flügeldecken wohl 'Füchslein' heißen könnte" Schneller Roman. Volksmaa. in Südtirol [1870] 216). *Peache* Schatz Tirol 53.

Larve

Weißlich, mit dickem, gebogenem Hinterleib und großem, gelbrotem, stärker chitinisiertem Kopf. „Die mächtigen, stark und hart gewordenen Beißkiefer, zusammen mit einer ungemein stark ausgebildeten Kiefermuskulatur, befähigen sie, Wurzeln von der Stärke eines dicken Strohhalms glatt abzubeißen" (SCHEERPELTZ Maikäfer [1950] 30). Zur Entwicklung und Schädlichkeit s. oben Sp. 512. — Die Larven, bei Feld- und Gartenarbeit allenthalben aufgeworfen, sind allgemein bekannt und haben eine Vielzahl volkstümlicher N.n erhalten. Wortkarten „Larve des Maikäfers" s. MITZKA-SCHMITT Dt. Wortatlas 13 (1963), MITZKA Schles. 1. Die Larven von → *M. melolontha* L. und → *M. hippocastani* F. sind kaum voneinander verschieden. Ihnen ähneln auch in hohem Maße die Larven anderer verwandter Käfer (wie → *Amphimallon* BERTH., → *Cetonia* F., → *Geotrupes* LATR., → *Pollyphylla* HARR., → *Serica* MACLEAY u. a.), die in den Volks-N.n nicht unterschieden werden dürften. Es kommt hinzu, daß die Maikäferlarven weithin mit sog. Gemeinschafts-N.n benannt werden. Ihre immense Schädlichkeit durch Wurzelfraß an Kulturpflanzen führte zu Namensgleichheit mit anderen Pflanzen- und Getreideschädlingen, z. B. mit dem Kornkäfer (→ *Calandra granaria* L.), mit der Maulwurfsgrille (→ *Gryllotalpa gryllotalpa* L.) und in geringerem Maße auch mit anderen schädlichen Insekten. Ihre wurmähnliche Gestalt führte zu gemeinsamen N.n mit den Larven der Dasselfliegen (→ *Hypodermidae*), mit Regenwürmern (→ *Lumbricidae*) und gab ihnen vielfach die allgemeinen Bezeichnungen *Wurm, Made, Raupe* u. dgl.

Alte N.n. *bruchus* FRISIUS Dict. (1556) 165; DENTZLER Clavis (1686) 94; KIRSCH Cornucopiae 1 (1718) 151; ursprünglich der N. der 'Heuschrecke', hier ausgedehnt auf alle nagenden, fressenden Insektenschädlinge (vgl. Beiheft 1). — *spondylis* SCHWENCKFELD Theriotropheum (1603) 557; ALSTEDIUS Comp. (1626) 3068. Der N. geht zurück auf griech. σπονδύλη (ARISTOTELES Hist. Anim. 5, 25) und σφονδύλη, lat. *sphondylē* (PLINIUS Nat. Hist. 27, 143), ein unbestimmbares (s. FERNANDEZ Nombres de Insectos [1959] 242), unter der Erde lebendes, die Wurzeln beschädigendes Tier, das bei Verfolgung einen Gestank von sich gibt; ein Laufkäfer (→ *Carabidae*), ein Schwarzkäfer (→ *Tenebrionidae*) oder deren Larven?, eine Schlange? Später (s. oben) als N. des Engerlings übernommen. — *verticilla* SCHWENCKFELD a. a. O.; Samml. Nat.- u. Med.-Gesch. (Herbst 1719) 593 (sonst nur vergleichend: „ita convolutus, ut verticilli", s. HENISCH Thes. [1616] 896; ALSTEDIUS a. a. O.). — *rauca* KILIAN Dict. (1605) 680 („vermis radices arrodens"); KIRSCH Cornucopiae (1718) 361. Bei PLINIUS (Nat. Hist. 17, 130) ein Wurm in den Wurzeln der Eiche.

9. Engerling. Ahd. *angar, angarī* und seine Ableitungen *engirinc, engerlinc* stehen anfänglich als Interpretamenta des Lemmas *curculio* 'Kornwurm, -käfer' (→ *Calandra granaria* L., s. oben Sp. 245, dort auch Angaben zu Herkunft und Form des Wortes). Unter *angar, engerlinc* sind dabei das Getreide und andere Feldfrüchte (Bohnen, Erbsen u. dgl.) anbohrende „Würmer" (Käfer und deren Larven) zu verstehen wie → *Bruchidae*, → *Calandra* CLAIRV., dann allgemein Getreideschädlinge jeder Art, auch die den Wurzeln der Saat schädlichen Insekten wie Maulwurfsgrillen (→ *Gryllotalpa gryllotalpa* L.). Doch ist es möglich, daß die Sp. 245 genannten altdeutschen Glossen *curculio* im Sinne von 'Getreideschädling' interpretieren und daher auch auf Maikäferlarven zu beziehen sind. — Im Sinne von 'Wurm, Made' gilt der N. *Engerling* und seine lautlichen Varianten auch für die Maden der Dasselfliegen (→ *Hypodermidae*). — *Inger* (16. Jh.) Schweiz. Id. 1, 335; FRISIUS Dict. (1556) 165; DENTZLER Clavis (1686) 94; TASCHENBERG Prakt. Insektenkde 2 (1879) 33. Vgl.: „der bekannteste Nahme ist in Teutschland ... *Inger*" FRISCH Insecten 7 (1728) Vorrede. *Inger, Ingeri* STALDER Schweiz. 2,70. *Inger, Ingerer* (Bayern) MILLER handschriftl. *Inkel, Ingl* MENSING Schlesw.-Holst. 2, 1003. *Ingen* (Holstein) Wortatlas. *Engere* HENISCH Thes. (1616) 896; ALSTEDIUS Comp. (1626) 3068; OCHS Baden 1, 688; SCHÖPF Tirol 106; (Oberschwaben) Wortatlas. *Aengeri* Gen. Pl. (17. Jh.) FISCHER Schwäb. 2, 720. *Enger* ebda; Schweiz. Id. 1, 335; (Bayern) MILLER a. a. O.; (Tirol) Wortatlas; JUTZ Vorarlberg 1, 719; Rhein. Wb. 2, 132; MENSING Schlesw.-Holst. 1, 1049; MITZKA Schles. 1, Karte. *Engern* Pl. UNGER-KHULL Steir. 202. *Enker, Enk* (Rheinland) Wortatlas. *Eingere* (b. Bregenz), *Engana* (Oberösterreich) ebda. *Anger, Anga, Ango,* Pl. *Angern, Angon* SCHATZ Tirol 25. *Anger* Rhein. Wb. 1, 191. *Anger, Angeri* MARTIN-LIENHART Elsäss. 1, 54. *Ankere* (b. Aachen) Rhein. Wb. a. a. O. *Anker, Anke, Ankele* (Rheinland) Wortatlas; vgl. auch *Anker* 'Drahtwurm' [d. i. die Larve der Schnellkäfer, → *Elateridae*, s. oben Sp. 292], 'Larve der Stechfliege' [d. i. wohl 'Dasselfliege', → *Hypodermidae*], s. Rhein. Wb. 1, 194.

Engering FRISCH Insecten 7 (1728) 7; Rhein. Wb. 2, 132; (Pommern) Wortatlas; HÖFER Österreich 2, 244. *Engerinc* (Friesland) Wortatlas. *Engering* (Kärnten) ebda. *Engarign, Engaregn* (Niederösterreich) ebda. *Engerich* JUTZ Vorarlberg 1, 719; KUMMER Schaffhausen 2, 63; OCHS Baden 1, 688; FISCHER Schwäb. 2, 720; (Elsaß) Wortatlas. *Aengerich* RATZEBURG Forst-Insekten 1 (1837) 63. *Engerech, Ingerech* Schweiz. Id. 1, 335. *Ängerech* STALDER Schweiz. 1, 105. *Angerech* (Schweiz) Wortatlas. *Engerik* Rhein. Wb. 2, 132. *Angerik* MARTIN-LIENHART Elsäss. 1, 54. *Angerig* OCHS Baden 1, 688. *Engerk* (Westfalen) Wortatlas. *Innerig* Schweiz. Id. 1, 335. *Ennerich* (Schwaben) Wortatlas. *Ännerk* WOESTE Westfalen 9. *Egerick* (Sauerland) Wortatlas.

Engerlin SCHWENCKFELD Theriotropheum (1603) 557. *Engerling* FRISCH Wb. 1 (1741) 227; OKEN Lehrb. d. Naturgesch. 3, 1 (1815) 821; BREHM 9 (²1880) 86; so allgemein. Der hd. N. *Engerling* gilt, wie Wortatlas 13 deutlich macht, im gesamten deutschen Sprachgebiet, mundartliche Namensformen weithin überlagernd. Daneben die Varianten *Ängerling* ADELUNG 1 (1774) 271; KUMMER Schaffhausen 2,63; HODLER Berndeutsch 109; FROMME-ALPERS Hohenbostel (Deistervorland) 11. *Öngerling* KLEEMANN Nordthür. 15. *Ängerlink* (Mansfeld) Zs. f. hd. Maa. 2 (1901)194; (Uckermark) Teuthonista 9 (1933) 20. *Engerleng* HALBACH Berg. Sprachsch. 157. *Enerleng* MÜLLER-FRAUREUTH Obersächs. 1, 293. *Ennerling, Engdrling* MITZKA Schles. 1, Karte. *Änerlink* BAUER-COLLITZ Waldeck 4. *Engalin* (Österreich), *Engerlinn* (Eifel), *Engerliag* (Ostpreußen), *Enjerling, Engjerlang* (Pommern) Wortatlas. *Ejjerling* HANSEN-SCHÖNFELD Ostfäl. 81. *Eierling* (Braunschweig) Wortatlas. *Ejjerlink* DAMKÖHLER Nordharz 49. *Eingerling* (Hessen) Wortatlas. *Aingerlung* KROH Nassau § 15. *Onjerlinch* (Westfalen), *Engerlintsch* (Pommern) Wortatlas. *Eggerling* (Pommern) ebda; HARTWIG in: Jahresber. Ravensberg 40 (1926) 33. *Egerling* (Sauerland) Wortatlas. *Eng(e)ling* MENSING Schlesw.-Holst. 1, 1049. *Enkeling* (Mecklenb.), *Ängeling* (Westerwald), *Engelingsch* (Pommern), *Engelingt* (Taunus), *Engelind* (Ostpreußen) Wortatlas. *Ingerling* (Bayer. Wald), *Ingerling, -link, Innerlinj, Innälintsch* (Pommern), *Ingelintsch* (Neumark) Wortatlas. *Angerling* FULDA Allg. Id. (1788) 19; (Elsaß, Schwarzwald, Mittelfranken, Eichsfeld) Wortatlas. *Angerleng* KÜRSTEN-BREMER Buttelstedt (Weimar) 106. *Angerlink* (Eichsfeld) Wortatlas. *Agerling* (Elsaß, Lothringen), *Augerling* (Elsaß) ebda. *Emmerling* ADELUNG 1 (1793) 1796; (Bayern, Schwaben, Saar, Siegerland, Hessen, Mittelfranken, Thüringen) Wortatlas. (Vgl. *Ämmerling* 'Wurm, oder anderes Insekt, womit ein Vogel seine Jungen ätzt' SCHMELLER Bayer. 1, 74.) *Emmer-, Immerling* MITZKA Schles. 1, Karte. *Emmeling* (Obersachsen), *Emälintj* (Pommern) Wortatlas. *Engending* (Unterfranken) ebda.

Engerlein Samml. Nat.- u. Med.-Gesch. (Herbst 1719) 593; (Tauern) Wortatlas.

Engerlich (Erzgeb.) Wortatlas; MITZKA Schles. 1, Karte. *Engerlik* ebda. *Enerlig* (Tirol), *Ägerlich* (Elsaß) Wortatlas. *Angerlich* (Thüringen) ebda. *Angerlig* SCHATZ Tirol 25. *Angerlic, Englick* (Elsaß) Wortatlas. *Engerli* OCHS Baden 1, 688; (Württemb., Mittelfranken) Wortatlas. *Engerle* (Baden) ebda. *Engerla* (Schwaben, Schlesien) ebda. *Engerl* (Steiermark, Burgenland, Bremen) ebda. *Engerls* (Dithmarschen) ebda. *Angerle* (Franken) ebda. *Angerl* (Unterfranken) ebda. *Engel* Rhein. Wb. 2, 129; (Holstein) Wortatlas. *Engele, Engelt* (Limburg) ebda. *Angel* Rhein. Wb. 1, 189. *Ingele, Ingeli* Schweiz. Id. 1, 335. *Engelk* (Westfalen), *Engelke* (Oldenburg), *Engelken* (Hannover) Wortatlas. *Emerlich* (Erzgeb.), *Ammerlich* (Obersachsen) ebda. *Emmerle, -la* (Franken), *Emer* (Tirol), *Emmel* (Burgenland) ebda.

Etterling HARTWIG in: Jahresber. Ravensberg 40 (1926) 33. *Edderling* (Hannover) Wortatlas. *Etterl* ebda. *Hiterling* (Bückeburg) ebda. *Erling* (Pfalz, Luxemburg) ebda; MITZKA Schles. 1, Karte. *Ärrling* (Rheinland), *Eerling* (Lothringen) Wortatlas. *Erlich* (Erzgeb.) ebda. Teilweise mögen die zuletzt genannten kontrahierten Formen als „Erdling" (vgl. unten Sp. 549) aufgefaßt werden. *Ihrling* (Obersachsen, Thüringen) Wortatlas; offenbar an *Ihrling* [Öhrling] 'Ohrwurm' (s. MÜLLER-FRAUREUTH Obersächs. 1, 557) angeglichen.

Engert (Pfalz, Thüringen) Wortatlas. *Engerdle* OCHS Baden 1, 688. *Engeröst* Rhein. Wb. 2, 132. *Ängerooßt* (Rheinland) Wortatlas. *Engretzn* (Kärnten) ebda.

Engerwurm Rhein. Wb. 2, 132. *Engerworm* HALBACH Berg. Sprachschatz 157. *Engeriwurm* MARTIN-LIENHART Elsäss. 2, 854. *Engelwurm* (Freiburg) briefl. *Engerleswurm, -worm* OCHS Baden 1, 688. *Engelsworm, Ängelworm* ebda. *Engelwatz* (Mosel) Wortatlas; vgl. *Maiwatz* 'Maikäfer', s. oben Sp. 517. Dann scherzhaft auch *Engländer* ZIESEMER Preuß. 2, 288; WENZEL Wortatlas d. Kr. Wetzlar 128; (Eifel) Wortatlas. *Engelenner* KEHREIN Nassau 128. *Engelinger* CRECELIUS Oberhessen 341.

Engerdir [-tier] Rhein. Wb. 2, 132. *Angeldir* ebda 1, 190. *Engeldier* MITZKA Schles. 1, Karte. *Angelbaiz* WEGELER Koblenz 4. *Angelbeiz, -bitz* Rhein. Wb. 1, 190. *Angelbetz, -biss, -barze* (Rheinland) Wortatlas. Vgl. *Angel* 'Engerling' (s. oben), auch 'Made der Rinderbremse, die unter der Haut des Rindviehs sich entwickelt und deutlich sichtbare Anschwellungen bildet' (die auch, nach ihrer wurmähnlichen Gestalt, den N. *Engerling* trägt, → *Hypodermidae*), s. Rhein. Wb. 1, 189. *Engerdutz* Rhein. Wb. 2, 132. *Engeldötze* (Siegerland) Wortatlas. Vgl. *Dutz* 'Beule', 'Gegenstände von runder Form' Rhein. Wb. 1, 1599. *Angerweide* FULDA Id. (1788) 578.

Verbreitet (besonders im Ostmd. und Alemann.) sind Formen mit *d*-Einschub als Übergangslaut. *Enderlein* Samml. Nat.- u. Med.-Gesch. (Frühling 1718) 968; RATZEBURG Forst-Insecten 1 (1837) 63; MÜLLER-FRAUREUTH Sächs. Volkswörter 39.

Enderling FRISCH Wb. 1 (1741) 227; ADELUNG 1 (1793) 1807; RATZEBURG Forst-Insecten 1 (1837) 63; MÜLLER-FRAUREUTH Sächs. Volkswörter 39; MITZKA Schles. 1, Karte; (Schwarzwald) Wortatlas. *Enterling, Anderling* (Lausitz) Wortatlas.

Enderlich (Neiße), *Anderlich* (Lausitz, Schlesien) Wortatlas. *Enderlig* (Elsaß) ebda. *Anderlig*

OCHS Baden 1, 688. *Engerle* Samml. Nat.- u. Med.-Gesch. (Frühling 1721) 533; FRISCH Insecten 7 (1728) 7; (1722) MÜLLER-FRAUREUTH Obersächs. 1, 293; WEINHOLD Schles. 17. *Enderli, Enderle* MARTIN-LIENHART Elsäss. 1, 51. *Enterle* PETTERS Böhmen 37. *Enderla, Jendrla* MITZKA Schles. 1, Karte. *Anderle* (Fichtelgeb.) Wortatlas; PETTERS a. a. O. *Anderle, -li* OCHS Baden 1, 688. *Antrle* MARTIN-LIENHART a. a. O. *Anderla* MITZKA a. a. O. 35. *Enderlan, Endalan, Enderlinde, Eterle* (Schles.) Wortatlas. *Endler* MITZKA a. a. O.; (Lausitz, Obersachsen) Wortatlas. *Äntlar* MÜLLER-FRAUREUTH Obersächs. 1,293. *Entlerch* (Sächs. Schweiz) Wortatlas. *Anderi, Enderri, Andri* (Elsaß) ebda.

Die *-nd*-Formen, die vor allem im Badischen, Elsässischen und im Ostmd. begegnen, führen die N.n in die Nähe von *Enterich* 'männl. Ente, Erpel', so daß dessen N.n (s. WIEPEN Die Siedlungsgeschichtl. Grundlagen der Synonymik d. männl. Ente, Phil. Diss. Marburg 1952 masch.-schriftl., bes. S. 87 ff.) mit den N.n für Engerling sich berühren oder zusammenfallen können. *Änderic, Ändric* (Baden) Zs. f. hd. Maa. 3 (1902) 89. *Entrich, Ändrich, Enderich, Änderich* OCHS Baden 1, 688. *Enterech* (Lausitz) Wortatlas. *Anterich* (Mittelgeb.) ebda; OCHS a. a. O. *Entrichl* MITZKA Schles. 1, Karte. *Endrich, Entrchl* MÜLLER-FRAUREUTH Obersächs. 1, 293. *Anderichl* MITZKA a. a. O. *Antichl* (Lausitz) Wortatlas. *Enter-, Enderchen* (Schles.), *Enderk* (Sauerland) ebda. *Enterch, Enderch, Anterch* (Obersachsen) ebda. *Antorch, Endorch, Andarche* (Schles.) ebda.

10. Oft gelten für den Engerling nur allgemeine N.n wie Wurm, Made, Larve u. dgl. Die N.n müssen in ihrem weiteren Sinne '(schädliches) Gewürm' verstanden werden; eine Einengung des Begriffs auf die Maikäferlarve allein ist nicht anzunehmen. *Wurm* (Kärnten, Tirol, Bayern, Hessen, Ruhr, Friesl., Mittelelbe) Wortatlas; MITZKA Schles. 1, Karte. *Worm* (Pfalz, Frankfurt, Erzgeb., Bremen, Friesl., Pommern) Wortatlas; MITZKA a. a. O. *Würm* (Vorarlberg), *Wörm* (Ostpreußen) Wortatlas. *Werm* MITZKA a. a. O. *Wahm* (Hannover) Wortatlas. *Würmer* HARTWIG in: Jahresber. Ravensberg 40 (1926) 33. *Buerm* SATTER Gottschee 14. *Würmechen* (Mark), *Würmche* (Eifel), *Würmke* (Limburg) Wortatlas. *Würmel* MITZKA a. a. O.

Made MARTIN-LIENHART Elsäss. 1, 650; (Saar, Niederlausitz, Fläming, Mittelelbe, Ruhr, Ostfriesl., Wollin) Wortatlas; MITZKA Schles. 1, Karte. *Mad* FOLLMANN Lothring. 349; (Pfalz) HEEGER Tiere 2, 14; (Rheinland, Mecklenb., Pommern) Wortatlas. *Moade* MITZKA Schles. 1, Karte. *Moade, Moarde* (Eberswalde) Wortatlas. *Muade* MITZKA a. a. O. *Muod* FOLLMANN a. a. O.; (Luxemburg) Wortatlas; MITZKA a. a. O. *Mued* FOLLMANN a. a. O. *Muert* (Luxemburg) Wortatlas. *Mod* MITZKA a. a. O.; (Uckermark) Wortatlas. *Maud, Maude, Mauda* (Pommern), *Maued* (Uckermark) ebda. *Mare* (Saar, Lothringen), *Maar* (Prignitz, Pommern) ebda. *Maue* (Pommern), *Moaje* (Wartheland), *Mäje* (Duisburg) ebda. Dazu auch *Madewurm, Maderwurm* (Schwarzwald), *Modenwurm* (Obersachsen) Wortatlas.

Als verwandte Bildungen schließen sich an *Mettel* m., *Mettelwurm* Schweiz. Id. 4, 556; ebda häufiger als N. des Regenwurms belegt. *Mettle* KUMMER Schaffhausen 2,63; (Schwarzwald) Wortatlas. *Medle* HEILIG Ballenberg (Baden) 361. *Mettl, Mertel* Bad. Mitteil. 6 (1915) 334. *Matten* ebda. *Mater* (Lothringen) Wortatlas. Auf diminutivem mnd. *meddeke, meddik, moddik, maddik* 'Wurm, Made, Regenwurm' (s. SCHILLER-LÜBBEN Mnd. Wb. 3, 49) beruhen *Mädk* (Pommern) Wortatlas. *Miäk, Miëke* HARTWIG in: Jahresber. Ravensberg 40 (1926) 33. *Miäk, Miëk* FREDERKING Hahlen b. Minden 85; auch N. für 'Drahtwurm' (→ *Elateridae*, Sp. 291 f.), 'Kornwurm' (→ *Calandra granaria* L., Sp. 244 ff.), 'Regenwurm' (→ *Lumbricidae*). *Mīk, Miëk* BAADER Osnabrück § 100. *Mecken* (b. Hamburg), *Mette* (Pommern), *Märken* (Hannover), *Mäke* (Bückeburg) Wortatlas. *Maak* Die Natur 39 (1890) 402; ebda — volksetymologisch — als „Macher" verstanden, der „den Acker ūtmäket, d. h. das Getreide zum Absterben bringt". *Make* (Hannover), *Maagen* (b. Magdeburg) Wortatlas. Zu den einzelnen Formen vgl. MENSING Schlesw.-Holst. 3, 636, KÜCK Lüneburg 2, 378, WOSSIDLO-TEUCHERT Mecklenb. 4, 1052 und DOLCH Der Regenwurm in der Volkssprache d. deutschen Nordwestens, in: Nd. Jb. 67/68 (1943) 184 ff.

Verbreitet in den dt. Maa. ist der N. *Raupe* (auch *Raup, Rup(e), Ruup, Rupp, Riupe*), s. Wortatlas; eigentl. N. für die Larven der Schmetterlinge (→ *Lepidoptera*), doch häufig ausgedehnt auf mancherlei Würmer und raupen- oder wurmähnliche Insektenlarven. Dazu die Komposita *Raube Worm* (Frankenwald), *Raupgelarv* (Tirol), *Rubbeschisser* (Elsaß) Wortatlas. *Rubbakiachle* (Schwaben), *Rabba-, Rabe-, Rappaküchla* (Bayern) ebda. *Eingepuppte Raupe* (Lausitz) ebda. *Raupenpüppchen* Rhein. Wb. 7, 190.

Ähnlich wie der N. *Engerling* (s. oben Sp. 535) sind auch die Bezeichnungen *Larve, Larv, Larf, Larw* durch hochsprachlichen, gelehrten Einfluß (über Schulunterricht, Schädlingsbekämpfung u. dgl.) in alle dt. Maa. eingegangen und stehen meist über oder neben anderen mundartlichen N.n, s. Wortatlas (zum N. *Larve* vgl. oben Sp. 12). Gelegentlich hat sich der N. mundartlichem Lautstand angeglichen: *Lahf* (Pommern), *Larrew* (Rheinland), *Lärve* (Rhön) Wortatlas. *Larfe* MITZKA Schles. 1, Karte. Vereinzelt diminuiert *Larwke* (Ostpreußen) Wortatlas. *Lorke* MITZKA a. a. O. (hierher?).

In gleicher Weise ist *Puppe, Pupp, Popp* in die Maa. eingedrungen, s. Wortatlas (zum N. *Puppe* vgl. oben Sp. 13 f.). Doch gilt der N. vorwiegend für die Larve, also den Engerling, nur gelegentlich wohl auch für die mit aufgeworfener Erde zutage tretende Puppe, vgl. *Puppe* „verpuppter Engerling“ OCHS Baden 1, 372. Auch hier ist der N. oft mundartlichem Lautstand angeglichen: *Pupa, Puppn, Puppna, Bübbn* (Bayern), *Bubbe* (Lothringen, Obersachsen), *Poww* (Danzig) Wortatlas. *Poppe* Rhein. Wb. 6, 1216; HALBACH Berg. Sprachschatz 527. Diminuiert: *Pöppchen, Peppercher* (Luxemburg), *Pöppche* (Rheinland), *Pupke* (Ostfriesland), *Puppken* (Hannover), *Poppke* (Ostpreußen), *Pöpperling* (Ruhr), *Bibi* (Vogesen) Wortatlas. *Docke* (Thüringen) ebda; eigentlich *Docke* 'Puppe'.

Butt („Made, Kartoffelschädling, Engerling“) WOSSIDLO-TEUCHERT Mecklenb. 2, 168. *Budden* Pl. (Prignitz) Wortatlas. *Puttk* (Ostpreußen), *Büttjer* (Mecklenb.) ebda. *Budde, Butke, Buttke* („Engerling und jeder Wurm, der im Acker gefunden wird“) ZIESEMER Preuß. 1, 855. *Buttchen* ebda 887; auch „ein Gegenstand von kurzer, dicker Gestalt“. Vgl. auch *butt* adj. 'plump, stumpf', *buttig* 'gedrungen, plump', s. WOSSIDLO-TEUCHERT Mecklenb. 2, 167, MENSING Schlesw.-Holst. 1, 600, Teuthonista 9 (1933) 20 und s. oben Sp. 9. *Puttworm* BÖNING Oldenburg 83. *Puddelwurm* (Münsterland), *Puddewärm* (Hannover) Wortatlas. *Buttmad* WOSSIDLO-TEUCHERT 2, 173. *Butmöd* (Pommern) Teuthonista 9 (1933) 20. *Buttmoi* (Prignitz), *Buttmoaj* (Altmark), *Buttmor* (Uckermark), *Buddmoarj* (Havelland) Wortatlas.

Amel, Ämel STÜRENBURG Ostfries. 4; BERGHAUS Sprachschatz d. Sassen 1, 31. *Amel, Ämel, Emel* („Ungeziefer, Insektenlarve, Engerling, Blattläuse, Ameise, Heimchen“) Niedersächs. Wb. 1, 309. *Ēmel* MENSING Schlesw.-Holst. 1, 1043; BÖNING Oldenburg 27. *Ämel, Emel, Emer, Amer* WOSSIDLO-TEUCHERT Mecklenb. 1, 276. *Emer* (Holstein) Wortatlas. *Witte Amel* [weiße A.] (Ostfriesland) ebda. *Emelken* (Hadeln/Niederelbe) ebda. *Imker* (Dithmarschen) ebda. Die N.n gelten oft auch für andere Käfer- und Insektenlarven, für Blattläuse, Kornkäfer u. dgl. Vgl. mnd. *amelte, ēmel, emmel* LASCH-BORCHLING Mnd. Hwb. 1, 71 und 531 und s. oben Sp. 71 und 249.

11. Meistens aber ist die Tatsache, daß der Engerling ein Entwicklungsstadium, d. h. der Larvenstand des Maikäfers ist, bekannt. Dieses Wissen findet im N. seinen Ausdruck. In manchen Fällen gelten die N.n der Imago, d. h. des 'Maikäfers', auch für die Larve, wie umgekehrt zuweilen die N.n der Larve für die Imago eintreten können, s. oben Sp. 532. (Für die nachstehend genannten Formen vgl. oben Sp. 513ff.) *Maikäfer* (Elsaß, Baden, Odenwald, Westerwald) Wortatlas; MITZKA Schles. 1, Karte. *Maikäwert* (Prov. Sachsen), *Maikewerte* (Ruhr), *Maikawer* (Eichsfeld), *Miekiärwek, Maikavel* (Westfalen) Wortatlas. *Maikabbel, -kibbel* (Rheinland), *Maikrabbel, -krabbelte* (Ruhr), *Maikams* (Westfalen), *Maikäme* (Pommern), *Maikitz* (Rhein/Ruhr) ebda. *Maiklette* (Westerwald) ebda. *Maikatschker* MITZKA Schles. 1, Karte. *Maibouk* [-bock] (Pommern), *Maikopp* (Eifel), *Maikäferkube* (Mark), *Mäike* (Lippe) Wortatlas. *Läffresser* [Laub-] (Luxemburg) Wortatlas. *Ecker* MENSING Schlesw.-Holst. 1, 987. *Eckelkäfer* (Rheiderland) Wortatlas. *Eckerbulle* BÖNING Oldenburg 26. *Eckerschiärsel* (Hannover), *Äckernschiarßel, Eckernschiäßel* (Teutoburger Wald), *Eckerschnäbel, Äckernschewer, Äkkanschewan* (Lippe) Wortatlas. Entsprechend gelten auch das Simplex *Käfer* und seine Synonyma im Sinne von 'Maikäfer' (s. oben Sp. 517ff.) für die Larve. *Käfer* (Lothringen, Wartheland), *Käfferle* (Baden), *Kewerling* (Rheinland), *Kewerek* (Eifel), *Kawel* (Westfalen), *Kerwen* (Münsterland), *Krawer* (Pommern), *Klewwer* (Lothringen) Wortatlas. *Wabbel* (Ostpreußen) ebda. Gelegentlich treten auch die N.n des Mistkäfers für 'Engerling' (als Larve des Maikäfers) ein: *Mäskäewer* [Mist-] (Niederbarnim), *Pferdekäfer* (Ostpreußen), *Pärzbobat* (Saar), *Perdswabel* (Ostpreußen), *Pahwörmel* [Pagen-] (Lippe), *Bullenkäfer* (Anhalt), *Bullekäfers* (Danzig) Wortatlas; dazu vgl. oben Sp. 464f. *Lusekafer* (Münsterland) ebda; vgl. oben Sp. 489f.

Sepper, Seppen (Lüneburg) Wortatlas; d. i. *Sebber* '(Mai-)Käfer', hier auch 'Larve, Engerling' (s. oben Sp. 520 und 66). Dazu das verdeutlichende Kompositum *Seppelrupen* (Kr. Harburg) Wortatlas. *Zefrinebock* (Pommern) Wortatlas; auch 'Maikäfer', s. oben. Diminutivformen: *Säwack, Säwacken* (Lüneburg) Wortatlas. *Zepk* (b. Lüchow) ebda. *Zeiwerk* (Altmark) Zs. f. Maforsch. 19 (1943/44) 9. Nach FOERSTE in: Nd. Wort 4 (1964) 92ff. hatte sich diese Verkleinerungsform „so weit von dem absterbenden Grundwort *Sebber/Säwer* entfernt“, daß dazu ein neues Grundwort (analog *Lemmeken* zu *Lamm*) gebildet wurde: *Sabbn, Sappn* KÜCK Lüneburg 3, 23. *Sabben* (Lüneburg) NIEKERKEN Das Feld (1935) XIX. *Zappe* (Braunschweig) Korr.-Bl. d. Vereins f. nd. Sprachforsch. 19 (1896/97) 56; HANSEN-SCHÖNFELD Holzland/Ostfäl. 211; WREDE Plattdt. (Hannover) 326. *Zabben* DANNEIL Altmärk. 251; KÜCK a. a. O.; (Braunschweig, Hannover) Wortatlas. *Zawwe* (Altmark) Zs. f. Maforsch. 19 (1943/44) 10. Kontrahiert zu *Sammen* (Lüneburg) Wortatlas. *Samm'n* STUHLMACHER Heidmark 22. *Szamm, Samm* (Lüneburg), *Zamm* (b. Magdeburg) Wortatlas. *Eggesam* [Ecker-] (Hannover) ebda. Dieses „scheinbar hochdeutsche Wort“ (FOERSTE) wurde nunmehr mit nd. Anlaut versehen: *Tabbe* HANSEN-SCHÖNFELD 193. *Tappen* (Hannover) Wortatlas. Oder erneut diminuiert: *Zappken* (Altmark) Wortatlas.

Bob, *Bopp* (Elsaß), *Maikäferbobe* (Lothringen) Wortatlas; s. *Bobe* 'Käfer' Sp. 69.

Rangger, *Ranggen* DALLA TORRE Tirol 118. *Rangger*, *Rockn* (Kärnten), *Rongger* (Oberbayern) Wortatlas. Vgl. *Ranken*, *Rangger* 'Maikäfer', s. oben Sp. 532. *Ronggalarve* (Kärnten) Wortatlas.

Zulle SCHATZ Tirol 736. *Zull*, *Zullen*, *Zulln* (Tirol) Wortatlas. Vgl. *Zull*, *Zurle* 'Maikäfer', s. oben Sp. 532. Dazu das Kompositum *Zullngossen* (Tirol) Wortatlas; s. *Gos*, *Gosse* Sp. 553.

Guage (Vorarlberg) Wortatlas; vgl. schweiz. *Gueg* 'Insekt' (Sp. 9), 'Käfer' (Sp. 71). *Tiek* (Ostfriesland) Wortatlas; ostfries. *Tiek* [Zecke] auch 'Insekt, Käfer', s. oben Sp. 72.

Verdeutlichend kennzeichnen adjektivische Ergänzungen den Engerling als Jugendstand des Maikäfers. *Lütt'n Maikäfer* (Bremerhaven), *Junger Maikäfer*, *Junger Maikaber* (Wartheland), *Jonge Maikäfer* (Rheinland), *Junge Eckeltiewen* (Münsterland) Wortatlas. *Witte Maikäfer* [weiße M.] (Hadeln), *Eigepuppter Maikäfer* (Bayern) ebda.

Auch andere verdeutlichende Ergänzungen sind üblich. *Maikäferengerling* Anz. f. Schädlingskde 13 (1937) 15. *Maikäfersengerling* (Franken) Wortatlas. *Kewerengerling* (Eichsfeld) ebda.

Wurm vom Maikäfer (Culmerland), *Wörmer vom Maikäfer* (Münsterland) Wortatlas. *Maikäfer-*, *Maikaferwurm* (Elsaß), *Meikewerworm* (Saar), *Maikäferschworm* (südl. Thüringen), *Megkabelwürmer* (Westfalen) ebda. *Maikawerbuerm* SATTER Gottschee 15. *Maikäferwiemele* (Tirol) Wortatlas. *Eckelworm*, *Eckeltäwenworm* (Hannover), *Äckeltiäwenwuorm* (Münsterland) ebda. *Käferwurm* MITZKA Schles. 1, Karte. *Käfferworm* (Odenwald), *Kewerworm* (Rheinhessen) Wortatlas. *Keweteworm* LENZ Handschuhsheim 20. *Kawaritzawürmer* (Rhön), *Kleibertwurm* (Saar), *Klettwurm* (Hessen) Wortatlas. In Anlehnung an die N.n *Pferdekäfer* u. dgl. (s. oben) *Pardswurm* (Pfalz), *Piärwurm* (Münsterland) Wortatlas.

Made vom Maikäfer MITZKA Schles. 1, Karte. *Maikäfermade* (Neumark), *Maikäwermodden* (Mark), *Maikäfermoj* (Alt-/Neumark), *Maikäpermoaje* (Schwedt), *Maikäfermare* (Pommern), *Majkäfersmoare* (Hunsrück), *Maikämmermade* (Lothringen), *Maigipsemad* (Saar) Wortatlas. *Mued vom Lawfreßer* [Laub-], *Moed von de Kuetschendieren* (Luxemburg) ebda; vgl. *Kuessen-*, *Kuestendeier* 'Maikäfer', zu *Kuescht* m. 'alte Eiche', s. oben Sp. 523. *Made des Käwett* (Saar) ebda. *Käfermōd* Rhein. Wb. 4, 31. *Käfersmad*, *Käffertsmoad* (Mosel), *Kewelsmoade*, *Kärwiksmoden* (Eifel) Wortatlas. *Mued vom Kiewerleck* (Luxemburg) ebda. *Kiewerleksmued* Luxemb. Wb. 2, 351. *Kieverlekmuoden* (Lothringen) Wortatlas. *Mode vom Käferrekes*, *Käwerecks-*, *Kärweriksmoden* (nördl. Trier) ebda.

Maikäffersrubbe [-raupe] (Lothringen), *Maikäferrup* (Pommern), *Maikäferap* (Schlesien), *Maikäferraum* (Fichtelgeb.) Wortatlas. *Maikaferrüb* (Elsaß) ebda. Zu *Rup*, Dim. *Ripl* 'Raupe' (MARTIN-LIENHART Elsäss. 2, 277)? *Käferraupe* CAMPE 2 (1808) 862. *Rupen vom Zebbeken* (b. Hamburg) Wortatlas; vgl. *Sebber*, *Zebbe* u. dgl., s. oben Sp. 540. *Riahl des Maikäfers* (Tirol) ebda. Zu *Riëpal* 'dicht behaarte Raupe', *Riëpelwurm* 'Raupe' (SCHATZ Tirol 485 und 494)?

Larvenmaikäfer (Hannover) Wortatlas. *Maikäferlarve* (Obersachsen, Pommern), *Maichäferlarve* (Baselland), *Maikäferlarv* (Elsaß, Erzgeb., Mecklenb.), *Maikawellarve* (Westfalen) ebda. *Maikitzenlarv* (Ruhr) ebda. *Larve vom Maikiaweken* (Westfalen), *Larve vom Maikiaweten* (Sauerland), *Larf vom Maikämmert* (Lothringen), *Larv vom Maidier* (Luxemburg), *Larve von de Maibopen* (Lothringen) ebda. *Larve des Maikatschkers* MITZKA Schles. 1, Karte. *Larve des Maiworms*, *Megwaremlarf* (Culmerland) Wortatlas. *Larve vom Käfer* (Elsaß), *Larve des Käfers* (Taunus) ebda. *Käferlarve* MITZKA a. a. O. *Larf vom Kiewerlek*, *Larw vom Kierwerlenck* (Luxemburg), *Kieverleckslarv* (Saar), *Kewerickeslarv* (Mosel) Wortatlas. *Larf vom Klewat*, *vom Kleiwert* (Lothringen) ebda. *Larve des Mistkäfers* (Lothringen), *Mistkäferlarv* (Mecklenb.) ebda.

Popp vom Maikäfer [Puppe . . .], *Popp vom Maikäwatt* (Mosel), *Pop von de Maikewer* (Rheinland), *Maikaferspuppe* (Lothringen), *Mäkahferspuppe* (Meiningen), *Maikäferpupp* (Pommern), *Maikäwerpupp* (Neumark), *Maikäfelterpopp*, *Maikäbbelspopp* (Rheinland) Wortatlas. *Medeierpoppen* [Maitier-] (Luxemburg) ebda. *Käferpuppe* (Fläming, Schwerin) ebda. *Maikäferhülse* (Bayern) ebda; vgl. oben Sp. 14.

Maikäferbruat [-brut] (Österreich) Wortatlas. *Maikäfernest* (Harz) ebda. *Maikäferei* (Saar), *Maikäfersei* (Pommern) ebda. *Brut* MITZKA Schles. 1, Karte. *Ei* ebda.

12. Farbe und Aussehen. — Oft sind die unter 10 angeführten Gemeinschafts-N.n durch beschreibende Angaben näher bestimmt. Derartige verdeutlichende Ergänzungen beziehen sich vorwiegend auf die gelblich-weiße Färbung der Engerlinge oder auf ihre Größe. Doch auch mit den folgenden N.n dürften oft alle größeren, im Boden befindlichen Käferlarven bezeichnet werden. „die *weissen wurme*, die der phluog auz wirfet" (Pergament-Hs. ohne Zeitangabe) in: Germania 29 (1884) 340. *Weißer Wurm* OCHS Baden 1, 688; (Lothringen, Bayern) Wortatlas. *Weiße Würm* Pl. FISCHER Schwäb. 6, 992. *Weiße Wörm* Pl. Rhein. Wb.

9, 395. *Weiße Wirm* Pl. MITZKA Schles. 1, Karte. *Wisser Wurm* (Elsaß, Lothringen), *Wite Wurm* (Pommern), *Witte Worm* (Braunschweig) Wortatlas. *Weiß Würmel* (Böhmen) ebda. *Weißwurm* MITZKA Schles. 1, Karte; Rhein. Wb. 9, 398. *Wißwurm* (Elsaß) Wortatlas. Vgl. frz. *ver blanc* ROLLAND 3, 332.

Weiße Made MITZKA Schles. 1, Karte. *Wiße Made* (Lothringen) Wortatlas. *Weiße Müod* (Luxemburg) FERRANT Insekten (1911) 236. *Weismued* (Luxemburg) Wortatlas. *Weiße Raupe* (Mark, Lothringen), *Weiße Raup* (Luxemburg), *Witte Rupe* (Ruhr) Wortatlas. *Widden Engerling* (Eichsfeld) ebda.

Grisse Wörm [greise, d. i. graue], *Griesworm* (Rheinland) Wortatlas. *Gromood* (Lothringen) ebda; zu *grō* 'grau' FOLLMANN Lothring. 217. *Gele Rupen* Pl. [gelbe R.] (Bremen) Wortatlas. *Gäilwurm* HARTWIG in: Jahresber. Ravensberg 40 (1926) 33. Wohl zu *gel* 'gelb' WOESTE Westfalen 75, *geäl, gial* SCHMOECKEL-BLESKEN Soest 83 (kaum zu *gail* 'geil, üppig' ebda 79, das gemeinhin nur von Pflanzen). *Gälwen* (Pommern) Wortatlas. Zu *gelb*?

Mit dunkler, bräunlicher Kopfkapsel. *Rotköpfat Wurm* (Österreich) Wortatlas. *Dicke swartkoppke Ruup* (Ostpreußen) ebda. *Dickkop* ZIESEMER Preuß. 2,44; (Hannover, Rheinland) Wortatlas. *Dickof* (Hannover) ebda.

Dicke weisse Würmer Samml. Nat.- u. Med.-Gesch. (Herbst 1718) 1957. *Weißer dicker Wurm* (Pommern) Wortatlas. *Dicke weiße Made* (Saarburg) briefl. *Dicke weiße Mot* (Luxemburg), *Dicke witte Made* (b. Eberswalde) Wortatlas. *Dicker Wurm* MITZKA Schles. 1, Karte. *Groß Maoden* (Luxemburg) Wortatlas. *Dick Möden* Pl. Rhein. Wb. 1, 1337. *Dick Moad* (Schwerin) Wortatlas. *Grote Puttworm* (Oldenburg), *Dick Puttk* (Ermland) ebda; vgl. *Budde* u. dgl., s. oben Sp. 539. *Foaster Wurm* [feister W.] (Bayern) Wortatlas. *Fetter Wurm* (Lausitz, Fichtelgeb., Bayern) Wortatlas; MITZKA Schles. 1, Karte. *Fettwurm* (Böhmen), *Fettworm* (Westfalen, Hannover, Mecklenb.) ebda. *Fettruppen* [-raupen] (Hessen) ebda. *Fettmännken* HARTWIG in: Jahresber. Ravensberg 40 (1926) 33; (Bielefeld, Lippe) Wortatlas. *Fettmänneke, -männje* BERGHAUS Sprachschatz d. Sassen 1, 452. *Fetthiarmken* (Bielefeld) Wortatlas.

Speckwurm MITZKA Schles. 1, Karte; BERTHOLD Hess.-Nass. 3, 655; Rhein. Wb. 8,293; (Westfalen, Münsterland, Braunschweig) Wortatlas. *Speckworm* WOESTE Westfalen 249; SCHMOECKEL-BLESKEN Soest 280; (Braunschweig) Wortatlas. *Speckmade* (Sauerland, Anhalt) ebda. *Speckmännken* (Münsterland) ebda. *Speckplocke* HANSEN-SCHÖNFELD Holzland-Ostfäl. 182; eigentl. 'Speckwürfel', zu *Plocke* 'Flocke, dicker Brocken, dickes Kind' ebda 155. *Speckhappen* (Hannover), *Speckfresser* (Anhalt) Wortatlas. *Speckkäfer* (Eifel, Münsterland, Braunschweig), *Speckkafel, -kawel* (Westfalen) ebda. *Schmerwurm* MITZKA Schles. 1, Karte. *Weise Schmalz-Würmer* ZORN Petinotheol. 1 (1742) 527. *Käswurm* (Siegerland), *Kesworm* (Hannover) Wortatlas.

Quapp (Pommern) Korr.-Bl. d. Vereins f. nd. Sprachf. 13 (1888) 84. *Quappen* (Mecklenb.) Wortatlas. *Quabbel* (Rheinland), *Quabbe* (Baden) ebda. Vgl. *Quabb, Quapp* 'etwas Weiches, Schleimiges, Fettes', 'Aalquabbe, -raupe' MENSING Schlesw.-Holst. 4, 2, *Quabbe* 'etwas Schleimiges, hin- und herbewegende Fettmasse', 'Aalraupe', 'Kaulquappe' Rhein. Wb. 6, 1257; damit zur Wurzel idg. **gu̯ēb(h)*- 'schleimig, schwabbelig, Quappe, Kröte', „vermutlich onomatopoetisch", s. POKORNY Idg. etym. Wb. 466.

Quatte FULDA Id. (1788) 367; RATZEBURG Forst-Insecten 1 (1837) 63; FISCHER Schwäb. 4, 895. *Quatten* Pl. Bad. Mitteil. 6 (1915) 334. *Quadten* Pl. HEBEL Werke ([8]1905) 1, 199. *Gwat* REICHERT Mönchzell 16. *Quadde* (Baden, Württemberg) Wortatlas. *Gwade* HEILIG Ballenberg (Baden) 361. *Quette, Quadder* (Baden) Wortatlas. *Watta* (Schwarzwald) ebda. *Quattwurm* OCHS Baden 1, 688. *Gwatworm* HEILIG a. a. O. Vgl. *quatt* 'weich, fett, schwammig, geil gewachsen', *Quattel* 'kleine, dicke Person' BERTHOLD Hess.-Nass. 2, 726, *Quatt* 'fetter, voller Bauch', *Quattle* 'dicker Mensch' FISCHER Schwäb. 4, 895, *Quatt* 'kleines, kriechendes Thierlein' FULDA Id. (1788) 367. Vielleicht anzuschließen an nd. *Quadder* (*kwatter* DOORNKAAT KOOLMAN Ostfries. 2, 439) 'schmutzige Feuchtigkeit, Schleim', ahd. *quāt*, mhd. *quāt, kōt, kāt*, 'Kot, Dung', wozu auch aslaw. *gadu* 'Kriechtier, Gewürm'? Dann könnte auch nd. *Kadde* 'Maiwurm' (s. oben Sp. 412) hierhergezogen werden (vgl. *Landkadden*, s. unten Sp. 549) und *Kott, Kotten, Kodden, Maikäferkott* (Rügen) Wortatlas.

Dicke Schniele (Westfalen) Wortatlas; wohl zu *Schniegel, Schnägel, Schnāl* 'Schnecke', s. SCHMOECKEL-BLESKEN Soest 257 und 259. *Slinge* (Braunschweig) Wortatlas; vgl. *Slinge* 'Ackernacktschnecke' HANSEN-SCHÖNFELD Holzland-Ostfäl. 177. *Schnockaquaddel* (Schwarzwald) Wortatlas. Zu *Schneck, Schnack, Schnock* 'Schnecke' und *Quatte* (s. oben). *Judeschneck* Bad. Mitteil. 6 (1915) 334. *Slorwa* (Oberpfalz) Wortatlas. Zu *schlurbe, schlorbe* 'nachlässig gehen, die Füße nicht heben' (MARTIN-LIENHART Elsäss. 2, 471)?

Krabben Pl. Samml. Nat.- u. Med.-Gesch. (Herbst 1718) 1957. *Krabb* „Käferlarven, bes. Engerlinge" MENSING Schlesw.-Holst. 3, 292; eigentl. 'Krebs', 'Krabbe', 'Taschenkrebs'. *Krabb* WOSSIDLO-TEUCHERT Mecklenb. 4, 611; eigentl. 'Krabbe'. *Krabb(e)* (Pommern), *Krabbe* (b. Lüneburg) Wortatlas. *Maikäwerkrabben, Forrkrabb* (Mecklenb.) ebda. Vgl. auch *Ackerkrabbe*, s. unten Sp. 549. Eine auch nur entfernte Ähnlichkeit zwischen Krabbe und Engerling besteht nicht. Es scheint vielmehr eine Art synästhetischer Lautübertragung vorzuliegen, die das Wort *Krabbe* (möglicherweise in Anlehnung an *krabbeln*) zur Bezeichnung etwas Kleinen, Lebendigen geeignet macht („häufig in übertragenem Sinne von kleinen Kindern, ursprünglich wohl nur von ganz kleinen, die noch krabbeln wie die Krebse" MENSING a. a. O.). Ähnlich tritt auch *Krebs* häufig für kriechende, vielgliedrige Tiere ein. Dazu *Kritzekräbes* [-krebs] (Thüringen) Wortatlas, auch für 'Maikäfer', s. oben Sp. 529.

Die dicke, fleischige Larve ist durch tiefe Querfurchen deutlich in mehrere Segmente geteilt. *Rolle*, *Rollwurm* (Schwaben), *Rullwurm* (b. Herford) Wortatlas. *Kullerraupen* (Niederlausitz) ebda. *Kringellarv* (Pommern) ebda. *Drehwurm* (Thüringen) ebda. *Mojkröll* [Mai-] (Nordfriesland) ebda; wohl zu *krellen* '(ver-)drehen' OUTZEN Gloss. d. fries. Spr. 170, *krölle* 'kräuseln' JENSEN Nordfries. 297. *Schruwe* [Schraube] (Meppen) Wortatlas.

Wirtel Made SCHWENCKFELD Theriotropheum (1603) 557; Samml. Nat.- u. Med.-Gesch. (Herbst 1719) 593. *Wirtelmade* CAMPE 5 (1811) 742; SCHMIDT-GÖBEL Insecten 1 (1881) 14. *Würtel-Räupchen* Samml. Nat.- u. Med.-Gesch. (Herbst 1724) 516. Übersetzung des alten N.s *verticilla* (s. oben Sp. 533), zu lat. *verticillus* 'Wirtel an der Spindel', womit zunächst die Form der Larve verglichen wurde („vermis . . . ita convolutus ut verticilli" HENISCH Thes. [1616] 896).

Dauwocken (Lippe) Wortatlas; vgl. *Taubenrocken*, *Duwock* u. dgl. 'Ackerschachtelhalm' (*Equisetum arvense* L.), s. MARZELL Pflanzenn. 2,240ff., indem der Engerling mit der zapfen- oder spindelähnlichen (nd. *Wocke* 'Spinnrocken') Sporenähre an der Spitze der fruchtbaren Stengel des Ackerschachtelhalms verglichen wird. *Flassworm* [Flachs-] WOESTE Westfalen 302. Auch hier im Vergleich mit dem Rocken? oder nach der Farbähnlichkeit benannt?

Pommelwurm (Münsterland) Wortatlas; vgl. *Pummel*, *Pummelke* 'kurz gewachsener, dicker Mensch' WREDE Plattdt. (Hannover) 195, *Pummel* 'dickes Kind' DAMKÖHLER Nordharz 150. *Maikaferpom* (Franken) Wortatlas. *Pustewurm* (Westfalen), *Piusteworm* (Westfalen, Lippe) Wortatlas. Zu *pūsten* 'blasen', *pūstig* 'aufgedunsen, gebläht' WOESTE Westfalen 207, *puustig* 'gedunsen, geschwollen, rundlich, fleischig', *Püster* 'dicker Junge, kurzer dicker Mensch' Brem.-Niedersächs. Wb. 3, 383. *Purks*, *Porks* MENSING Schlesw.-Holst. 3, 1147; eigentl. 'kleiner, untersetzter Mann', auch 'größeres Ferkel, halbwüchsiges Schwein'. *Purksen* SCHUMANN Lübeck 5. *Pock* (Ruhr) Wortatlas. Vgl. *Purks* 'ein kleines Menschenwesen, ein Zwerg oder Knirps' DOORNKAAT KOOLMAN Ostfries. 2, 776, *Purk* 'dickes Kind oder Tier' WOESTE Westfalen 207. Dazu auch *Purks* 'Knirps' BÖNING Oldenburg 82, 'kleiner dicker Junge oder Mensch' KÜCK Lüneburg 2, 585 (die beide auch auf *purren* 'stochern' verweisen).

Quackwurm, *Knackwurm* (b. Darmstadt) Wortatlas; vgl. *quack* (ablautend zu *quick*) 'beweglich, aufgeweckt' Rhein. Wb. 6, 1259, aber auch *Quack* 'das jüngste Tier der ganzen Zucht', *Quackel*, *Quackeler* 'unansehnliches Persönchen mit wackeligem Gang, auch von Tieren; im Wachstum nicht voranschreitend' ebda 1260f.

13. Schädlichkeit. Der Engerling ist der größte animalische Schädling in Mitteleuropa (vgl. oben Sp. 511f.). Die deutschen Volks-N.n stellen in erster Linie seine Schädlichkeit an den Kulturpflanzen, besonders an der Kartoffel, dem Hauptnahrungsmittel, fest. *Kartoffelkäfer* (Wiesbaden) Wortatlas; MITZKA Schles. 1, Karte. *Kartoffelkäwer* (Nordharz) Wortatlas. Damit namensgleich mit → *Leptinotarsa decemlineata* SAY (Sp. 167). *Kartoffelwurm* MITZKA a. a. O.; (Lothringen) Wortatlas. *Kartüffelworm* (b. Lauenburg) ebda. *Katuffelwörm* HARTWIG in: Jahresber. Ravensberg 40 (1926) 33. *Gordüfelworm* HOFMANN Niederhess. 86. *Kartoffelmade* MITZKA a. a. O.; (Uckermark) Wortatlas. *Kartüffelruup* [-raupe] (Schleswig) ebda. *Kartoffellarve* (Lothringen) ebda. *Kartüffelbutt* (Mecklenb.) ebda; s. *Butt*, *Budde* u. dgl. (Sp. 539). *Kartuffelhacksch* (Anhalt, Nordharz) ebda; verächtlich, zu *Hacksch* 'säuischer, schmutziger, unsauberer Mensch' MÜLLER-FRAUREUTH Obersächs. 1, 466, eigentl. 'Zuchteber', s. DWb 4, 2, 107. *Kartüffelkrapp* (westl. Mecklenb.) Wortatlas. *Kantüffelkrabb* MENSING Schlesw.-Holst. 3, 44. Zu *Krabb(e)*, s. oben Sp. 544. *Kartüffelmiek* (Teutoburger Wald) Wortatlas; zu *Miek*, s. oben Sp. 538. *Kartoffel-*, *Kartüffelmops* (Hannover) ebda. *Kartuffelnpurgsen* (Holstein) ebda; zu *Purks*, s. oben Sp. 545. *Kartuffelegger* (Holstein) ebda; wohl zu holstein. *Egger*, *Ecker* 'Engerling' (s. oben Sp. 540). *Kartoffelräuber* (Thüringen) Wortatlas.

Tüffelkäfer (b. Lüneburg) Wortatlas. *Tüffelworm* (Mecklenb., Altmark), *Tüffteworm* (Hannover), *Tüfftcheworm*, *Pantüffelworm*, *Tuffleworm* (Pommern), *Tuffelwurm* (Westerwald), *Tuwwelknworm* (Lüneburg) ebda. *Ertüffelmode* (Havelland), *Tüffelmade* (Altmark), *Tüftenmaohd* (Wollin), *Tüfftenmod* (Pommern), *Tüffkemod* (Neumark) ebda. *Tüffelbudde*, *-butt* (Mecklenb.) ebda; zu *Budde*, *Butt* u. dgl., s. oben Sp. 539. *Tüffelpurre*, *-purrick*, *-pürring*, *Tüfftenpüdding* (Mecklenb.) ebda; zu *Püdding* u. dgl., s. unten Sp. 549. *Getüffelkrabb* (Mecklenb.), *Tüffelkrapp* (Prignitz) ebda; zu *Krabb(e)*, s. oben Sp. 544.

Erdäpfelkafer (Elsaß), *Adöpfels-*, *Erpflskäfer* (Oberfranken), *Adöpflskafr* (Unterfranken) Wortatlas. *Erpelkäfer* MITZKA Schles. 1,

Karte. *Erdäpfelwurm* (Elsaß) Wortatlas. *Erdäpfel-, Arp(f)lwurm* MITZKA a. a. O. *Art-, Hartäpfelwurm* [Erd-] MARTIN-LIENHART Elsäss. 2, 854. *Erdapfelswurm* Rhein. Wb. 2, 162. *Eapelswurm* (Siegerland), *Äepelsworm* (Westerwald) Wortatlas. *Ardäpfelmaden* (Thüringen) ebda. *Erdäpfelmolle* (Bayern), *(H)erdäpfelmolle* (Schwarzwald) ebda; zu *Molle* u. dgl., s. unten Sp. 552.

Adbernkäfer, Apernkafer [Erdbirnen-] MITZKA Schles. 1, Karte. *Apernwurm, Apernaworm* ebda.

Grumberkäfer [Grundbirnen-] (Lothringen), *Krumberkäwer* (Saar) Wortatlas. *Grumberebobe* (Lothringen) ebda; zu *Bobe* 'Käfer', s. oben Sp. 69. *Grunbirewurm* MARTIN-LIENHART Elsäss. 2, 854. *Grumbērewōrem* PROTSCH Laubach 237. *Grumberewurm* (Elsaß, Saar), *Grumbeerwurm* (Lothringen) Wortatlas. *Grumbīr-, Grombīrwurm* Rhein. Wb. 2, 1465. *Grumber-, Krumperwurm* MITZKA Schles. 1, Karte. *Krumpian-, Krumplwurm* (Mähren) Wortatlas. *Grumbermade* (Lothringen), *Krompern-, Grumpchermade* (Saar), *Krombermod* (Mosel) ebda. *Grumbīr-, Grombīrmāt, -mōt* Rhein. Wb. 2, 1463. *Grompere(n)mued* Luxemb. Wb. 2, 83. *Groppenmuet* (Lothringen) Wortatlas. *Grumbramolle* (Bayern) ebda; vgl. *Molle* Sp. 552.

Knollawurm, Knolle (Schwaben) Wortatlas; zu *Knoll* 'Kartoffel' FISCHER Schwäb. 4, 541. *Bolle* (Schwaben) Wortatlas; eigentl. 'runder Körper, Klumpen, Kugel; runde Frucht', auch Schimpfwort, s. FISCHER 1, 1274ff. Dazu *Bollwurm* (Schwarzwald) Wortatlas. Hierher wohl auch scherzhaftes *Schnapsmacher* (b. Eberswalde) Wortatlas; die durch Engerlingsfraß geschädigten Kartoffeln werden zum Schnapsbrennen verwendet. *Schuckewurm, -worm* (Ostpreußen), *Schorkewörm, Schackemoode* [-made] (Culmerland) Wortatlas. Zu *Schucke, (Erd-)Schocke* 'Kartoffel' FRISCHBIER Preuß. 2, 320. *Nudelkäfer, Nudelmood* [-made] (Uckermark) Wortatlas; zu *Nudel* 'Kartoffel' (Uckermark und angrenzendes Mecklenb.), s. WOSSIDLO-TEUCHERT Mecklenb. 5, 138.

Freter [Fresser] MENSING Schlesw.-Holst. 2, 224. *Fräter* (Bremerhaven) Wortatlas. *Kartoffelfresser* MITZKA Schles. 1, Karte; (Hunsrück) Wortatlas. *Kartuffelfreter* (Dithmarschen) ebda. *Grundbierefresser* (Schwaben) ebda. *Möddelfreter* (östl. Lüneburg) ebda. Wohl zu *Meddel* Gesamtbezeichnung für Grasarten, namentl. für Rispengräser MENSING Schlesw.-Holst. 3, 605, KÜCK Lüneburg 2, 368. Oder zu *Mǻd, Mudd* 'Schlamm, Schmutz' KÜCK 2, 341 und 407? *Āfrās* SCHATZ Tirol 147. *Alfraß* (Tirol) Wortatlas. Vgl. *Āfrāss, Āfress* 'der Schaden durch Engerlinge', 'die den Kohl, das Gras fressenden Raupen' SCHATZ 2.

Geiz f. KEHREIN Nassau 157; (Hessen) PFISTER Nachträge 77. *Geiz, Gēz* Rhein. Wb. 2, 1166. *Gaiz* (b. Frankfurt) Wortatlas. Auch für andere „schädliche Kerfe oder Larven" PFISTER a. a. O. Mit der Vorstellung des gierigen Nagens, Fressens, vgl. mhd. *gītesen,* zu *gīten* '(hab-)gierig sein'.

Saatwurm BERTHOLD Hess.-Nass. 3, 3. *Gerstenwurm* („weil er absonderlich die Wurzeln der aufgegangenen Gersten-Saat abfrißt") FRISCH Wb. 1 (1741) 227. *Kornwurm* CAMPE 2 (1808) 1020; RATZEBURG Forst-Insecten 1 (1837) 63; DWb 5, 1832; (Schwaben) Wortatlas. *Kurnworm* (Hadeln) ebda. Eigentl. N. des Kornkäfers (→ *Calandra granaria* L., Sp. 246), der seinerseits aber auch den N. *Engerling* trägt. *Kornmād* Rhein. Wb. 4, 1266. *Kornraupe* MITZKA Schles. 1, Karte. *Mehl-, Mählwurm* (Obersachsen), *Mehlwirmle* (Fichtelgeb.) Wortatlas; eigentl. der N. des Mehlkäfers (→ *Tenebrio molitor* L.), hier im allgemeinen Sinne 'Getreideschädling'.

Salatwurm NEMNICH (1793) 3, 484; CAMPE 4 (1810) 15. *Kohlwurm* NEMNICH 315; CAMPE 2 (1808) 998. *Koolworm* BERGHAUS Sprachschatz d. Sassen 2, 203. *Krautwürm* (Oberpfalz) Wortatlas.

Kappeswurm Rhein. Wb. 4, 169. *Kapsworm* AUTENRIETH Pfälz. 73. *Kappestösser* ebda 72. *Kappesstösser* (Pfalz) HEEGER Tiere 2, 14. *Kappenstößer* RATZEBURG Forst-Insecten 1 (1837) 63. *Kappestutzer* (Baden), *Kappes* (Pfalz) Wortatlas. Zu *Kabbes* 'weißer Kohlkopf' AUTENRIETH 71, *Kappes* 'Kohl' Rhein. Wb. 4, 161. *Stubestößer* (Pfalz) Wortatlas.

Bermuada [Beerenmade?] (Bayern) Wortatlas. *Grünschaber, Grinschaba* (Bayern) ebda.

Pīsas, Pīses m. LEXER Kärnten 27. *Bise, Bisas, Bistas* (Kärnten) Wortatlas. Zu *Bisass, Pisis, Pissäs* 'Schaden an der Ernte, Mißwachs', s. LEXER a. a. O., SCHATZ Tirol 81, SCHMELLER Bayer. 2, 347 (also 'der Mißwachs hervorbringt', so daß hier die Bezeichnung des Schadbildes zum N. für den Urheber geworden wäre? Vgl. die ähnliche Bildungsweise bei tirol. *Āfrās,* s. oben). Dazu auch *Pisankwurm* (Kärnten) Wortatlas. *Ausbiß* (Kärnten), *Ausbieß* (Tirol) ebda. *Auspiss* LEXER a. a. O. *Ausbißwurm* (Kärnten) Wortatlas.

Wurtzel-Wurm KIRSCH Cornucopiae (1718) 361; Übertragung des alten N.s *rauca,* s. oben Sp. 533. *Wurzellarve* MÜLLER Terminol. Entomol. (1872) 139.

14. Aufenthaltsort. Der Engerling wird, entsprechend seiner unterirdischen Lebensweise, im Boden, im Acker gefunden und bei der Feldarbeit aufgeworfen. *Erdengerling* FRISCH Insecten 7 (1728) 7; LESSER Insecto-Theol. (1738) 118; (Taunus) Wortatlas. *Erdwurm* ZIESEMER Preuß. 2, 336; Rhein. Wb. 2, 166; KEHREIN Nassau 62; MITZKA Schles. 1, Karte. *Erdewurm* (Mosel) Wortatlas. *Erdmade* ZIESEMER 334. *Erdmad* (Pommern), *Äardmoj* (Neumark) Wortatlas. *Erdraup*

(Thüringen) ebda. *Erdrup* (Aachen) Rhein. Wb. 2, 165; (b. Hamburg) Wortatlas. *Irdrupen* (Lüneburg) ebda. *Irdkrappen* Pl. (Lüneburg/Lübeck) ebda; vgl. *Krabbe*, s. oben Sp. 544. *Ardpupp* MITZKA Schles. 1, Karte; vgl. *Puppe*, s. oben Sp. 539. *Erdputtchen* ZIESEMER Preuß. 2, 335; vgl. *Budde* u. dgl., s. oben Sp. 539. *Erdpurrick* (Mecklenb.) Wortatlas; vgl. *Purrick, Ackerpurrick*, s. unten Sp. 549. *Ardhuhn* (Erzgeb.) ebda. *Erdwolf* FISCHER Schwäb. 2, 782; auch N. für 'Maulwurfsgrille' und 'Maulwurf'. *Erdling* (Ostpreußen, Hadeln, Franken) Wortatlas.

Bode-Chäfer [Boden-] Schweiz. Id. 3, 162. *Boderup* [-raupe], *-füßler* (Schwarzwald) Wortatlas. *Landworm* (Münsterland) Wortatlas. *Landratten* Pl. (b. Minden, Teutoburger Wald) ebda. *Landkadde* BERGHAUS Sprachschatz d. Sassen 2, 317. *Lantkadden* HARTWIG in: Jahresber. Ravensberg 40 (1926) 33. Zu *Quadde* u. dgl. (s. oben Sp. 544). *Mulmlarve* MÜLLER Terminol. Entomol. (1872) 139.

Bauwurm (Bayer. Alpen) Wortatlas. Zu *pauwen* 'pflügen' (SCHATZ Tirol 51), als Wurm, der beim Pflügen zutage tritt? Vgl. *Paua* m., *Pauknecht* 'der das Pflügen besorgt', *Paufeld* 'gepflügtes Feld', *Paufögl* 'Bachstelze', s. SCHATZ a. a. O. *Furchquatte* OCHS Baden 2, 256; „zu *Furche* und *Quatte*" (s. Sp. 544).

Ackerwurm CAMPE 1 (1807) 83; ZIESEMER Preuß. 1, 87; Rhein. Wb. 1, 52; HEINZERLING-REUTER Siegerland 2; (b. Düben) Wortatlas. *Ackerworm* (Mecklenb.), *Ackerwärm* (Thüringen) ebda. *Ackermade* MITZKA Schles. 1, Karte; (b. Düben) Wortatlas. *Ackermoj* (Neumark) ebda. *Ackermere* MITZKA a. a. O. *Akarūp* [-raupe] ZIESEMER Preuß. 1, 86. *Ackerpoppen* [-puppen] (Mecklenb.) Wortatlas. *Ackerkrappen, -krabben* Pl. (Sachsen, Thüringen, Mecklenb.) KRÜNITZ Oecon. Encycl. 1 (1773) 324. *Ackerkrabbe, -krappe* NEMNICH (1793) 2, 1237; RATZEBURG Forst-Insecten 1 (1837) 63. *Ackerkrapp*, Pl. *-krabben* WOSSIDLO-TEUCHERT Mecklenb. 1, 63. Vgl. *Krabbe*, s. oben Sp. 544. *Ackerbudden* Pl. (Mecklenb.) Wortatlas; vgl. *Budde*, s. oben Sp. 539.

Ackerpüddig, mit *d*-Rhotazismus *Ackerpürrig* MI Mecklenb.-Vorpomm. 1. *Ackerpüddick, -purik* WOSSIDLO-TEUCHERT Mecklenb. 1, 63. *Ackerpörik* (Stargard) Teuthonista 9 (1933) 20. *Ackerpurreck, -purrick, -püdding, -pürring* (Mecklenb., Pommern) Wortatlas. *Ackerpüdding, -pürring* BERGHAUS Sprachschatz d. Sassen 1, 24. *Ackerpöring, -pudrick* (Pommern), *Ackerpüttrig* (Mecklenb.) Wortatlas. *Irdpürring* [Erd-] (Pommern) ebda. Auch als Simplex *Püdding, Püddig* (Mecklenb., Pommern), *Pürrig, Purrgen* (Mecklenb.) ebda. Vgl. *Püddick, Pürrick* 'Made, Wurm' MI Mecklenb.-Vorpomm. 66, *Puddik* 'ein kurzer, dicker Mensch, oder was sonst kurz und dick ist' DÄHNERT Plattdt. 361, *Purre* 'kleines Kind', *Purrek* 'dickes Kind oder Tier' WOESTE Westfalen 207, die mit *Purks* (s. oben Sp. 545), *puddig* 'rundlich, dick, weich' BÖNING Oldenburg 82 und mit *Butte, Budde* (s. oben Sp. 539) zusammengebracht werden können; WOSSIDLO-TEUCHERT verweist auf *Puden* 'Beule, Knoten, Anschwellung', *Puddel, Puddik* 'eine geschwollene Drüse, die sich hin und her schieben läßt' 5, 626; auch *purren* 'stochern' DÄHNERT Plattdt. 364, 'scharren, stochern, graben' BÖNING 82 mag die *rr*-Formen beeinflußt haben.

Ackerbär (Kärnten) Wortatlas; vgl. *Ackerper* 'Maulwurfsgrille' LEXER Kärnten 21. *Ackerknecht* MITZKA Schles. 1, Karte. *Ackerschern* (Lippe) Wortatlas. *Ackertrapp, -trapper* (Schwaben) ebda. *Ackerkrabs* MITZKA Schles. 1, Karte. *Feldkrebs* (Oberfranken/Thüringen) Wortatlas. Dazu vgl. *Krabbe, -krebs*, s. oben Sp. 544.

Der Vergleich mit dem Maulwurf und seiner Tätigkeit liegt nahe. *Moltwurm* (Ostpreußen), *Mulworm* (Thüringen) Wortatlas. Eigentl. 'Maulwurf', s. *Moltwurm* FRISCHBIER Preuß. 2, 71 und *Mulworm* HERTEL Thüringen 165. (Anders zu beurteilen sind *Mul-, Moltwurm* im Schwäb., s. unten Sp. 552.) *Maipull* (Holstein) Wortatlas. Aus *Pullworm, -wurf* 'Maulwurf' (MENSING Schlesw.-Holst. 3, 1136) zu erklären?

Wihler [Wühler] (Baden) Wortatlas. Vielleicht sind auch die folgenden N.n mit dem Vb. *wühlen* zu verbinden: *Woule, Woul, Wul* (Westerwald) Wortatlas. *Wuhlworm* (Franken) ebda.

Ullwurm Bad. Mitteil. 6 (1915) 334. *Ulwurm* OCHS Baden 1, 688. *Ulwärm* SPIESS Henneberg 262. *Uälwurm* (Baden) Zs. f. dt. Maa. (1913) 329. Ebda auf *Nuälwurm* zurückgeführt, zu alem. *nuelen*, mhd. *nüllen* 'wühlen'; vgl. auch *Nüeler* 'Wühler', auch 'Käfer, der durch Wühlen Schaden anrichtet' Schweiz. Id. 4, 718, sowie *Üll-Pflüege* 'Maulwurfsgrille' ebda 5, 1246, das ebenfalls auf **Nüel-Pflueg* zurückgeführt wird. Dazu s. auch *ülen* 'im Schmutz wühlen' DWb 11, 2, 752.

Gremsl, Kremsl (Salzburg) Wortatlas. Zu *krimmeln* 'wimmeln, kriebeln' (SCHMELLER Bayer. 1, 1369)? *Wammas, Womess* LEXER Kärnten 249; ebda zurückgeführt auf *wammazn* 'wimmeln'.

15. Zeit des Auftretens. Der Engerling ist in seinem mehrjährigen Larvenstadium an keine Jahreszeit gebunden. Doch wird er in einigen N.n mit der Zeit der Feldbestellung, wo er bei der Bodenbearbeitung sichtbar wird, in Verbindung gebracht. *Frühjahrs-, Frühwurm* (Pommern) Wortatlas. *Sommerpupp* (Wartheland) ebda. *Lentenwörm* Pl. (Fehmarn) WIEPERT in: Die Heimat 65 (1958) 130. *Lendworm* (Westfalen) Wortatlas. Vgl. *Lent, Lend* m. 'Lenz, Frühling', *lenten* 'die Frühjahrsbestellung erledigen' MENSING Schlesw.-Holst. 3, 454, *Lente* f. 'Lenz; Zeit des Ackerbestellens' WOESTE Westfalen 159.

Bruchkäwert (Saar) Wortatlas; vgl. *Brachkäfer* 'Maikäfer', s. oben Sp. 517, besonders aber

'Junikäfer' (→ *Amphimallon solstitialis* L., Sp. 442 f.), auch 'Glühwürmchen' (→ *Lampyridae*, Sp. 355). Dazu die folgenden N.n, die sich teils an *Brachkäfer* anlehnen, teils aber davon beeinflußt sein mögen, daß die Engerlinge bei der *Brache*, der Umbrechung des Bodens im Juni, aufgeworfen werden. *Brachwürmer* Pl. UNGER-KHULL Steir. 202; (1791) Alemannia 11 (1883) 158. *Brachwurm* OCHS Baden 1, 304; HEILIG Ballenberg (Baden) 361; RATZEBURG Forst-Insecten 1 (1837) 63. *Brachwürmle* (Elsaß) Wortatlas. *Brochwurm* MARTIN-LIENHART Elsäss. 2, 854; (Pfalz) HEEGER Tiere 2, 14; (b. Rastatt) Zs. f. dt. Maa. (1915) 354; Bad. Mitteil. 6 (1915) 334; KEHREIN Nassau, Nachtr. 62. *Bruchworm* (Pfalz), *Brauchwurm* (b. Basel), *Brauwuim*, *Browurm* (Burgenland), *Bro-*, *Brorwurm* (Elsaß), *Brogworm* (Saar) Wortatlas. *Brackwurm* (Hannover, Lippe), *Brookwarm* (Westfalen), *Breokworm* (Lippe) ebda. *Brach-*, *Brochquatt*, *-quattle*, *-wattle* FISCHER Schwäb. 1, 1334. *Brachquatte* BERGE Käferbuch (1844) 204. *Bruchquatte* OCHS Baden 1, 339. Zu *Quatt*, s. oben Sp. 544. *Bracher*, *Brouchar*, *Brocher* (Tirol) Wortatlas; vgl. oben Sp. 443. Dazu vielleicht auch *Brok*, *Broken*, *Bracklan*, *Ackerbraken*, *-broken* (Kärnten) ebda. Oder besser zu *Brocken*, das auch etwas Dickes, Feistes bezeichnen kann (s. UNGER-KHULL Steir. 117)? Wohl von derartigen Formen weitergebildet sind *Brotwurm* (Pfalz) Wortatlas. *Brotquattle* FISCHER Schwäb. 1,1449. Doch vgl. dazu auch *Brotkäfer* Sp. 215, 366 und 446. *Bratwurm* (Lippe), *Broun-*, *Bröutwurm* (Burgenland) Wortatlas.

Da der Engerling als Jugendstand des Maikäfers bekannt ist, mögen die folgenden N.n das Bestimmungswort *Mai-* teils aus dem N. *Maikäfer* übernehmen, teils auf der irrtümlichen Vorstellung beruhen, die Larve sei wie ihre Imago an den Monat Mai gebunden. *Maiwurm* (Kärnten) Hwb. Abgl. 5, 1555; MILLER handschriftl.; MITZKA Schles. 1, Karte. *Maiworm* SCHMOECKEL-BLESKEN Soest 178. Der N. gilt gelegentlich auch für 'Maikäfer', s. oben Sp. 516, allgemein jedoch für → *Meloe* L., s. oben Sp. 409f. *Mämuod* [Maimade] (Luxemburg) Wortatlas. *Maipopp* [-puppe] (Saar) ebda. *Marquatte* [Mai-?] (Schwaben) ebda; s. *Quatte* oben Sp. 544. *Mairädich* (Eifel) ebda.

16. Gemeinschaftsnamen und Übertragungen. Oft gelten N.n des Regenwurms auch für den Engerling. Die gemeinsame unterirdische Lebensweise sowie die wurmartige Gestalt haben die N.s-Gemeinschaft begünstigt. (Vgl. auch den allgemeinen N. *Wurm*, s. oben Sp. 537.) *Rainworm* [Regen-] (Ermland) Wortatlas. *Perek*, *Perk* (Aachen) SCHWARTZ Kröte 264. *Pirk* (Lippe) Wortatlas. *Perring* (Erkelenz) briefl. *Dicke Pereng* (b. Jülich) Wortatlas. *Piemoale* (Mittelmark) ebda. Vgl. *Pier*, *Pering*, *-eng*, *-enk*, *Perek* 'Regenwurm' Rhein. Wb. 6, 826, *Pier*, *Piermade*, *Pierās* 'Regenwurm', dazu besonders TEUCHERT Sprachreste d. nl. Siedl. (1944) 363ff. *Ponawe*, *Punaw*, *Paunoat*, *Paulot* (Pommern) Wortatlas. — Zu den Formen im einzelnen → *Lumbricidae* 'Regenwürmer'.

Mol, *Molle* 'Molch' scheint von der Vorstellung des Weichen, am (im) Boden Beweglichen begleitet zu sein und wird daher zum Gemeinschafts-N. für Tiere, die dieser Vorstellung entsprechen. Auch für den Engerling gelten daher *Mol* Schweiz. Id. 4, 172; eigentl. N. für 'Molch', dann auch 'Kaulquabbe, Kröte, Regenwurm, Eidechse, Maulwurfsgrille'. *Molle* m. FISCHER Schwäb. 4, 1732; eigentl. 'Molch'. *Moller* (Schwarzwald), *Mollere* (Elsaß) Wortatlas. *Mulle* FISCHER 4, 1794. *Melle* wohl Pl. (Schwarzwald), *Molling* (Schwaben) Wortatlas. *Bodemolle* (Schwaben) ebda. *Regenmolle*, *-mulle* FISCHER 5, 238. *Mulwurm* Bad. Mitteil. 6 (1915) 334. *Mollewurm* FISCHER 4, 1733. *Molliwurm* (Schwarzwald) Wortatlas. Alle Formen zu mhd. *mol*, *molle* 'Eidechse, Molch', von daher auch für den Engerling. Daneben auch *Moltwurm* FISCHER 4, 1733. *Multwurm* (Tauern) Wortatlas. D. i. eigentl. 'Maulwurf' (ahd. *mūwerf* 'das Erdhaufen aufwerfende Tier'), hier an mhd. *molt*, *molte* 'Staub, Erde' angeknüpft. Die Lautähnlichkeit bringt beide Wörter zusammen, so daß *Multwurm* 'Maulwurf' auch die Bedeutung von *Mul-*, *Mollewurm* 'Molch, Engerling' annehmen kann (vgl. auch *Moltwurm* 'Molch' SCHMELLER Bayer. 1, 1595). An *Regenmolle* und *Quatte* (s. oben Sp. 544) schließt sich an *Regenwatte* (Württemberg) Wortatlas.

Wiesele (Tirol) Wortatlas; vgl. *Wisele* 'Eidechse' SCHATZ Tirol 709.

Weithin gelten gemeinsame N.n für Engerling und Maulwurfsgrille (→ *Gryllotalpa gryllotalpa* L.). Eine Ähnlichkeit zwischen beiden Insekten besteht nicht; doch auch die Maulwurfsgrille lebt unterirdisch, frißt Insekten und deren Larven (also auch Engerlinge), aber auch Keimlinge und Wurzeln, so daß sich die Schadbilder von Maulwurfsgrillen- und Engerlingsfraß ähneln. *Werre* FULDA Id. (1788) 582; (Bistritz) Germania 22 (1877) 370; FISCHER Schwäb. 6, 719; MITZKA Schles. 1, Karte. *Were* MEISINGER Rappenau 229. *Weare* (Baden) Zs. f. dt. Maa. (1907) 276. *Werr* (Bayern, Pfalz) Wortatlas. *Wār* SCHÖPF Tirol 801; EHRHARD Alpen 189. *Wura* (Oberbayern) Wortatlas. *Worre*, *Wora* MITZKA Schles. 1, Karte. *Geschwär* (Bayern) Wortatlas; vgl. *Schwer*, *Geschwer*, *Geschwerr* 'Maulwurfsgrille' SCHMELLER Bayer. 2, 646. Dim. *Werle* JUTZ Vorarlberg 2, 1593. *Werle*, *Warle* MITZKA a. a. O. Der N. *Werre* 'Maulwurfsgrille', seit dem 15. Jh. im Deutschen bezeugt (s. DWb 14, 1, 2, 442), wird (ebda) unter Berufung auf bayer. *Schwer* (s. oben) und *suirre* (12. Jh.) auf idg. **suer-* 'surren' zurückgeführt.

Riedwurm (Uckermark, Pommern), *Ritworm*, *Rierwurm* (Mecklenb.), *Ritzwurm* (Pommern),

Rühnworm (Lippe) Wortatlas. *Riwermr* Pl. KÜCK Lüneburg 2, 634. *Rieworm* (Hannover) Wortatlas. *Rīt-*, *Reitwurm* 'Maulwurfsgrille' wird allgemein als Bildung zu *rīten, reißen* angesehen. Oder ist besser an *reuten*, mhd. *riuten* 'roden, graben' anzuknüpfen? *Rietkret* [-kröte] (Danzig) Wortatlas; vgl. *Reitkröte*, das ebenfalls für 'Maulwurfsgrille'. *Rina* (Ostfriesland) ebda; d. i. wohl *Rināl* 'Larve der Schnellkäfer' (→ *Elateridae*, Sp. 292), s. DOORNKAAT KOOLMAN Ostfries. 3, 41, nl. *ritnaald, ritworm* Nl. Wb. 13, 596.

Ainzig (Oberbayern) Wortatlas; vgl. *Ainzug* m. 'Maulwurfsgrille' SCHATZ Tirol 143. *Kröpels* (Oldenburg), *Hunn-*, *Hunnekröpel*, *Hunenkröapel* [Hunde-] (Münsterland) Wortatlas; zu *Krüepel* 'Krüppel' SCHMOECKEL-BLESKEN Soest 154, *Krœpl* KÜCK Lüneburg 2, 221; hier wohl mit dem Charakter eines Schimpfworts. Vgl. *Hunnekroepel* 'Maulwurfsgrille' BÖNING Oldenburg 48, *Kröpelhund* dass. Brem.-Niedersächs. Wb. 6, 156, BERGHAUS Sprachschatz d. Sassen 2, 262. *Negenstecker* [Neun-] (Ostpreußen) Wortatlas. Vgl. *Neuntöter* 'Maulwurfsgrille', von der man glaubt, „ihr Biß verursacht entweder den baldigen Tod oder jahrelanges Siechtum; die Bißwunde soll neun Wunden zeigen ...", s. KNOOP Volkstüml. aus Hinterpommern 32. *Rehjer*, *Rieje* (Elsaß) Wortatlas; vgl. *Reger, Rieger, Rējer, Riejer* '(Maulwurfs-)Grille' MARTIN-LIENHART Elsäss. 2, 243. *Rühling* (Franken) Wortatlas; vgl. *Röling, Roling* 'Maulwurfsgrille', eigentl. 'Frosch', 'Salamander' BERTHOLD Hess.-Nass. 2, 887. *Zwergla* (Steiermark) Wortatlas; vgl. *Zwergele* 'klein gewachsenes Wesen, Mensch, Tier, Frucht' SCHATZ Tirol 740, *Zwergel* m. 'Maulwurfsgrille' UNGER-KHULL Steir. 659.

Schmotzgrille FISCHER Schwäb. 6, 3009. *Schmözgrille* SCHATZ Tirol 541; wohl zu *Schmotz* 'Fett, Schmalz, Schmutz' ebda. *Grille* (Franken) Wortatlas.

Die N.n anderer schädlicher Käferlarven werden auf den Engerling übertragen. *Drohtwurm* [Draht-] (Rheinland), *Drodwurm* (Thüringen) Wortatlas. Eigentl. N. für die Larven der Schnellkäfer (→ *Elateridae*, s. oben Sp. 291f.). *Holzwurm* (Hunsrück), *Holzbock* (Obersachsen) Wortatlas. Eigentl. N.n für Käfer und deren Larven, die ihre Entwicklung im Holze durchmachen, vgl. bes. Sp. 75f. und Sp. 130, dazu Beiheft 2, S. 9f. und 23f. *Kaiwurm* FISCHER Schwäb. 4, 151. *Koiwurm* (Schwaben) Wortatlas. Eigentl. die schädliche Larve des Apfelblütenstechers (→ *Anthonomus pomorum* L., s. oben Sp. 234, wo auch Angaben zur Herleitung des N.s). *Gosse*, *Gos* f. SCHATZ Tirol 245. *Gosse*, *Göss*, *Gösch*, *Gusch* (Tirol) Wortatlas. *Göschn* (Meran) EHRHARD Alpen 178. Vielleicht hierher schon: „die *gossen* und anderes schödliches ungeziffer die äcker und wisfrüchten sehr hart hergenomben und nambhaft zu grunt gerichtet" (1766) Österr. Weisthümer 5, 245; *Gosse* sonst vor allem eine dem Wein schädliche Schmetterlingsraupe, die Larve des Traubenwicklers → *Eupoecilia ambiguella* HÜBN. Vgl. *kösch* 'Spulwurm, Raupe, Larve' (Lusern), cimbr. *kösso*, ital. *cosso* (lat. *cossus*, afrz., nfrz. *cosson*, wovon ahd. *cozun* 'Kornwurm', s. oben Sp. 249), s. SCHATZ a. a. O., GAMILLSCHEG Lusern 25.

Ölwurm MARTIN-LIENHART Elsäss. 2, 855. *Öilwurm* (Teutoburger Wald) Wortatlas. Eigentl. N. des Maiwurms (→ *Meloe* L.), s. oben Sp. 411. *Ohlwurm* (Münsterland), *Aulwurm* (Hannover) Wortatlas. Hierher?

Grundschesser (b. Trier) Wortatlas. Wohl als *Grindschisser* anzusehen, sonst N. des Junikäfers (→ *Amphimallon solstitialis* L.), s. oben Sp. 446 und vgl. Rhein. Wb. 2, 1409 („wenn er einem auf die Hand scheißt, bekommt man Grind"). *Grandderchen* [als „Grindtierchen" hierher?] (Eifel) Wortatlas. *Nätschieter* (Ostpreußen) ebda.

Orefitzeler FISCHER Schwäb. 6, 2729; eigentl. 'Ohrwurm' (→ *Dermaptera*). *Schlitzöhrchen*, *-lein* SPIESS Henneberg 216.

Bressenvogel ZIESEMER Preuß. 1, 799; eigentl. 'mottenartiges Insekt, das den Enten und Fischen [den Bressen, Brassen] zur Nahrung dient', dann auch auf den Engerling übertragen. *Scha(b)m* [Schabe 'Motte'] (Oberbayern) Wortatlas. *Waterwoge* (Westfalen) ebda; wenn als „Wasserwaage" anzusehen, dann eigentl. N. der Libelle.

Schmetterling (Obersachsen, Mark), *Schmettaling* (Ermland) Wortatlas; Käfer- und Schmetterlingslarven offensichtlich nicht unterscheidend. *Glochmuada* (Bayer. Wald) Wortatlas; vgl. *Klagemutter* 'Schmetterlingsraupe' (→ *Lepidoptera*). *Fußböller*, *Bäller* MITZKA Schles. 1, Karte; eigentl. *Fußböller* 'große, stark behaarte Raupe' ebda 1, 353.

Ratz, *Ratzaler* (Schwaben) Wortatlas. *Bamenratzen* (Franken) ebda. Eigentl. *Ratz, Ratzel* 'Ratte', dann auch von anderen Schädlingen, z. B. 'Raupe', s. FISCHER Schwäb. 5, 165f.

17. Sonstige Namen. — *Elf* Rhein. Wb. 2, 108. *Elf*, *Elver* LEITHAEUSER Berg. Land 23. *Elw* WOESTE Westfalen 66. *Elfen* Pl. 'Larven von Käfern' ebda. *Dälf* (Luxemburg) Wortatlas. *Elbe*, *Eilwen* (Ruhr), *Ilp* (Westfalen) ebda. *Elef*, *Delef*, *Alefter* Rhein. Wb. 1, 94. *Elfte* ebda 2, 110; WOESTE a. a. O. *Elvd* LEITHAEUSER a. a. O. *Delft*, *Ilfte* (Niederrhein), *Ielften*, *Ierften* (Westfalen) Wortatlas. Zu *Elf, Elfte, Albe* (mhd. *albel* < lat. *albula*) 'Weißfisch' (s. Rhein. Wb. a. a. O.), nach der weißlichen Färbung? WOESTE dagegen verweist auf *Alp* und zieht *Elbe* 'Wurm-Geburten der Zauberinnen' (FRISCH Wb. 1 [1741] 20) heran. Hierher wohl auch *Ilwen*, *Ilmen* Rhein. Wb. 3, 1079. *Elm*, *Elem* ebda 2, 115. *Ehm* (Ruhr) Wortatlas.

Weiße Erdglime NEMNICH (1793) 2, 1237. *Weiße Erdklimme* BERGE Käferbuch (1844) 204. *Erdglime* DWb 3, 770. *Glime* CAMPE 2 (1808) 404; OKEN Lehrb. d. Naturgesch. 3, 1 (1815) 821. *Klime* THON-REICHENBACH Naturgesch. Ins. (1838) 343. *Glime, Glimme* ESCHERICH Forstinsekten 2 (1923) 59. *Glīme* (Quedlinburg) Nd. Jb. 29 (1903) 154. *Lime* (Anhalt) Wortatlas. *Glümer* (b. Halberstadt) Nd. Jb. 34 (1908) 65. *Glume, Lumen* (b. Halberstadt) Wortatlas. *Gliene, Jliene, Gliener, Gliede* (Nordharz) ebda. *Glīwe* f. DAMKÖHLER Nordharz 626. *Glime* bringt DWb 4, 1, 5, 85 mit ahd. *glīmo* 'Leuchtkäfer' (s. oben Sp. 332f.) zusammen, „wohl nach der weißen Farbe".

Grolle Pl., *Grollewurm* FISCHER Schwäb. 3, 848. Ebda wird die Herkunft des Wortes für unbekannt erklärt. Ob zu *Groll* 'Locke, gekräuseltes Haar' (AUTENRIETH Pfälz. 57) nach der rundlichen, gekrümmten, segmentierten Gestalt des Tieres?

Schaafwürm Pl. (1615) FISCHER Schwäb. 6, 2906. *Schafwurm* ebda 5, 666; MITZKA Schles. 1, Karte. *Schoaf-, Schofworm* (Nord-Württemberg), *Schäferwurm* (Schwaben) Wortatlas. *Schafhund* NEMNICH (1793) 3, 494; CAMPE 4 (1810) 59; FISCHER Schwäb. 5, 662. *Schofhund, -hond* (Schwaben) Wortatlas. *Schaf-, Schäafhund* BERTELE in: Bayer. Hefte f. Volkskde 2/3 (1915) 151. *Schäferhund* FISCHER 6, 2902. *Schafkopf* ebda 5, 664. *Schäferkopf* (Schwaben) Wortatlas. *Schaafnas* (Schwaben) ebda. *Schofbuddel, -buttl* (Württemberg) ebda; vgl. schwäb. *Butt* 'Knirps' (von Mensch und Tier) FISCHER Schwäb. 1, 1561.

Mastwurm BERTHOLD Hess.-Nass. 2, 272; Rhein. Wb. 5, 935. *Maschd-, Moschd-, Moschtwurm* (Bayern, Franken) Wortatlas. D. i. der Engerling (und andere Insektenlarven oder Gewürm) als Schweinefutter, zu *Mast* f. 'Mästung'; vgl. *Erdmast*, s. oben Sp. 12.

Kundros (Lausitz) Wortatlas. Entlehnung von sorb. *kundros* 'Eber, Zuchtschwein' BOSE Wend.-dt. Hwb. (1840) 27, *kandross* ZWAHR Wend.-dt. Hwb. (1847) 145; vgl. auch BIELFELDT Dt. Lehnwörter im Obersorb. 301. *Warboss* m. Rhein. Wb. 9, 258. *Warreboß* (b. Aachen) Wortatlas. *Marboß* Rhein. Wb. 5, 853. Entlehnung von wallon. *warbot*, s. ROLLAND 3, 332.

Doohteworm [Toten-?] (Hannover) Wortatlas. *Liekenwurm* [Leichen-] (Ruhr) ebda. *Manschefrasr* [Menschenfresser] MARTIN-LIENHART Elsäss. 2, 938. *Mordwurm* (Mur-Tal) Wortatlas. *Totengräber* (Oberhessen) ebda.

Kotwurm (Bayern) Wortatlas. *Schmarotzer, Viech* (Oberbayern) ebda. *Relpa* MITZKA Schles. 1, Karte.

Karnieps, meist Pl. *Karniepsen* WOSSIDLO-TEUCHERT Mecklenb. 4, 130. *Karnips(e)* MITZKA Schles. 1, Karte. *Karnipse, Karnipsel, Kanüls* (Pommern) Wortatlas. *Kanibsen, Kanneep* MITZKA a. a. O. *Knieps, Kniebs, Kneps, Kniepe* (Pommern) Wortatlas. *Knirps, Tschneepser* (Pommern) ebda. Der N. begegnet im ganzen ostdt. Sprachgebiet und auch im Polnischen, vgl. *kanips* („przede wszystkim na Krajnie") Atlas językowy kaszubszczyzny 1, 1 Wykazy i komentarze (1964) 94. Von TEUCHERT (s. oben) als „Ausdruck der Wolhyniendeutschen" bezeichnet. Herkunft?

Kanchel, Kanechel Rhein. Wb. 4, 129 und 136. *Kannechele* (Rheinland) Wortatlas. *Kankert* Rhein. Wb. 4, 136. *Kenkers* (b. Bonn) Wortatlas. *Krähenwurm* (Danzig), *Kreierwörm* (Pommern) ebda. *Misch* Rhein. Wb. 5, 1167. Ebda damit verknüpft *Mischdigal*. Herkunft? *Schrozwurm* FISCHER Schwäb. 5, 1152. *Wenen* Pl. Rhein. Wb. 9, 250.

Melolóntha hippocástani FABRICIUS 1801

Schwarz, Fühler rotbraun, Halsschild und Beine rostrot, Flügeldecken braungelb mit schwarzen Außenrändern. Doch in seiner Färbung sehr variabel, manchmal nach schwarz, manchmal nach rot tendierend, so daß die farblichen Kriterien zur Abgrenzung gegen → *Melolontha melolontha* L. nicht ausreichen. Hinterleibsspitze nach abwärts gerichtet, von der Wurzel an sehr rasch und stark verengt, an der Spitze knotig verdickt (anders bei → *M. melolontha* L., so daß die Form der Pygidiumspitze ein verhältnismäßig verläßliches Unterscheidungsmerkmal der beiden Arten bildet). 20 bis 25 mm. Verbreitet in ganz Europa bis nach Westasien, nach Süden kaum über den 40. Breitengrad hinaus; doch gibt es innerhalb dieser Verbreitungszone käferarme und käferfreie Gebiete. Vorliegende Art tritt (im Gegensatz zu *M. melolontha* L.) auch in nördlichen Klimaten (fast bis zum 65. Breitengrad) auf bei fünfjähriger Generationsdauer. Zur Entwicklung und zur Schädlichkeit s. oben Sp. 511f.

Zoolog. N. *hippocastani* Gen. von bot. *Aesculus hippocastanum* L. 'Roßkastanie' (dazu vgl. MARZELL Pflanzenn. 1, 132 und 1324; Käfer zuerst auf der Roßkastanie entdeckt, „habitat in Aesculo hippocastano Europae australioris").

Laubkäfer des wilden Kästenbaumes DUFTSCHMID Fauna Austr. 1 (1805) 185; zur obd. Form *Kästenbaum* vgl. MARZELL Pflanzenn. 1, 863ff. *Kastanienlaubkäfer* BERGE Käferbuch (1844) 203. *Roßkastanien-Laubkäfer* TASCHENBERG Prakt. Insektenkde 2 (1879) 42. *Roßkastanien-Maikäfer* RATZEBURG Forst-Insecten 1 (1837) 76; CALWER Käferbuch ([5]1893) 289; BREHM 2 ([4]1922) 461; BRAUNS Waldins. (1964) 154. *Roßkastanienkäfer* HOFMANN Käfersammler ([3]1888) 61. Übersetzungen des zoolog. N.s.

Schwarzbeiniger Maikäfer SCHLECHTENDAL-WÜNSCHE Insecten (1879) 70; Beine dieser Art meist schwarz, häufig aber auch rostrot.

Waldmaikäfer ESCHERICH Forstinsekten 2 (1923) 57; SCHMIDT Schadinsekten (1939) 57; BRAUNS Waldins. (1964) 154. Gegensatz: *Feldmaikäfer* (→ *M. melolontha* L.), doch bevorzugt weder die eine Art Wald-, noch die andere Art Feldgebiete. Da aber in Wäldern die Bodentemperaturen gewöhnlich niedriger liegen, dürfte der geringere Wärmeansprüche stellende *M. hippocastani* F. dort vorherrschend sein (s. ESCHERICH a. a. O. 64). — Nur vereinzelt *Sandmaikäfer* SAJO Käferwelt (1910) 22; die Begründung („entwickelt sich, wie ich seinerzeit ermittelt habe, nur im losen Sandboden") wird anderwärts nicht bestätigt.

Einige Autoren übernehmen Farbvarianten bezeichnende Volks-N.n (s. oben Sp. 526ff.) zur Artunterscheidung. Unter Berufung auf einen Normaltyp mit rotem Halsschild bzw. mit dunklen Seitenrändern der Flügeldecken werden folgende N.n für die vorliegende Art beansprucht: *Türk* THON-REICHENBACH Naturgesch. Ins. (1838) 344; LENZ Naturgesch. 3 ([2]1851) 219; SCHMIDT-GÖBEL Insecten 2 (1881) 23. *Schornsteinfeger* THON-REICHENBACH a. a. O.; FRICKEN Käfer (1872) 173.

Melolóntha melolóntha (LINNÉ 1758)

Schwarz, Fühler und Beine rotbraun, Halsschild schwarz, Flügeldecken gelbbraun. Auch diese Art sehr variabel in der Färbung und (wie → *M. hippocastani* F.) nach Schwarz oder nach Rotfärbung tendierend. Hinterleibsspitze nach abwärts gerichtet und in einen ziemlich breiten, von der Wurzel an gleichmäßig verschmälerten Aftergriffel ausgezogen. 20 bis 25 mm. Verbreitung wie → *M. hippocastani* F., doch nach Norden kaum über den 58. Breitengrad hinaus. Zur Entwicklung und zur Schädlichkeit s. oben Sp. 511f.

Zoolog. N. *mēlolontha*, griech. μηλολόνθη Bezeichnung verschiedener Großkäfer (→ *Geotrupes* LATR., Sp. 461, → *Cetonia aurata* L., Sp. 453), später auch N. des Maikäfers (Sp. 512), danach von LINNÉ zur Bezeichnung vorliegender Art benutzt und von FABRICIUS zum Gattungs-N. erhoben (Sp. 511). Der N. ist (nach STRÖMBERG Griech. Wortstudien [1944] 5ff.) möglicherweise aus griech. μῆλον 'Schaf' und griech. ὄλονθος 'wilde Feige' zusammengesetzt, hat also im Sinne von 'Feigenschaf' „ursprünglich einen auf der wilden Feige lebenden Käfer (oder Insekt) bezeichnet" und folgt damit jenem Benennungsmotiv, das auf gut bekannte Insekten die N.n der vertrauten Haustiere überträgt.

Übernahme des älteren volkstümlichen N.s (s. oben Sp. 513ff.) zur Bezeichnung der Species. *Maykäfer* LINNÉ-MÜLLER 5, 1 (1774) 80; ILLIGER Oliviers Entomol. 2 (1802) 31; LOHRENZ Ins. Garten u. Feld 2 (1905) 46. *Maykolbenkäfer* FUESSLI Verz. schweitz. Inseckten (1775) 2. *Maylaubkäfer* SCHRANK Fauna Boica (1798) 402.

Gemeiner Maykäfer GOEZE Entomol. Beytr. 1 (1777) 37. *Gemeiner Maikäfer* THON-REICHENBACH Naturgesch. Ins. (1838) 343; BREHM 6 ([1]1869) 72; KLOTS-FORSTER Insekten (1959) 153. *Gemeiner Laubkäfer* LAICHARTING Tyrol. Ins. 1 (1781) 34; BERGE Käferbuch (1844) 204. Übersetzungen von syn. *Melolontha vulgaris* F.

Feldmaikäfer ESCHERICH Forstinsekten 2 (1923) 57; SCHMIDT Schadinsekten (1939) 19; BRAUNS Waldins. (1964) 152. Gegensatz: *Waldmaikäfer,* → *M. hippocastani* F.

Melolóntha pectorális GERMAR 1824. — Halsschild braunrot; Flügeldecken braungelb, weißlich behaart; Pygidiumspitze des Weibchens kurz oder ganz fehlend; sonst ähnlich → *M. melolontha* L., doch mit dichterer Behaarung der Oberseite. 18 bis 24 mm. Nur in Süd- und Südwestdeutschland, selten; auch in Österreich, häufiger in Südosteuropa. Zoolog. N. Lat. *pectorālis* 'zur Brust gehörig, durch die Brust ausgezeichnet' („pectus dense villosum").

Nach seiner Verbreitung *Österreichischer Maikäfer* TASCHENBERG Prakt. Insektenkde 2 (1879) 42; vom Autor als „habitat in Austria" lokalisiert. *Süddeutscher Maikäfer* WOLFF Käfer (1927) 64. Auf Eichen und Ahorn, daher *Ahorn-Maikäfer* HOFMANN Käfersammler (1883) 61.

Gattung **Onthóphagus** LATREILLE 1802

Sehr kleine bis große Käfer unterschiedlicher Gestalt und Färbung. Der Kopf der Männchen ist meist gehörnt, der Halsschild oft mit Höckern, Leisten, Eindrücken versehen. Flügeldecken gewölbt, mit Längsstreifen. Artenreiche, über alle Erdteile verbreitete Gattung. Die Käfer leben im Dung, an Aas, seltener an faulenden Vegetabilien. Das Weibchen befördert Kot oder faulende Substanz in gegrabene Stollen, formt daraus längliche Ballen, deren jeder mit einem Ei beschickt wird.

Zoolog. N. *Onthophagus* zu griech. ὄνθος 'Mist, Kot' und griech. φάγος 'Fresser'.

Schmutzkäfer MALINOWSKY Elementarb. (1816) 140. *Kotpillenkäfer* THON-REICHENBACH Naturgesch. Ins. (1838) 330; HOFMANN Käfersammler (1883) 53. *Kotkäfer* KARSCH Insectenwelt (1863) 41; BREHM 6 ([1]1869) 69; CALWER Käferbuch ([6]1916) 1299. *Kotfresser* REITTER Fauna 2 (1909) 325; HORION Käferkde (1949) 91.

Onthóphagus nuchicórnis (LINNÉ 1758). — Oval, schwarz; Flügeldecken gelb, schwarz gefleckt; Fühler rotbraun; 6 bis 9 mm. Scheitel des Männchens mit einem dünnen, an der Wurzel erweiterten Horn. In Rinderkot. Häufig. Zoolog. N. *nūchicornis* zu lat. *nūcha* 'Nacken' und lat. *cornū* 'Horn' („occipite spina erecta armato"; LINNÉ erklärt weiter: „Femina tantum a tergo cornuta", doch bereits GOEZE berichtigt, daß vielmehr das Männchen gehörnt und das Weibchen ungehörnt sei, s. Entomol. Beytr. 1 [1777] 17f.).

Der kleine okerbraune Mistkäfer mit schwarz gesprengten Flügeln und kleinem Kopfhorn ROESEL Insecten-Belust. 2 (1749) Erdkäfer, Vorber. 14. *Fliegendes Einhorn* SCHAEFFER Zwiefalter u. Käfer m. Hörnern (1758) 14. *Hügelhornkäfer* Neues Hamburg. Magaz. 37 (1770) 31. *Stachelnacken* GOEZE Degeers Abhandl. 4 (1781) 154.

Käfer mit dem Horn im Nacken Onomatologia hist. nat. 6 (1775) 935. *Unrathkäfer mit dem Nackenhorne* DUFTSCHMID Fauna Austr. 1 (1805) 148. *Nackenhorn* LINNÉ-MÜLLER 5, 1 (1774) 65; SCHINZ-CUVIER Thierreich 3 (1823) 381. *Kleines Nackenhorn* GOEZE Entomol. Beytr. 1 (1777) 17. *Nackenhornkäfer* SCHRANK Enumeratio (1781) 3. *Nackenhorn-Kolbenkäfer* SCHRANK-MOLL Nat.-hist. Briefe 1 (1785) 176. *Nackenhorn-Kothkäfer* SCHLECHTENDAL-WÜNSCHE Insecten (1879) 67. *Nackhörniger Dungkäfer* LAICHARTING Tyrol. Ins. 1 (1781) 21. *Gehörnter Dungkäfer* OKEN 5, 3 (1836) 1803. *Nackenhörniger Kolbenkäfer* BRAHM Insektenkal. 1 (1790) 37. *Nackenhörniger Pillenkäfer* SCHRANK Fauna Boica (1798) 396. *Nackenhörniger Kothpillenkäfer* THON-REICHENBACH Naturgesch. Ins. (1838) 331. *Nackenhorniger Kotpillenkäfer* KRANCHER-UHMANN Käfer (1924) Taf. 64. *Nackenhorniger Kotkäfer* HOFMANN Käfersammler ([5]1898) 55.

Onthóphagus ovátus (LINNÉ 1767). — Oval, gewölbt; einfarbig schwarz; 4 bis 6 mm. Flügeldecken gestreift, in den Reihen punktiert. In Dung und zuweilen unter Aas; sehr häufig. Zoolog. N. Lat. *ōvātus* 'eiförmig, oval'.

Eyerkäfer LINNÉ-MÜLLER 5, 1 (1774) 74. *Eyrunder Mistkäfer* GOEZE Entomol. Beytr. 1 (1777) 29. *Eyrunder Dungkäfer* LAICHARTING Tyrol. Ins. 1 (1781) 26. *Eirunder Kolbenkäfer* SCHRANK-MOLL Nat.-hist. Briefe 1 (1785) 176. *Eyrunder Käfer* MEIDINGER Nomenkl. (1787) 116. *Eyrunder Kothkäfer* SCHLECHTENDAL-WÜNSCHE Insecten (1879) 66. *Eyförmiger Käfer* Onomatologia hist. nat. 6 (1775) 935. *Eyförmiger Pillenkäfer* SCHRANK Fauna Boica (1798) 400. *Eiförmiger Kothpillenkäfer* THON-REICHENBACH Naturgesch. Ins. (1838) 332. *Kleiner Kotkäfer* SCHENKLING Käfersammler (1890) 43.

Onthóphagus táurus (SCHREBER 1759). — Oval, gewölbt; schwarz; 6 bis 11 mm. Flügeldecken schwarz oder schwarzbraun. Scheitel des Männchens mit zwei langen, nach hinten geneigten Hörnern, die bei manchen Arten stark reduziert sein können. In Rinder- und Pferdemist. Zoolog. N. Griech.-Lat. *taurus* 'Stier, Ochse' („capite cornibus duobus"; schon seit PLINIUS ist der N. *taurus* für verschiedene gehörnte Käfer üblich, vgl. oben Sp. 376 und 441).

Fliegender Ochse SCHAEFFER Zwiefalter u. Käfer m. Hörnern (1758) 21. *Öchslein* LINNÉ-MÜLLER 5, 1 (1774) 65. *Ochs* PREYSZLER Verz. böhm. Ins. (1790) 103. *Stierkäfer* MEIDINGER Nomenkl. (1787) 115. *Stier-Kolbenkäfer* SCHRANK-MOLL Nat.-hist. Briefe 1 (1785) 175. *Stier-Dungkäfer* LAICHARTING Tyrol. Ins. 1 (1781) 19. *Stier-Unrathkäfer* DUFTSCHMID Fauna Austr. 1 (1805) 150. *Stier-Pillenkäfer* SCHRANK Fauna Boica (1798) 395; ILLIGER Oliviers Entomol. 1 (1800) 255. *Stier-Kotpillenkäfer* HOFMANN Käfersammler (1883) 53. *Stier-Kotkäfer* ders. ([5]1898) 54; Burgenland (1951) 167. *Stier* THON-REICHENBACH Naturgesch. Ins. (1838) 332.

Onthóphagus vácca (LINNÉ 1767). — Breit oval; 7 bis 13 mm. Kopf und Halsschild grünlich bis kupfrig; Flügeldecken gelb, punktiert gestreift. Scheitel des Männchens in eine nach hinten geneigte Platte verlängert, die an der Spitze ein dünnes, aufrechtes Horn trägt. In Rinderdung. Zoolog. N. Lat. *vacca* 'Kuh' („occipite spina gemina erecta", N. offensichtlich als Parallelbildung zu → *O. taurus* SCHREB.).

Kühlein LINNÉ-MÜLLER 5, 1 (1774) 65. *Kuhkäfer* MEIDINGER Nomenkl. (1787) 115. *Kuh Kolbenkäfer* BRAHM Insektenkal. 1 (1790) 91. *Kuh-Dungkäfer* LAICHARTING Tyrol. Ins. 1 (1781) 20. *Kühleindungkäfer* PANZER Syst. Nomencl. (1804) 89. *Kuh-Unrathkäfer* DUFTSCHMID Fauna Austr. 1 (1805) 142. *Kuh-Pillenkäfer* ILLIGER Oliviers Entomol. 1 (1800) 235. *Kuhkoth-Pillenkäfer* THON-REICHENBACH Naturgesch. Ins. (1838) 331. *Kuh-Kotkäfer* HOFMANN Käfersammler ([5]1898) 55. *Geradhorn-Kothkäfer* („ein gerades, dünnes Horn") SCHLECHTENDAL-WÜNSCHE Insecten (1879) 67.

Onthóphagus verticicórnis (LAICHARTING 1781). — Oval, gewölbt; einfarbig schwarz; 7 bis 10 mm. Flügeldecken gestreift. Scheitelleiste des Männchens in ein aufgerichtetes Horn ausgezogen. Zoolog. N. *verticicornis* zu lat. *vertex*, Gen. *verticis* 'Wirbel, Scheitel' und lat. *cornū* 'Horn'.

Scheitelhörniger Dungkäfer LAICHARTING Tyrol. Ins. 1 (1781) 22; Übersetzung des zoolog. N.s. *Gemshorniger Pillenkäfer* SCHRANK Fauna Boica (1798) 398. *Nashorn-Kotpillenkäfer* HOFMANN Käfersammler ([3]1888) 53. *Nashorn-Kotkäfer* ders. ([5]1898) 54.

Nickender Kolbenkäfer BRAHM Insektenkal. 1 (1790) 93. *Nickender Pillenkäfer* ILLIGER Oliviers Entomol. 1 (1800) 258. *Nickender Kothpillenkäfer* THON-REICHENBACH Naturgesch. Ins. (1838) 331. Übersetzungen von syn. *O. nutans* FABRICIUS 1787 (lat. *nūtāns* 'nickend').

Gattung **Orýctes** ILLIGER 1798

„Riesenkäfer" der Unterfamilie → *Dynastinae* (s. Sp. 441). Die Mehrzahl der Arten in heißen, tropischen Gebieten; in Deutschland nur eine Art (→ *Oryctes nasicornis* L.). Kopf der Männchen mit einem Horne, der Weibchen mit einem kegelförmigen Höcker. Käfer und Larven ernähren sich von abgestorbenen Pflanzenresten (faulendes Holz, Mulm, verwesende Pflanzenteile, Wurzeln u. dgl.).

Zoolog. N. *Oryctēs*, griech. ὀρύκτης 'der Grabende, Gräber' („Aufenthalt in fetter, gedüngter Erde, an den Wurzeln").

Scharrkäfer ILLIGER Oliviers Entomol. 1 (1800) 296; BERGE Käferbuch (1844) 220. Oft gilt dieser N. für alle Arten der Familie *Scarabaeidae* (s. oben Sp. 439f.); hier wurde er auf die vorliegende Gattung (in Anlehnung an den zoolog. N. *Oryctes*) beschränkt. Dazu die Weiterbildung *Erdscharrkäfer* HOFMANN Käfersammler ([3]1888) 64.

Nasen-Horn-Käfer LESSER Insecto-Theol. (1738) 65. *Nasehorn* SWAMMERDAM Bibel d. Natur (1752) 118. *Einhornkäfer* ebda. Die vorstehenden N.n gelten in weiterem Sinne für gehörnte Käfer überhaupt (vgl. oben Sp. 441). Als *Nashornkäfer* wurde der N. zunächst eingeengt auf den deutschen Vertreter dieser Gattung (→ *O. nasicornis* L.), danach für die Gattung *Oryctes* übernommen, s. LENZ Naturgesch. 3 ([2]1851) 216; Hb. d. Pflanzenkrankh. 5, 2 ([4]1932) 339. *Hornkäfer* OKEN 5, 3 (1836) 1813.

Lohkäfer LEUNIS ([2]1860) 457; KARSCH Insektenwelt ([2]1883) 68. Entwicklung von → *O. nasicornis* L. oft in verbrauchter Gerberlohe.

Orýctes nasicórnis (Linné 1758)

Plump, gedrungen; 25 bis 45 mm. Oberseite kastanienbraun, glänzend; Unterseite und Beine fuchsrot behaart. Kopfschild des Männchens mit mehr oder weniger großem, nach hinten gebogenem Horn, des Weibchens mit kleinem Horn oder Hökker. In Mittel- und Südeuropa. In faulendem, mulmigem Holz an Stämmen und Stümpfen, im vorigen Jh. in Deutschland in Eichenlohehaufen der Gerbereien. „Durch den Rückgang der kleinen ländlichen Gerbereien und wohl auch durch die Chemikalien, die als Zusätze zur Eichenlohe verwandt wurden, verschwand der Nashornkäfer immer mehr an den alten Fundstellen ... Aber die Art hat eine bemerkenswerte ökologische Umstellung vollzogen. Die verarbeitete Lohe wurde von den Gerbereien als Dung- und Kompost-Material an die Gärtnereien abgegeben, und in den Mistbeeten und den Komposthaufen der Gärtnereien hat die Art einen neuen Lebensraum gefunden, in dem sie heute auch ohne jeden Zusatz von Lohe existiert und sich entwickelt" (Horion Käferkde [1949] 100f.).

Zoolog. N. *nāsicornis* zu lat. *nāsus* 'Nase' und lat. *cornū* 'Horn' („capitis cornu recurvato").

Nasen-Horn-Kefer Frisch Insecten 3 (1721) 6. *Nas-Horn-Kefer* Roesel Insecten-Belust. 2 (1749) Erdkäfer 1, 41. *Nashornkäfer* Leske Anfangsgr. 1 (1779) 418; Oken Lehrb. d. Naturgesch. 3, 1 (1815) 826; Brehm 6 (¹1869) 77; Brauns Waldins. (1964) 156. *Europäischer Naßhornkäfer* Linné-Müller 5, 1 (1774) 58. *Europäischer Nashornkäfer* Schauplatz 6 (1778) 65; Schmidt Schadinsekten (1939) 39. *Gewöhnlicher Nashornkäfer* Klots-Forster Insekten (1959) 156. *Gemeiner Nashornkäfer* Henschel Nashornkäfer (1962) 8. *Fliegendes Nashorn* Roesel a. a. O.; Campe 3 (1809) 456. *Naßhorn* Fuessli Verz. schweitz. Inseckten (1775) 1. *Nasehorn* Adelung 3 (1777) 739. *Europäisches Nashorn* Goeze Entomol. Beytr. 1 (1777) 13. *Nashornkolbenkäfer* Schrank-Moll Nat.-hist. Briefe 1 (1785) 154. *Nashornscharrkäfer* Schrank Fauna Boica (1798) 380. *Nasenhorniger Scharrkäfer* Illiger Oliviers Entomol. 1 (1800) 125. *Nashörniger Dungkäfer* Laicharting Tyrol. Ins. 1 (1781) 7.

Einhorn-Käfer Roesel Insecten-Belust. 2 (1749) Erdkäfer 1, 41. *Einhörniger Käfer* Fischer Naturgesch. Livland (1778) 129. *Eihorn* [Ein-] Schweiz. Id. 2, 1620. *Inhürn* Haltrich Vorarb. siebenb.-sächs. Id. 65. *Hoarnkawer* Satter Gottschee 16.

Entwicklung in Gerberlohe (s. oben). *Gemeiner Lohkäfer* Schlechtendal-Wünsche Insecten (1879) 70. *Lohkäfer* Hofmann Käfersammler (1883) 64.

Orýctes rhinóceros (Linné 1758). — Größte Art dieser Gattung (80 bis 90 mm) in den tropischen Gebieten Indiens und auf den Inseln des Stillen Ozeans. Käfer fressen sich in die Blattknospen verschiedener Palmen (bes. der Kokospalme) ein und verursachen schwere Wachstumsschäden. Zoolog. N. *rhīnocerōs*, griech. ῥινόκερως 'Nashorn' („capite cornu simplici").

Indianischer Rhinoceroskäfer Linné-Müller 5, 1 (1774) 57. *Rhinoceroskäfer* Meidinger Nomenkl. (1787) 115; Thon-Reichenbach Naturgesch. Ins. (1838) 338. *Der Rhinoceros* Schwarz Ins. u. Würmer (1793) 17. *Indianisches Nashorn* Goeze Entomol. Beytr. 1 (1777) 12. *Nashornkäfer* Fermin Beschr. d. Kolonie Surinam 2 (1775) 265. *Ostindischer Nashornkäfer* Schauplatz 6 (1778) 65. *Indischer Nashornkäfer* Hb. d. Pflanzenkrankh. 5, 2 (⁴1932) 340. *Großer Indischer Nashornkäfer* Klots-Forster Insekten (1959) 157. *Ausländischer Nashornkäfer* Berge Käferbuch (1844) 221. *Nashornscharrkäfer* Illiger Oliviers Entomol. 1 (1800) 120. *Kokospalmen-Nashornkäfer* Brehm 2 (⁴1922) 467.

Osmodérma eremíta (Scopoli 1763)

Plump und dick, eirund; 26 bis 32 mm. Schwarzbraun, erzglänzend; Oberseite unbehaart. Halsschild des Männchens mit tiefer, des Weibchens mit flacher Längsfurche, vor der Mitte mit zwei kleinen Höckern. Flügeldecken runzelig punktiert, lederartig. Im mulmigen Holz alter Laubbäume, bes. Linden und Weiden. Käfer mit kräftigem Geruch nach (Juchten-)Leder.

Zoolog. N. *Osmoderma* Serville 1828, zu griech. ὀσμή 'Geruch' und griech. δέρμα 'Haut' (nach seinem Ledergeruch); griech.-lat. *erēmīta* 'Einsiedler'.

Großer schwarz-brauner Kefer Roesel Insecten-Belust. 2 (1749) Erdkäfer 1, 23. *Schwarzledrichter Käfer* Goeze Degeers Abhandl. 4 (1781) 174 (nach frz. *scarabé de cuire noir*).

Eremit Linné-Müller 5, 1 (1774) 87; Brehm 6 (¹1869) 80; Reitter Käfer (1960) 10. *Eremitkäfer* Schrank Enumeratio (1781) 7. *Einsiedler* Goeze Entomol. Beytr. 1 (1777) 45; Krancher-Uhmann Käfer (1924) Taf. 9. *Einsiedler-Kolbenkäfer* Schrank-Moll Nat.-hist. Briefe 1 (1785) 188. Übersetzungen des zoolog. N.s.

Schusterkäfer („wegen seines Juchtenähnlichen Geruchs") bei Roesel Insecten-Belust. 2 (1749) Erdkäfer 1, 23; Campe 4 (1810) 303. *Juchtenkäfer* Roesel a. a. O.; Berge Käferbuch (1844) 201; Reitter Käfer (1960) 70. *Gemeiner Juchtenkäfer* Schlechtendal-Wünsche Insecten (1879) 73. *Lederkäfer* Brehm 6 (¹1869) 80. *Aprikosenkäfer* („er riecht fast wie Aprikosen") Thon-Reichenbach Naturgesch. Ins. (1838) 347.

Im Holz alter Laubbäume; Roesel (a. a. O.) fand ihn, „da er an einem Weidenast saß". *Weidenkäfer* Leske Anfangsgr. 1 (1779) 419; Berge Käferbuch (1844) 201. Vor allem im mulmigen Holz: *Fauler Holzerdenkäfer* Börner Samml. 1 (1774) 462.

Ursprünglich der Gattung → *Trichius* F. „Pinsel-, Dolden-, Schirmblumenkäfer" zugeordnet. *Schwarzledrichter Schirmblumenkäfer* Scriba Journal 1 (1790) 66. *Schwarzleibiger Schirm-*

blumenkäfer SCHWARZ Ins. u. Würmer 1 (1793) 56. *Einsiedler-Schirmblumenkäfer* BECHSTEIN-SCHARFENBERG Forstinsekten 1 (1804) 70. *Einsamer Schirmblumenkäfer* BERGE Käferbuch (1844) 201. *Eremitendoldenkäfer* SCHRANK Fauna Boica (1798) 415. *Einsiedler Pinselkäfer* ILLIGER Oliviers Entomol. 2 (1802) 176. *Pinselkäfer* DUFTSCHMID Fauna Austr. 1 (1805) 173; HOFMANN Käfersammler (1883) 66.

Oxythýrea funésta (PODA 1761); (= stíctica LINNÉ 1767). — Oval; schwarz, metallisch grün oder kupferrot glänzend; 9 bis 12 mm. Halsschild mit sechs weißen Punktflecken, Flügeldecken ebenfalls weiß gefleckt. Auf Blüten. Zoolog. N. *Oxythyrea* MULSANT 1842, zu griech. ὀξύς 'scharf, spitz' und griech. θυρεός 'großer, länglicher Schild' (Schildchen dreieckig, sehr scharf zugespitzt, „écusson terminé en pointe aigue"); lat. *fūnestus* 'traurig, trauervoll' (wohl nach der dunklen Grundfarbe); syn. neulat. *sticticus* 'punktiert' (Oberseite weiß gefleckt).

Der kleine glänzende, schwarze, mit weißen Punkten besprengte Käfer ROESEL Insecten-Belust. 2 (1749) Erdk., Vorber. 27. *Punktkäfer* LINNÉ-MÜLLER 5, 1 (1774) 76. *Weißpunktirter Käfer* GOEZE Degeers Abhandl. 4 (1781) 175. *Punktirter Goldkäfer* SCHINZ-CUVIER Thierreich 3 (1823) 402. *Weißgesprenkelter Käfer* Onomatologia hist. nat. 6 (1775) 943. *Gesprenkelter Käfer* MEIDINGER Nomenkl. (1787) 116. *Gesprengter Metallkäfer* LAICHARTING Tyrol. Ins. 1 (1781) 50. *Besprengter Kolbenkäfer* BRAHM Insektenkal. 1 (1790) 44. *Gesprenkelter Blumenkäfer* DUFTSCHMID Fauna Austr. 1 (1805) 172; HOFMANN Käfersammler ([3]1888) 65. *Weißfleckigter Kolbenkäfer* SCHRANK-MOLL Nat.-hist. Briefe 1 (1785) 194. *Weißfleckiger Rosenkäfer* SCHLECHTENDAL-WÜNSCHE Insecten (1879) 72. *Gefleckter Goldkäfer* THON-REICHENBACH Naturgesch. Ins. (1838) 351. *Gefleckter Rosenkäfer* SCHMIDT-GÖBEL Insecten 2 (1881) 167. Die meisten N.n in Anlehnung an den syn. zoolog. N. *stictica* L.

Rauhkäfer SCHMIDT-GÖBEL Insecten 2 (1881) 167; schwach dunkel behaart. *Trauerscharrkäfer* SCHRANK Enumeratio (1781) 13. *Trauer-Rosenkäfer* SCHMIDT Schadinsekten (1939) 56; v. KÉLER Entomol. Wb. (1956) 213.

Gattung **Phyllopértha** STEPHENS 1830

Zur Unterfamilie → *Rutelinae* (Sp. 441) gehörig. Käfer auf Laub und Blüten. In Deutschland nur eine Art.

Zoolog. N. *Phyllopertha* zu griech. φύλλον 'Blatt' und griech. πέρθω 'zerstöre, vertilge'.

Blattfresser SCHLECHTENDAL-WÜNSCHE Insecten (1879) 71; Übersetzung des zoolog. N.s. *Gartenscharrkäfer* HOFMANN Käfersammler ([3]1888) 63. *Gartenlaubkäfer* HENSCHEL Forst- u. Obstbaum-Ins. ([3]1895) 46. *Gartenkäfer* REITTER Fauna 2 (1909) 337. *Junikäfer* ebda. Zu den N.n vgl. die einzige deutsche Art → *Ph. horticola* L.

Phyllopértha hortícola (LINNÉ 1758)

Eiförmig, oben flach gewölbt; 8,5 bis 12 mm. Kopf und Halsschild grün oder grünlich blau, metallisch glänzend. Flügeldecken meist rötlich gelbbraun. Unterseite metallisch grün, blau oder schwarz. Männchen lang und abstehend, Weibchen kurz behaart. Käfer befrißt Laub und Blüten der Rosen und verschiedenen Strauchwerks (Eichen, Haseln, Pflaumen u. a.). Schwärmt Juni, Juli in der Mittagssonne, oft in großer Zahl. Häufig.

Zoolog. N. *horticola* zu lat. *hortus* 'Garten' und lat. *colere* '(be)wohnen' („habitat in Europae hortis").

Gartenkäfer Onomatologia hist. nat. 6 (1775) 921; CAMPE 2 (1808) 227; OKEN 5, 3 (1836) 1798; RAPP Käfer Thüringens 2 (1934) 780. *Garten-Kolbenkäfer* SCHRANK-MOLL Nat.-hist. Briefe 1 (1785) 185. *Garten-Maikäfer* THON-REICHENBACH Naturgesch. Ins. (1838) 342. *Gartenbewohnender Laubkäfer* ILLIGER Oliviers Entomol. 2 (1802) 87. *Gartenlaubkäfer* LAICHARTING Tyrol. Ins. 1 (1781) 40; RATZEBURG Forst-Insecten 1 (1837) 81; BREHM 6 ([1]1869) 75; BRAUNS Waldins. (1964) 156. *Gemeiner Gartenlaubkäfer* HENSCHEL Forst- u. Obstbaum-Ins. ([3]1895) 46. *Gartenblattfresser* SCHLECHTENDAL-WÜNSCHE Insecten (1879) 71.

Auf Rosen, Knospen und Blüten befressend, wie → *Cetonia aurata* L. (Sp. 456), → *Potosia* MULS. (Sp. 567), die ebenfalls einen metallgrünen Glanz besitzen und daher oft von der vorliegenden Art nicht unterschieden werden dürften. *Rosen-Kefer* (scarabaeus rutilus minimus) FRISCH Wb. 1 (1741) 506. *Rosenkäfer* ADELUNG 3 (1777) 1481; LENZ Naturgesch. 3 ([2]1851) 220; Hb. d. Pflanzenkrankh. 5, 2 ([4]1932) 332. *Rose-Chäfer* Schweiz. Id. 3, 162. Käfer ist kleiner als die ähnlichen → *Cetonia aurata* L. und → *Potosia* MULS., daher *Kleiner Rosenkäfer* BREHM 6 ([1]1869) 75; CALWER Käferbuch ([6]1916) 1328; BRAUNS Waldins. (1964) 156; (Bayern) MILLER handschriftl. *Rosenkäferchen* HOFMANN Käfersammler (1883) 64. *Rose-Chäferli* Schweiz. Id. 3, 162.

Verursacht Fraßschäden an Gesträuch und Bäumen. *Baumkäfer* FISCHER Naturgesch. Livland (1778) 129; NEMNICH (1793) 2, 1236. *Weiden-Kefer* FRISCH Wb. 1 (1741) 506. *Obstkäfer* GLEDITSCH Forstwiss. 2 (1775) 87; ADELUNG 3 (1777) 880. („Pomonam devastat, intacta Pyro communi" LINNÉ Syst. Nat. [[10]1758] 351.) *Heckenkäfer* BEHLEN Forst- u. Jagdkde 3 (1842) 651. *Gersten-Wurm* (da sie „sich an die Ähren des Getraides setzen") FRISCH Wb. 1 (1741) 344. *Nager* („fast auf allen Bäumen und Stauden, deren Blätter und Blüthen er durchnagt und zerkerbt") FUESSLI Verz. schweitz. Inseckten (1775) 2; NEMNICH (1793) 2, 1236; Schweiz. Id. 4, 696.

Schwärmt im Juni, daher namensgleich mit → *Amphimallon solstitialis* L. (Sp. 442 ff.) und → *Lampyridae* (Sp. 351 ff.). *Johanniskäfer* LINNÉ-MÜLLER 5, 1 (1774) 80; BEHLEN Forst- u. Jagdkde 4 (1842) 129. *Johanniskäferchen* HOFMANN Käfersammler (1883) 64. *Junikäfer* LEUNIS-LUDWIG 2 (1886) 118; HORION Käferkde

(1949) 62. *Junikawel* (Ruhr) briefl. *Junikäferl* (Bayern) MILLER handschriftl. *Gemeiner Junikäfer* KLOTS-FORSTER Insekten (1959) 155. Andere möchten den N. *Junikäfer* für diese Art zugunsten von *Amphimallon solstitialis* L. aufgeben und bezeichnen ihn daher an dieser Stelle als falsch, s. KOTTE Krankh. u. Schädl. (1948) 62. *Brachkiewer* Luxemb. Wb. 1, 142. *Broochdeier* [-tier] ebda 157. *Broutfresser* ebda 159. *Brotkēwerek* Rhein. Wb. 1, 1017.

Kopf und Halsschild metallisch grün. *Grünhals* KIRCHHOF Conv. Lex. 8 (1842) 239. *Goldschmatt* [-schmied] Luxemb. Wb. 1, 142; d. i. eigentl. der goldgrün glänzende → *Carabus auratus* L. (Sp. 115), hier von der vorliegenden Art nicht unterschieden. *Ruberli* Schweiz. Id. 6, 73; „das Tierchen ist zottig behaart", zu *Rubel* 'Krauskopf' ebda. Die gelbbraunen Flügeldecken lassen ihn dem Maikäfer ähnlich erscheinen, daher *Kleiner Rangger*, *Rankerlen* DALLA TORRE Tirol 91; vgl. *Rangger* 'Maikäfer' (Sp. 532), 'Junikäfer' (Sp. 445).

Anfänglich wurde der *Weinblat-Kefer* oder *Julius-Kefer* FRISCH Insecten 4 (1722) 28 (→ *Anomala dubia* SCOP., Sp. 448) mit dieser Art identifiziert. Auch nach Aufhebung des Irrtums behält *Ph. horticola* L. gelegentlich noch die alten N.n: *Julius-Käfer* KRÜNITZ Oecon. Encycl. 32 (1784) 70. *Weinblattkäfer* BEHLEN Forst- u. Jagdkde 4 (1842) 82; HOFMANN Käfersammler (1883) 64.

Gänsfliege („Art Käfer, welche den Gänsen tödtlich ist, wenn sie dieselben verschlucken") ADELUNG 2 (1775) 401. *Gänsefliege* KRÜNITZ Oecon. Encycl. 16 (1779) 46; NEMNICH (1793) 3, 178. Diese irrige Ansicht noch bei OKEN 5, 3 (1836) 1798, zurückgehend auf PONTOPPIDAN Natur-Gesch. v. Dänemark 198 (vgl. dän. *gaasebille*, *gaaseflue*, *gaaselus* DO 6, 569 und 572).

Polyphýlla fúllo (LINNÉ 1758)

Groß und plump, länglich; 24 bis 38 mm, erheblich größer als der Maikäfer. Dunkler oder heller braun. Fühler rostbraun; Fühler beim Männchen lang und geschwungen, beim Weibchen klein. Flügeldecken rotbraun bis schwarz, mit fleckig angeordneter gelblich-weißer Beschuppung. Käfer überall mehr oder weniger behaart. Flugzeit Juli, in sandigen Gegenden Mitteleuropas (südlich bis Bayern), besonders in den Dünen der Nord- und Ostsee. Die fingerdicken Larven (dem Maikäferengerling sehr ähnlich, doch in ausgewachsenem Zustand wesentlich größer, bis 80 mm) nähren sich in mehrjährigem Fraße von Wurzeln der Strandgräser und junger Bäume. Der Käfer frißt Blätter von Eiche, Pappel, Buche, Akazie und besonders die Nadeln von Kiefern, gelegentlich auch Gras. Durch Reiben einer Querleiste des vorletzten Hinterleibsringes gegen eine Leiste der Unterflügel erzeugt der Käfer laute Zirptöne.

Zoolog. N. *Polyphylla* HARRIS 1841, zu griech. πολύς 'viel' und griech. φύλλον 'Blatt' (Fühlerfächer vielblättrig, beim Männchen mit 7, beim Weibchen mit 5 Blättern); lat. *fullo* 'Walker, Tuchbereiter', bei PLINIUS (Hist. Nat. 30, 100) ein großer, weißgefleckter Käfer („qui vocatur fullo, albis guttis"), möglicherweise die vorliegende Art, daher von LINNÉ als zoolog. N. übernommen.

Als Übersetzung des zoolog. N.s *Walker* GOEZE Entomol. Beytr. 1 (1777) 34; CAMPE 5 (1811) 558; BREHM 6 ([1]1869) 74; SCHMIDT Schadinsekten (1939) 57; BRAUNS Waldins. (1964) 154. *Walker-Kolbenkäfer* SCHRANK-MOLL Nat.-hist. Briefe 1 (1785) 188; BRAHM Insektenkal. 1 (1790) 204. *Walker Laubkäfer* ILLIGER Oliviers Entomol. 2 (1802) 27. *Walkerkäfer* MEIDINGER Nomenkl. (1787) 116; SCHMIDT-GÖBEL Insecten 1 (1881) 18. In ungenauer Übersetzung des zoolog. N.s *Gerber* BREHM 6 ([1]1869) 74; HENSCHEL Forst- u. Obstbaum-Ins. ([3]1895) 41; BRAUNS Waldins. (1864) 154. — Es ist nicht ersichtlich, weshalb der Käfer bei PLINIUS den N. *fullo* (s. oben) trägt. MÜLLER gibt die unbefriedigende Erklärung: „weil seine Decke gleichsam als gewalkt und mit Blumen durchwürkt erscheint" (5, 1 [1774] 77). SAJO Käferwelt (1910) 12ff. verweist dagegen auf die mit Klauen bewehrten Beine des Käfers, die dem Werkzeug des Tuchmachers zum „Krempeln" oder „Kratzen" ähneln; er möchte daher *fullo* hier mit *Krempler* übersetzen. Auch diese Erklärung überzeugt nicht.

Käfer schwärmt im Juli. *Weißsprenglicher großer Julius-Kefer* FRISCH Insecten 11 (1734) 22. *Scheckichter großer Juliuskefer* ROESEL Insecten-Belust. 4 (1761) 203. *Großer Juliuskäfer* GOEZE Entomol. Beytr. 1 (1777) 34; CAMPE 3 (1809) 361; RATZEBURG Forst-Insecten 1 (1837) 77; ESCHERICH Forstinsekten 2 (1923) 103. *Julius-Käfer* LESSER Insecto-Theol. (1738) 65. *Juliuskäfer* LINNÉ-MÜLLER 5, 1 (1774) 77; BEHLEN Forst- u. Jagdkde 4 (1842) 87; SCHENKLING Käferwelt (1885) 95. *Julikäfer* HENSCHEL Forst- u. Obstbaum-Ins. ([3]1895) 41; DUNGER Tiere im Boden (1964) 175. Vgl. nl. *julikever* Nl. Wb. 7, 1, 549. Mit der verkürzten Form *Julius-*, *Julikäfer*, die auf die unterscheidende Ergänzungsbestimmung *groß* verzichtet, entsteht N.s-Gleichheit mit → *Anomala dubia* SCOP. (Sp. 448). *Brōgbonk* [Brachbunk] („der Käfer wird als Köder beim Fischen gebraucht") ZIESEMER Preuß. 1, 748; N. gilt auch für → *Amphimallon solstitialis* L. (Sp. 443), zu *Brache* 'Umbrechung des Bodens im Juni' und *Bunk* 'Käfer, Gewürm' (s. Sp. 71).

Oberseite gelblich-weiß beschuppt, marmoriert. *Tieger* FUESSLI Verz. schweitz. Inseckten (1775) 2. *Tiger* CAMPE 4 (1810) 826; BREHM ([2]1880) 87; HOFMANN Käfersammler ([3]1888) 61. *Tigerkäfer* TASCHENBERG Prakt. Insektenkde 2 (1879) 42. *Tiger-Walker*, *Tiger-Laubkäfer* KRANCHER-UHMANN Käfer (1924) Taf. 7. *Müllerkäfer* GOEZE

Entomol. Beytr. 1 (1777) 34; CAMPE 3 (1809) 361; BREHM 6 ([1]1869) 74. *Müllerlaubkäfer* SCHRANK Fauna Boica (1798) 402. *Müller* LEUNIS (1844) 205; Hb. d. Pflanzenkrankh. 5, 2 ([4]1932) 331; KEILBACH Schädl. (1966) 534.

Dem Maikäfer ähnlich. *Marmorirter Maykäfer* GOEZE Entomol. Beytr. 1 (1777) 34; RATZEBURG Forst-Insecten 1 (1837) 77. *Großer marmorirter Maikäfer* BREHM-ROSSMÄSSLER Thiere d. Waldes 2 (1867) 192. *Gemarmelter Maikäfer* CAMPE 3 (1809) 361. *Großer* oder *Gesprenkelter Maykäfer* OKEN 5, 3 (1836) 1796. *Gescheckter Maikäfer* SCHLECHTENDAL-WÜNSCHE Insecten (1879) 70. *Großer Maikäfer* Internat. Entomol. Zs. 1 (1907/08) 182. *Gefleckter Laubkäfer* KIRCHHOF Conv. Lex. 8 (1842) 239. *Marmorirter Laubkäfer* BERGE Käferbuch (1844) 206.

Schädlich an Laub- und Nadelbäumen. *Tanne-* oder *Donner-Käfer* („sonderlich zu Sommers-Zeit in denen Tanne- oder Eichwäldern") Samml. Nat.- u. Med.-Gesch. (1719) 966; Allgem. Oecon. Lex. (1731) 1148; *Donner-* ist als mundartliche Schreibweise (möglicherweise nach volksetymologischer Umdeutung) von *Tannen-* anzusehen. *Tannenkäfer* NEMNICH (1793) 2, 1236; BREHM 6 ([1]1869) 74; DATHE Käferbüchl. (1952) 24. *Dännen-Käfer* BEHLEN Forst- u. Jagdkde 4 (1842) 87. *Donnerkäfer* NEMNICH, BREHM a. a. O.; SCHENKLING Käferwelt (1885) 95. *Großer Baum-Kefer* („scarabaeus varius, maximus in arboribus"; hierher?) FRISCH Wb. 1 (1741) 506. *Weinkäfer* Neues Hamburg. Magaz. 37 (1770) 41; CAMPE 5 (1811) 649; BREHM 6 ([1]1869) 74.

Vorwiegend in Sandgegenden, daher häufig im Dünensand; vgl. „in Belgii dunis omnium frequentissimum insectum legi" LINNÉ Fauna Svec. ([2]1761) 395, danach nl. *duinkever* HOUTTUYN 9 (1766) 225, s. auch Nl. Wb. 3, 3591, und in deutscher Übersetzung *Dünenkäfer* NEMNICH (1793) 2, 1236; RATZEBURG Forst-Insecten 1 (1837) 77; BREHM 6 ([1]1869) 74; BRAUNS Waldins. (1964) 154.

Popíllia japónica NEWMAN 1841. — Dunkel bronzegrün, Flügeldecken kastanienbraun. Außerordentlich schädlich durch Blattfraß an beinahe allen Kulturpflanzen, besonders an Obstbäumen, und Wurzelfraß der Larven. Von Japan nach Amerika eingeschleppt, neuerdings gelegentlich mit Obstlieferungen nach Europa und Deutschland. Zoolog. N. *Popillia* SERVILLE 1825, Eigen-N.; neulat. *japōnicus* 'japanisch, aus Japan'.

Nach amerik.-engl. *japanese beetle* (vgl. STELLWAAG Weinbauins. [1928] 433) *Japankäfer* Anz. f. Schädlingskde 26 (1953) 72; REITTER Käfer (1960) 41. *Japanischer Käfer* KLOTS-FORSTER Insekten (1959) 155.

Gattung **Potósia** MULSANT 1871

Oberseite metallisch grün, goldgrün, kupfrig, seltener messingfarben; sehr ähnlich den Arten der Gattung *Cetonia* F., mit denen sie in der Unterfamilie → *Cetoniinae* (Sp. 441) zusammengefaßt sind. Entwicklung (in Holzmulm und in Ameisennestern) und Lebensweise (auf blühenden Sträuchern) wie bei → *Cetonia* F. (Sp. 452).

Zoolog. N. *Potosia* zu griech. πότος 'das Trinken' (Käfer im Hochsommer an ausfließendem Baumsaft).

Die Ähnlichkeit in Aussehen, Entwicklung und Lebensweise mit → *Cetonia* F. ist so groß, daß die Arten beider Gattungen beim Volke nicht unterschieden werden. Die volkstümlichen N.n s. daher Sp. 452ff.

Potósia aeruginósa (DRURY 1770). — Oval, ziemlich gewölbt, groß (22 bis 26 mm). Einfarbig hell goldgrün, stark glänzend. Flügeldecken sehr fein punktiert. Unterseite sehr dünn und fein behaart. Die Larve lebt in faulendem Eichenholz; die Käfer im Hochsommer oft an ausfließendem Baumsaft, besonders der Eichen. Überall in Deutschland, aber ziemlich selten. Zoolog. N. Lat. *aerūginōsus* 'mit Grünspan überzogen, grünspanfarbig' („it is all over a shining golden green colour").

Kupferschmied CAMPE 2 (1808) 1096. *Wahrer Goldkäfer* PANZER-VOET Ins. 1 (1785) 7. *Großer Goldkäfer* FUESSLI Neues Magaz. 1 (1782) 312; BERGE Käferbuch (1844) 202; HOFMANN Käfersammler ([5]1898) 67; die größte deutsche Art der *Cetoniinae*. *Prächtiger Goldkäfer* THON-REICHENBACH Naturgesch. Ins. (1838) 350. *Prachtvoller Goldkäfer* HOFMANN Käfersammler ([3]1888) 66; Übersetzung von syn. *fastuosa* F. *Ungefleckter goldgrüner Metallkäfer* SCRIBA Journal 1 (1790) 68. *Goldgrüner Metallkäfer* BECHSTEIN-SCHARFENBERG Forstinsekten 1 (1804) 76. *Prächtiger Metallkäfer* SCHWARZ Ins. u. Würmer 1 (1793) 64. *Blankvergoldeter Metallkäfer* SCHRANK Fauna Boica (1798) 416. *Smaragd Kolbenkäfer* BRAHM Insektenkal. 1 (1790) 153; Übersetzung von syn. *smaragdus* BRAHM. *Smaragdgoldkäfer* BERGE Käferbuch (1844) 202. *Prächtiger Blumenkäfer* DUFTSCHMID Fauna Austr. 1 (1805) 165. *Prachtvoller Rosenkäfer* LEUNIS ([2]1860) 459; KRANCHER-UHMANN Käfer (1924) Taf. 9. *Ansehnlicher Rosenkäfer* SCHLECHTENDAL-WÜNSCHE Insecten (1879) 72. *Großer Rosenkäfer* KRANCHER-UHMANN a. a. O. *Erzglänzender Rosenkäfer* SCHOENICHEN Praktik. Insektenkde ([3]1930) 43. *Rosenkäfer* HORION Käferkde (1949) 103.

Potósia cúprea (FABRICIUS 1775). — Oval, etwas abgeflacht, 14 bis 23 mm. Etwas breiter und plumper als die sehr ähnliche → *Cetonia aurata* L. Metallisch grün oder erzfarben, zuweilen mit spärlichen weißen Fleckchen. Unterseite violett. Entwicklung und Lebensweise wie *Cetonia aurata* L., d. h. die Larven in den Haufen der Waldameise, wo sie an den zusammengetragenen Holzstückchen und dem Holzmulm ihre Nahrung finden, Käfer auf Blüten, am Safte von Eichen, an überreifem Obst. Überall häufig. Zoolog. N. Lat. *cupreus* 'kupfern, kupferfarbig' („cuprea nitida ... caput cupreum ... subtus tota colore cupri").

Blumengoldkäfer THON-REICHENBACH Naturgesch. Ins. (1838) 350. *Dunkler Goldkäfer* HOFMANN Käfersammler ([3]1888) 66. *Goldkäfer* HORION Käferkde (1949) 103. *Erzfarbiger Rosenkäfer* SCHLECHTENDAL-WÜNSCHE Insecten (1879) 72. *Metallglänzender Rosenkäfer* KRANCHER-UHMANN Käfer (1924) Taf. 9. *Gemeiner Rosenkäfer* v. KÉLER Entomol. Wb. (1956) 143. *Metallkäfer* KEILBACH Schädl. (1966) 536. — Die volkstümlichen N.n zum Typ *Gold-, Rosen-, Krötenkäfer, Ameisenkönig* u. dgl. → *Cetonia aurata* L., s. oben Sp. 454ff.

Gattung **Psammóbius** Heer 1841. — Körper gewölbt, nach hinten verbreitert. Gelbbraun oder rotbraun bis schwarzbraun gefärbt. Oberseite unbehaart. In sandigen Gegenden, besonders auf Sandhügeln, Dünen, an faulenden Vegetabilien. Zoolog. N. *Psammobius* zu griech. ψάμμος 'Sand' und griech. βιόω 'lebe', βίος 'Leben, Lebensweise'.

Sandgräber Karsch Insectenwelt (1863) 38; Calwer Käferbuch ([5]1893) 320.

Gattung **Rhizotrógus** Latreille 1825. — Sehr ähnlich in Aussehen und Lebensweise den Arten der Gattung → *Amphimallon* Berth. (Sp. 441ff.), jedoch mit 10gliedrigen Fühlern. Rostrotgelb gefärbt. Laubfraß an Bäumen und Sträuchern, die Larven an Wurzeln. Zoolog. N. *Rhizotrōgus* zu griech. ῥίζα 'Wurzel' und griech. τρώγω 'nage, fresse, vertilge' (die Larven schädlich durch Wurzelfraß an Bäumen und Gras).

Wurzelnager Taschenberg Prakt. Insektenkde (1879) 43; Schenkling Käfersammler (1890) 160. *Wurzelfresser* Schlechtendal-Wünsche Insecten (1879) 70. Übersetzungen des zoolog. N.s. *Laubkäfer* Taschenberg a. a. O. *Rainscharrkäfer* Hofmann Käfersammler (1883) 62. Da in Aussehen und Lebensweise kaum von den Arten der Gattung → *Amphimallon* Berth. unterschieden und lange mit diesen in einer Gattung vereinigt, gilt für beide der N. *Brachkäfer* Calwer Käferbuch ([5]1893) 289; Rapp Käfer Thüringens 2 (1934) 774; vgl. oben Sp. 442f.

Rhizotrógus aequinoctiális (Herbst 1790). — Länglich (15 bis 18 mm), parallel. Braunrot. Kopf und Halsschild lang abstehend gelbbraun behaart. Flügeldecken punktiert, mit je 3 erhabenen Längslinien; an den Seiten kurz behaart. Im Frühling und Frühsommer auf sandigen Grasplätzen, Brachfeldern. In Süddeutschland, Österreich, Südosteuropa. Zoolog. N. Lat. *aequinoctiālis* 'zur Zeit der Tag- und Nachtgleiche'.

Tag- und Nachtgleichen Laubkäfer Illiger Oliviers Entomol. 2 (1802) 106. *Nachtgleichkäfer* Thon-Reichenbach Naturgesch. Ins. (1838) 345. *Kleiner zottiger Maikäfer* Henschel Forst- u. Obstbaum-Ins. ([3]1895) 42 (d. h. kleiner als der ähnliche → *Amphimallon solstitialis* L.). *Rötlicher Brachkäfer* Schmidt Schadinsekten (1955) 39.

Rhizotrógus aestívus (Olivier 1789). — Rötlich gelbbraun; 12 bis 18 mm. Flügeldecken längs der Naht breit, der Seitenränder schmal gebräunt. In Süd- und Mitteldeutschland im April und Mai. Zoolog. N. Lat. *aestīvus* 'sommerlich' (vom Autor später als → *Amphimallon solstitialis* L. beobachtet, „il paroît un peu plus tard que le Hanneton solsticial").

Sommer Laubkäfer Illiger Oliviers Entomol. 2 (1802) 37. *Sommermaikäfer* Thon-Reichenbach Naturgesch. Ins. (1838) 355. *Sommer-Wurzelfresser* Schlechtendal-Wünsche Insecten (1879) 70. *Sommer-Wurzelnager* Schenkling Käfersammler (1890) 80. Übersetzungen des zoolog. N.s. *Frühlings-Rainscharrkäfer* („im April und Mai") Hofmann Käfersammler (1883) 62. *Frühlingsbrachkäfer* Krancher-Uhmann Käfer (1924) Taf. 9. *Blaßbrauner Junikäfer* Hofmann Käfersammler ([5]1898) 63. *Südlicher Brachkäfer* Schmidt Schadinsekten (1955) 39.

Gattung **Scarabáeus** Linné 1758

Große, plumpe Käfer mit auffallend breitem, flachem Körper. Schwarz, glatt. Kopf halbkreisförmig erweitert, vorn sechszähnig. Halsschild fast so groß wie der übrige Körper. Beine als Grabbeine ausgebildet. Die Käfer fertigen aus den Exkrementen pflanzenfressender Säugetiere Dungkugeln an, die sie, rückwärts treibend, von der Dungstätte entfernen und an anderer Stelle eingraben. Die Dungkugeln dienen zur unterirdisch konservierten eigenen Nahrung (Futterpille) oder zum Schutze und zur Nahrung der Larven (Brutpille, -birne, vorzugsweise aus Schafdung, vom weiblichen Tier hergestellt und mit einem Ei bestückt). Die Käfer sind im Mittelmeergebiet beheimatet, d. h. in Europa nur auf die südlichen Länder beschränkt.

Zoolog. N. Lat. *scarabaeus* 'Käfer, Mistkäfer, Pillendreher' („Lehnwort aus griech. κάραβος [s. oben Sp. 114] . . . und zwar durch eine Art Kontamination oder Antizipation" Walde-Hofmann 2, 490); Plinius beschreibt (Nat. Hist. 11, 98) die vorliegenden Arten (s. oben Sp. 461), doch er verwendet das Wort *scarabaeus* auch für andere Käferarten (s. Beiheft 1, S. 17f.). Zu Beginn der Neuzeit bezeichnet die wissenschaftliche Zoologie alle größeren Käfer als *scarabaei* (s. oben Sp. 64), während Linné (1758) den N. auf jene Gattung beschränkt, der die bekanntesten Großkäfer angehören. Bei der Erweiterung dieser Gattung zur Familie → *Scarabaeidae*, s. oben Sp. 438ff., verblieben der Gattung nur Käfer, die als „Pillendreher" den Mittelmeerraum bewohnen.

Die Pillendreher dieser Gattung sind die im alten Ägypten verehrten und vielfach nachgebildeten „Skarabäen".

Frühe deutsche Wbb. übersetzen *scarabaeus* in der obengenannten Plinius-Stelle mit den allgemeinen N.n (die auch für die in Deutschland lebenden *Geotrupes*-Arten gelten) *„mistkäfer* oder *kaatkäfer*, der auß kaat kügele macht" Frisius Dict. (1556) (zu diesen N.n s. oben Sp. 469ff.). Später werden für die vorliegende Gattung bevorzugt *Ballenwälzer* Popowitsch Versuch (1780) 37. *Pillenkäfer* Oken 5, 3 (1836) 1800. *Pillendreher* Calwer Käferbuch ([5]1893) 305; Horion Käferkde (1949) 93.

Strahlmistkäfer, Strahlkäfer („deren Kopfschild sechsfach . . . gezähnet, oder doch wenigstens stark ausgerandet ist, und daher gleichsam einen Strahl bildet") Duftschmid Fauna Austr. 1 (1805) 158; nach syn. *Actinophorus* Creutzer 1799 (griech. ἀκτινοφόρος 'strahlenbringend, strahlensendend'). *Strahlenkäfer* Thon-Reichenbach Naturgesch. Ins. (1838) 328.

Scarabáeus sácer Linné 1758

Schwarz, fast ohne Glanz; 20 bis 40 mm. Fühler dunkel braunrot, mit rötlicher Keule. Zur Lebensweise → *Scarabaeus* L. Mittelmeergebiet bis Mittelasien und Ägypten; auf Sandboden.

Zoolog. N. Lat. *sacer* 'heilig, geheiligt' (Käfer im alten Ägypten als Sinnbild der Sonne geehrt und nachgebildet; „habitat in Aegypto, Mauritania ... hic in columnis antiquis Romae exsculptus ab Aegyptiis").

Heiliger Käfer LINNÉ-MÜLLER 5, 1 (1774) 62; CAMPE 2 (1808) 862; vgl. nl. *heilige tor* HOUTTUYN 9 (1766) 182. *Angebetheter Dungkäfer* LAICHARTING Tyrol. Ins. 1 (1781) 15. *Geheiligter Dungkäfer* BERGE Käferbuch (1844) 213. *Heiliger Ballenwälzer* PANZER Syst. Nomencl. (1804) 175. *Heiliger Strahlkäfer* SCHINZ-CUVIER Thierreich 3 (1823) 382. *Heiliger Strahlenkäfer* THON-REICHENBACH Naturgesch. Ins. (1838) 328. *Heiliger Pillenkäfer* ILLIGER Oliviers Entomol. 1 (1800) 265; BREHM 6 ([1]1869) 68. *Heiliger Pillendreher* ebda 9 ([2]1880) 78; WOLFF Käfer (1927) 63. *Heiliger Skarabäus* KLOTS-FORSTER Insekten (1959) 152.

Sérica brúnnea (LINNÉ 1758)

Länglich, gewölbt; 8 bis 10 mm. Braunrot, ohne Glanz, doch oberseits mit einem zarten Seidenschimmer. Flügeldecken gestreift, an den Seiten fein behaart. Die Käfer schwärmen in warmen Sommernächten; tagsüber im Grase, in Gräben, in sandigen Auen. Entwicklung der Larven an Pflanzenwurzeln. Überall in Europa.

Zoolog. N. *Sērica* MACLEAY 1819, griech. σηρικός 'seiden, von Seide' (Oberseite wie bereift, seidig); mlat. *brunneus* 'braun' („colore brunneo" LINNÉ Fauna Svec. [[2]1761] 138).

Europäer („wir wollen diesen nach seinem weitläuftigen Vaterlande ... nennen") LINNÉ-MÜLLER 5, 1 (1774) 86. Halsschild zerstreut punktiert (nach LINNÉ „thorace utrinque puncto obsoleto"). *Punktirter Brustschild* GOEZE Entomol. Beytr. 1 (1777) 44. *Zweymalpunktierter Scharrkäfer* SCHRANK Enumeratio (1781) 13. *Brauner Käfer* Onomatologia hist. nat. 6 (1775) 909. *Rothbrauner Käfer* MEIDINGER Nomenkl. (1787) 116; BEHLEN Forst- u. Jagdkde 4 (1842) 129. *Brauner Laubkäfer* ILLIGER Oliviers Entomol. 2 (1802) 66. *Rothbrauner Laubkäfer* RATZEBURG Forst- Insecten 1 (1837) 79; BRAUNS Waldins. (1964) 151. *Brauner Maikäfer* THON-REICHENBACH Naturgesch. Ins. (1838) 345. *Brauner Samtscharrkäfer* HOFMANN Käfersammler (1883) 60. *Brauner Seidenkäfer* SCHMIDT Schadinsekten (1939) 52.

Gattung **Sísyphus** LATREILLE 1807

Meistens kleinere, dunkel gefärbte, stark gewölbte Käfer. Flügeldecken kurz, gewölbt, gestreift. Vorderbeine kurz, Mittel- und besonders die Hinterbeine auffallend lang und schlank. Zur Nahrung und zur Entwicklung der Brut formen die Käfer (wie die Arten der Gattungen → *Scarabaeus* L., → *Gymnopleurus* ILL.) Kotpillen, die danach fortgewälzt und an geeigneter Stelle eingegraben werden. Die Arten leben in Südeuropa, in Afrika, in Südasien, eine (die folgende) Art auch im südlichen Deutschland.

Zoolog. N. *Sīsyphus*, griech. Σίσυφος Eigen-N., Fürst von Korinth, der der Sage nach in der Unterwelt einen immer wieder herabrollenden Felsblock bergauf wälzen mußte (hier in Anspielung auf die Kotpillen wälzenden Käfer).

Pillendreher PANZER Index entomol. (1813) 7; BREHM 2 ([4]1922) 459. *Stelzenpillenkäfer* („mit sehr langen Hinterbeinen") THON-REICHENBACH Naturgesch. Ins. (1838) 329; s. unten *Stelzenkäfer*, → *S. schaefferi* L. *Pillenkäfer* SCHLECHTENDAL-WÜNSCHE Insecten (1879) 66. *Kleiner Pillenwälzer* CALWER Käferbuch ([6]1916) 1298; d. h. kleiner als die ebenfalls pillenwälzenden Arten der Gattungen → *Scarabaeus* L., → *Gymnopleurus* ILL.

Sísyphus schäefferi (LINNÉ 1758). — Schwarz, matt, Oberseite gelb- bis schwarzbraun behaart; 6,5 bis 12 mm. Jede Flügeldecke mit 8 breiten punktierten Streifen. Zur Lebensweise → *Sisyphus* LATR. In Nordafrika, Vorderasien, Südeuropa einschl. Süddeutschland. An sonnigen Abhängen, vorzugsweise an Schaf-, aber auch Rinder- und Menschenkot. Zoolog. N. *schaefferī* Gen. des latinisierten Personen-N.s *Schaeffer*, der den Käfer zuerst beschrieb (s. unten).

Hinterbeine sehr lang. *Stelzenkäfer* SCHAEFFER Zwiefalter u. Käfer m. Hörnern (1758) 21. *Schäfers Stelzenpillenkäfer* THON-REICHENBACH Naturgesch. Ins. (1838) 329. *Langbein* SCHAEFFER a. a. O. *Langbeiniger Pillenkäfer* SCHRANK Fauna Boica (1798) 398. Als Übersetzungen des zoolog. N.s *Schäferkäfer* LINNÉ-MÜLLER 5, 1 (1774) 71. *Schäffers-Kolbenkäfer* FUESSLI Verz. schweitz. Inseckten (1775) 2. *Schäfers Pillenkäfer* ILLIGER Oliviers Entomol. 1 (1800) 281. *Pillenwälzer* OKEN 5, 3 (1836) 121. *Matter Pillenwälzer* STRESEMANN Exkursionsfauna 2, 1 (1964) 453. *Pillendreher* HOFMANN Käfersammler ([3]1888) 53; RAPP Käfer Thüringens 2 (1934) 768. *Kleiner Pillendreher* Internat. Entomol. Zs. 4 (1910/11) 188; BREHM 2 ([4]1922) 459.

Gattung **Tríchius** FABRICIUS 1775

Der ganze Körper, manchmal mit Ausnahme der Flügeldecken, dicht wollig behaart. Schwarz; Flügeldecken gelb mit großen, schwarzen Flecken. Käfer im Sommer auf Blüten, auf Doldengewächsen und Sträuchern. Schwärmen im Sonnenschein.

Zoolog. N. *Trichius* zu griech. τρίχιον 'das Härchen', Dimin. von θρίξ, Gen. τριχός 'das Haar', Pl. τρίχες 'die Haare', vgl. auch τριχίας 'der Haarige, Behaarte' (starke, dichte Behaarung).

Oft auf Doldengewächsen. *Schirmblumen-Käfer* LAICHARTING Tyrol. Ins. 1 (1781) 44; BERGE Käferbuch (1844) 201. *Schirmblumen-Kolbenkäfer* SCHRANK-MOLL Nat.-hist. Briefe 1 (1785) 188. *Doldenkäfer* SCHRANK Fauna Boica (1798) 355.

Oder überhaupt auf Blumen und Blüten. *Blumenkäfer* KARSCH Insectenwelt (1863) 41; CALWER Käferbuch ([5]1893) 279. *Blütenscharrkäfer* HOFMANN Käfersammler (1883) 67.

Nach der starken, wolligen Behaarung *Pinselkäfer* ILLIGER in: Magaz. f. Insektenkde 1 (1801) 154; OKEN 5, 3 (1836) 1789; BREHM 9 ([2]1880) 92; SCHMIDT Schadinsekten (1955) 77. *Haarkäfer, Zottenkäfer* GLASER Cat. etym. (1887) 19.

Trichius fasciátus (LINNÉ 1758). — Eiförmig, oben abgeflacht; 10 bis 13 mm. Schwarz, fast matt. Flügeldecken orange- oder hellgelb, sammetartig matt, schwach gestreift, mit drei schwarzen Binden. Überall mit grauen oder weißlichen Haaren besetzt. Auf Blüten; häufig. Zoolog. N. Lat. *fasciātus* 'umwickelt, gebändert' („elytris fasciis duabus luteis coadunatis", da LINNÉ schwarz als Grundfarbe der Flügeldecken ansieht).

Libereytrager FUESSLI Verz. schweitz. Inseckten (1775) 3; nach frz. *la livrée d'ancre* GEOFFROY Hist. Ins. 1 (1762) 80, der die schwarzen Flecken auf den Flügeldecken mit Ankerblättern vergleicht. *Käfer mit den Querbändern auf den Flügeldecken* Onomatologia hist. nat. 6 (1775) 914. *Bandstreife* GOEZE Entomol. Beytr. 1 (1777) 43. *Bandirter Scharrkäfer* SCHRANK Enumeratio (1781) 10. *Bandirter Käfer* FISCHER Naturgesch. Livland (1784) 54. *Bandirter Kolbenkäfer* SCHRANK-MOLL Nat.-hist. Briefe 1 (1785) 192. *Bandirter Pinselkäfer* ILLIGER Oliviers Entomol. 2 (1802) 180. *Gebänderter Pinselkäfer* DUFTSCHMID Fauna Austr. 1 (1805) 177; GLASER Naturgesch. d. Ins. (1857) 25; BREHM 9 ([2]1880) 95. *Binden-Pinselkäfer* SCHENKLING Käfersammler (1890) 72. *Pinselkäfer* CALWER Käferbuch ([6]1916) 1337; BROHMER Fauna ([6]1949) 251.

Bandirter Blumenkäfer LINNÉ-MÜLLER 5, 1 (1774) 86; nach nl. *bloem-kevertje* HOUTTUYN 9 (1766) 229. *Gebandeter Schirmblumenkäfer* LAICHARTING Tyrol. Ins. 1 (1781) 45. *Gebänderter Schirmblumenkäfer* THON-REICHENBACH Naturgesch. Ins. (1838) 347. *Bandirter Doldenkäfer* SCHRANK Fauna Boica (1798) 414. *Gebänderter Blütenscharrkäfer* HOFMANN Käfersammler (1883) 67.

Tropinóta hírta (PODA 1761). — Oval, 9 bis 12 mm. Matt schwarz, zuweilen mit schwachem Erzglanz. Die Flügeldecken meist mit weißen, selten gelblichen, kleinen Flecken. Halsschild mit kielförmig erhabener Mittellinie. Oberseite abstehend dicht gelb oder weißgrau behaart. Im ersten Frühjahr auf Blumen und an der Obstblüte, an Rosen, auf Sträuchern. Überall häufig. Zoolog. N. *Tropinōta* MULSANT 1842, zu griech. τρόπις '(Schiffs-)Kiel' und griech. νῶτος 'Rücken' (Halsschild mit einem Mittelkiel, „très-visiblement caréné en dessus"); lat. *hĭrtus* 'struppig, borstig, rauh' (Käfer überall lang und abstehend behaart).

Lang und abstehend behaart. *Bärlein* FUESSLI Verz. schweitz. Inseckten (1775) 3; BERGE Käferbuch (1844) 202. *Bürstenkäfer* („obenher mit borstenartigen Härchen besteckt") LINNÉ-MÜLLER 5, 1 (1774) 85. *Bürstiger Scharrkäfer* SCHRANK Enumeratio (1781) 12. *Haariger Käfer* Onomatologia hist. nat. 6 (1775) 920. *Rauchkäferchen* [Rauh-] GOEZE Entomol. Beytr. 1 (1777) 43. *Rauhkäferchen* SCHMIDT-GÖBEL Insecten 2 (1881) 166; SCHMIDT Schadinsekten (1955) 39. *Rauher Kolbenkäfer* BRAHM Insektenkal. 1 (1790) 32. *Rauher Pinselkäfer* ILLIGER Oliviers Entomol. 2 (1802) 63.

Schwach metallisch glänzend; anfänglich zur Gattung → *Cetonia* F. gehörig. *Raucher Metallkäfer* [Rauher M.] LAICHARTING Tyrol. Ins. 1 (1781) 52. *Zottiger Metallkäfer* PANZER Syst. Nomencl. (1804) 171. *Behaarter Metallkäfer* SCHENKLING Käfersammler (1890) 86. *Behaarter Goldkäfer* THON-REICHENBACH Naturgesch. Ins. (1838) 351. *Rauher Goldkäfer* BERGE Käferbuch (1844) 202.

Auf Blüten und Rosen. *Rauhhaariger Rosenkäfer* SCHLECHTENDAL-WÜNSCHE Insecten (1879) 72; SCHMIDT Schadinsekten (1955) 39. *Rauher Rosenkäfer* SCHMIDT-GÖBEL Insecten 2 (1881) 166. *Zottiger Rosenkäfer* SCHMIDT Schadinsekten (1939) 47. *Rauher Blumenkäfer* DUFTSCHMID Fauna Austr. 1 (1805) 171; HOFMANN Käfersammler ([5]1898) 66. *Zottig behaarter Blütenkäfer* Anz. f. Schädlingskde 24 (1951) 181. *Zottiger Blütenkäfer* v. KÉLER Entomol. Wb. (1956) 256.

Gattung **Tróx** FABRICIUS 1775

Grundfarbe schwarz oder schwarzgrau, rauh und kurz behaart; Käfer gewöhnlich mit Erdkrusten bedeckt. Flügeldecken meist mit Reihen borstentragender Höcker. In und an Wäldern, auf Feldern und Wiesen. Käfer und Larven leben von trockenen, animalischen Stoffen. Man findet sie an alten Knochen, Horn, Fellen, an trockenem Aas, in verlassenen Vogelnestern (Storch, Wiedehopf), in den Erdbauen kleiner Säugetiere, seltener im Mulm von Laubbäumen.

Zoolog. N. *Trōx*, griech. τρώξ 'Nager, Fresser', vgl. τρῶγες (STRATTIS Fragm. 80 ed. Kock), als Tiere in Hülsenfrüchten, in Bohnen erklärt; auch später entsprechend als „vermis qui legumina erodit" (JUNIUS Nomencl. [1567] 86), „ein würmlein das das gemüß außfrißt" (DENTZLER Clavis [1686] 812) beschrieben (vielleicht → *Bruchidae*, Sp. 89 ff.?, oder Arten der → *Curculionidae*, Sp. 231 ff.?); N. hier ohne Grund auf vorliegende Gattung übertragen.

Erdstaubkäfer LAICHARTING Tyrol. Ins. 1 (1781) 28. *Staub-Kolbenkäfer* SCHRANK-MOLL Nat.-hist. Briefe 1 (1785) 178. *Erdkäfer* ILLIGER in: Magaz. f. Insektenkde 1 (1801) 154; BREHM 6 ([1]1869) 71. *Erdgrabkäfer* HOFMANN Käfersammler (1883) 58. *Sandwühler* („da sie sich fast immer in die sandige Erde vergraben") OKEN 5, 3 (1836) 1805. *Sandwühlkäfer* BERGE Käferbuch (1844) 216. *Erdstaubscharrkäfer* („man trifft ihn mit Staub und Koth bedecket") DUFTSCHMID Fauna Austr. 1 (1805) 85. *Scharrkäfer* KARSCH Insectenwelt (1863) 37; CALWER Käferbuch ([6]1916) 1262; ursprünglich N. für alle Skarabaeiden (s. oben Sp. 439), hier auf die vorliegende Gattung beschränkt.

Tróx perlátus (GOEZE 1777). — Schwarz; 7 bis 10 mm. Flügeldecken mit je 4 Reihen größerer, rundlicher Höcker und kleinerer Höcker an der Naht und zwischen den Reihen, alle mit kurzen, schwarzen Borsten. In Mittel- und Süddeutschland, selten. An Fuchskot, in Storchennestern, an Vogelleichen. Zoolog. N. Neulat. *perlātus* 'mit Perlen (mlat. *perla*) versehen' (N. zuerst, doch nomenklatorisch ungültig, bei GEOFFROY Hist. ins. 1 [1762]

78, frz. *scarabé perlé*, der die Höckerreihen mit Perlen vergleicht, „ces points gros et lisses sur un fond matte, font un très-bel effet et ressemblent à des perles").

Geperlter Käfer GOEZE Entomol. Beytr. 1 (1777) 74. *Geperlter Erdstaubkäfer* SCRIBA Journ. 1 (1790) 58. *Geperlter Erdkäfer* STURM Ins. 2 (1807) 144; THON-REICHENBACH Naturgesch. Ins. (1838) 336. *Geperlter Erdgrabkäfer* HOFMANN Käfersammler (1883) 58. *Geperlter Scharrkäfer* ders. ([5]1898) 59.

Tróx sabulósus (LINNÉ 1758)

Grauschwarz, matt, Fühler rostrot; 8 bis 9 mm. Flügeldecken mit breiten, grubig punktierten Doppelstreifen, die Zwischenräume mit dicht beborsteten Erhabenheiten. Seiten der Flügeldecken kurz bewimpert. Im nördlichen Mitteleuropa, doch ziemlich selten.

Zoolog. N. Lat. *sabulōsus* 'sandreich, sandig' („habitat in Europae terra sabulosa").

Sandkäfer LINNÉ-MÜLLER 5, 1 (1774) 74; nach nl. *zand-tor* HOUTTUYN 9 (1766) 203. *Sand Kolbenkäfer* BRAHM Insektenkal. 1 (1790) 32. *Sandwühler* FUESSLI Verz. schweitz. Inseckten (1775) 2; CAMPE 4 (1810) 29. *Gemeiner Sandwühler* OKEN 5, 3 (1836) 1805. *Gemeiner Sandwühlkäfer* BERGE Käferbuch (1844) 216. *Sandwühlender Scharrkäfer* SCHRANK Enumeratio (1781) 16. *Sand-Scharrkäfer* HOFMANN Käfersammler ([5]1898) 59. *Sandiger Erdstaubkäfer* SCRIBA Journ. 1 (1790) 57. *Sandwühlender Erdstaubkäfer* SCHRANK Fauna Boica (1798) 401. *Sand-Erdstaubscharrkäfer* DUFTSCHMID Fauna Austr. 1 (1805) 86. *Sandgräber* GOEZE Entomol. Beytr. 1 (1777) 30; CAMPE 5 (1810) 29. *Sand-Erdkäfer* SCHINZ-CUVIER Thierreich 3 (1823) 388. *Gries Erdkäfer* ILLIGER Oliviers Entomol. 2 (1802) 10. *Gries-Erdgrabkäfer* HOFMANN Käfersammler (1883) 58. *Erdkäfer* FRICKEN Käfer (1872) 170; BREHM 2 ([4]1922) 451. *Großer Erdkäfer* SCHLECHTENDAL-WÜNSCHE Insecten (1879) 66. *Gemeiner Erdkäfer* LEUNIS-LUDWIG 2 (1886) 125.

Typhóeus typhóeus (LINNÉ 1758)

Rundlich gewölbt, schwarz, glänzend; 15 bis 22 mm. Flügeldecken mit tiefen, undeutlich punktierten Streifen. Der Halsschild des Männchens mit drei nach vorn gerichteten Hörnern; die beiden seitlichen, weiter vorn entspringenden, lang, gerade vorgestreckt, den Kopf überragend, das mittlere, weiter hinten entspringende, kurz und stumpf, etwas aufwärts gerichtet. Der Halsschild des Weibchens vorn mit einer Querleiste, beiderseits derselben je ein kurzer, spitzer Höcker. In sandigen Waldgegenden, gern in Kaninchenbauen; nicht häufig. Die Art gehört zur Unterfamilie → *Geotrupinae* (Sp. 441), lebt von Kaninchen- und Rotwildlosung, auch von Schafkot. Die Futter- und Brutpillen werden in Stollen bis $1^1/_2$ m tief eingetragen.

Zoolog. N. *Typhōeus* LEACH 1815 (dort *Typhaeus*), Übernahme des folgenden Art-N.s; *typhōeus*, griech. Τυφωεύς Eigen-N., sagenhafter Riese unter der Erde, Symbol der feuerspeienden Berge (er lag — nach PINDAR — mit der Brust unter dem Ätna).

Mist-Kefer mit den Schulter-Hörnern FRISCH Insecten 4 (1722) 16. *Schulter-Horn-Käfer* LESSER Insecto-Theol. (1738) 65. „Da dieser Käfer nicht größer als unser Mistkäfer [→ *Geotrupes* LATR., Sp. 460ff.] ist, ... so wundert es uns, daß er von dem Ritter [LINNÉ] *Tiphoeus*, (der ein ungeheurer Riese war,) genennet worden, daher wir ihn lieber den *kleinen Stier* nennen" LINNÉ-MÜLLER 5, 1 (1774) 55; nach nl. *kleine bul-tor, stiertje* HOUTTUYN 9 (1766) 154. *Stierlein* Onomatologia hist. nat. 6 (1775) 945. *Stierkäfer* SCHENKLING Käferwelt (1885) 92; BROHMER Fauna ([6]1949) 249. *Gehörnter Stierkäfer* KRANCHER-UHMANN Käfer (1924) Taf. 8. *Ochs* FUESSLI Verz. schweitz. Inseckten (1775) 1. *Öchschen* LENZ Naturgesch. 3 ([2]1851) 216.

Halsschild mit drei nach vorn gerichteten Hörnern. *Dreyzackiger Buckelhornkäfer* Neues Hamburg. Magaz. 37 (1770) 22. *Dreyzack des Neptuns* GOEZE Entomol. Beytr. 1 (1777) 8. *Gemeiner Dreizack* SCHLECHTENDAL-WÜNSCHE Insecten (1879) 66. *Dreyzackiger Kolbenkäfer* BRAHM Insektenkal. 1 (1790) 83. *Dreyzackiger Scharrkäfer* SCHRANK Fauna Boica (1798) 380. *Dreyzackigter Dungkäfer* PANZER Syst. Nomencl. (1804) 39. *Dreyzackiger Roßkäfer* OKEN 5, 3 (1836) 1807. *Dreizackmistkäfer* BREHM 2 ([4]1922) 454. *Dreihörniger Roßkäfer* BREHM 9 ([2]1880) 83. *Dreihörniger Mistkäfer* DUFTSCHMID Fauna Austr. 1 (1805) 79; KRANCHER-UHMANN Käfer (1924) 49. *Dreihornmistkäfer* BREHM 2 ([4]1922) 454; HORION Käferkde (1949) 90. *Dreihorn* BREHM 9 ([2]1880) 83; DUNGER Tiere im Boden (1964) 172. *Gehörnter Roßkäfer* HOFMANN Käfersammler ([3]1888) 57.

Mistkäfer Typhoeus ILLIGER Oliviers Entomol. 1 (1800) 150. *Typhoeuskäfer* MEIDINGER Nomenkl. (1787) 115. In unrichtiger Schreibweise *Typhöus* JABLONSKY Ins. 1 (1785) 278; THON-REICHENBACH Naturgesch. Ins. (1838) 337. *Typhöus-Mistkäfer* SCHINZ-CUVIER Thierreich 3 (1823) 386.

Gattung **Válgus** SCRIBA 1790

Käfer mit verkürzten Flügeldecken, die die beiden letzten Hinterleibsringe unbedeckt lassen. Pygidium des Weibchens mit gerader, spießartiger Verlängerung. Hinterhüften weit auseinandergerückt. In Deutschland nur eine Art.

Zoolog. N. Lat. *valgus* 'krummbeinig, mit auswärts gedrehten Waden' (weil „ihre Hinterfüße an der Wurzel weit voneinander stehen").

Sperrbeinkäfer SCRIBA Journ. 1 (1790) 67. *Stolperkäfer* KARSCH Insektenwelt ([2]1883) 72. In Anlehnung an den zoolog. N. — *Bohrscharrkäfer* HOFMANN Käfersammler (1883) 67.

Válgus hemípterus (LINNÉ 1758). — Eiförmig, oben abgeflacht; 7 bis 9 mm. Schwarz oder braunschwarz, schwarz-weiß beschuppt. Halsschild in der Mitte mit einer Längsfurche. Flügeldecken kurz, mit 5 Streifen. Auf Blüten, Sträuchern, Obst- und anderen Laubbäumen, im Mulm und Faulholz, hinter Rinden. Entwicklung der Larve an Baumwurzeln. Häufig. Zoolog. N. *hēmipterus* zu griech. ἡμι- 'halb' und griech. πτερόν 'Flügel' (Flügeldecken kürzer als der Hinterleib, „elytris abbreviatis ... elytra abdomine dimidio breviora").

Halbdecker („Flügeldecken viel kürzer als der Körper") LINNÉ-MÜLLER 5, 1 (1774) 83; BEHLEN Forst- u. Jagdkde 3 (1842) 569. *Käfer mit halben Flügeldecken* GOEZE Entomol. Beytr. 1 (1777) 41. *Halbgedeckter Käfer* MEIDINGER Nomenkl. (1787) 116. *Halbdecken-Kolbenkäfer* SCHRANK-MOLL Nat.-hist. Briefe 1 (1785) 192. *Halbbedeckter Schirmblumenkäfer* LAICHARTING Tyrol. Ins. 1 (1781) 47. *Halbdeckiger Schirmblumenkäfer* THON-REICHENBACH Naturgesch. Ins. (1838) 348. *Kurzdecken-Schirmblumenkäfer* SCHENKLING Käfersammler (1890) 105. *Halbgedeckter Scharrkäfer* SCHRANK Enumeratio (1781) 14. *Halbbedeckter Sperrbeinkäfer* SCRIBA Journ. 1 (1790) 67. *Käfer mit sehr kurzen Flügeldecken* Onomatologia hist. nat. 6 (1775) 918. *Halbflügeligter Kolbenkäfer* BRAHM Insektenkal. 1 (1790) 63. *Halbflügeliger Pinselkäfer* ILLIGER Oliviers Entomol. 2 (1802) 185; GLASER Naturgesch. d. Ins. (1857) 25. *Halbgeflügelter Pinselkäfer* DUFTSCHMID Fauna Austr. 1 (1805) 177. *Halbflügeliger Käfer* BEHLEN Forst- u. Jagdkde 3 (1842) 570. *Halbgeflügelter Bohrscharrkäfer* HOFMANN Käfersammler (1883) 67. *Kurzflüglichter Schirmblumenkäfer* SCHINZ-CUVIER Thierreich 3 (1823) 400.

Stachelkolbenkäfer („das Weibchen hat einen hervorstehenden Stachel") FUESSLI Verz. schweitz. Inseckten (1775) 2. *Schwanzträger* PANZER-VOET Insekten 1 (1793) 60. *Schwanzkäfer* BEHLEN Forst- u. Jagdkde 3 (1842) 570. *Bohrender Doldenkäfer* SCHRANK Fauna Boica (1798) 414; nach frz. *scarabé à tarrière* GEOFFROY Hist. ins. 1 (1762) 78 („à l'extrémité du ventre de la femelle une pointe au tarrière"). *Bohr-Scharrkäfer* HOFMANN Käfersammler ([5]1898) 68.

Familie **Scydmáenidae**

Kleine und sehr kleine Käfer mit freiem, vorragendem Kopf und keulenförmigen Fühlern. Flügeldecken oval, stark gewölbt, vom Halsschild meist tief abgeschnürt, an der Basis häufig mit großen Grübchen. Sie leben unter faulendem Laub, Moos, im Mulm alter Bäume, einige im Boden unter Steinblöcken, andere bei verschiedenen Ameisen. Die größeren Arten haben eine gewisse Ähnlichkeit mit Ameisen.

Zoolog. N. *Scydmaenidae* Weiterbildung des Gattungs-N.s *Scydmaenus* LATREILLE 1802, griech. σκύδμαινος 'finster, mürrisch' (Käfer leben an dunklen Orten).

Einige Arten ameisenähnlich. *Ameisenkäfer* PANZER Index entomol. (1813) 90; REITTER Fauna 2 (1909) 221; STRESEMANN Exkursionsfauna 2, 1 (1964) 249. (Von manchen wird der N. auch mit der myrmecophilen Lebensweise einiger Arten motiviert.) *Fühlkäfer* SCHINZ-CUVIER Thierreich 3 (1823) 346. *Peitschenkäfer* OKEN 5, 3 (1836) 1711 (nach den „langen und verdickten Freßspitzen [Kiefertastern]" oder den „fadenförmigen Fühlhörnern"?).

Familie **Serropálpidae**

(= Melandrýidae)

Kleine bis mittelgroße Käfer, meist düster und stumpf gefärbt und anliegend behaart. In der Gestalt sehr verschieden. Die meisten von ihnen sind Schwammtiere; sie leben an und in Baumschwämmen auf Laub- und Nadelbäumen. Die Entwicklung der Larven erfolgt im Schwamm, im darunter befindlichen Holze oder hinter losen, verpilzten Rinden. Einige leben auch in morschem Holz, nur sehr wenige phytophag an frischen Pflanzen.

Beilkäfer („zeichnen sich durch ihre vorgestreckten, sägeförmigen, in ein Beil sich endenden vorderen Freßspitzen aus, daher ... den Nahmen *Serropalpus*") DUFTSCHMID Fauna Austr. 2 (1812) 259.

Schwarzkäfer FRICKEN Käfer (1869) 217; HENSCHEL Forst- u. Obstbaum-Ins. ([3]1895) 68; BRAUNS Waldins. (1964) 180. *Schattenkäfer* HOFMANN Käfersammler (1883) 92; REITTER Käfer (1960) 16. *Düsterkäfer* ZACHER Vorratsschädl. (1927) 120; SCHMIDT Schadinsekten (1955) 11. Diese N.n gelten auch für → *Tenebrionidae* (Sp. 604), mit denen *Serropalpidae* und andere dunkel gefärbte Käfer früher zu einer Gruppe zusammengeschlossen waren.

Gattung **Hallómenus** PANZER 1794. — Kleine Käfer, oval. Flügeldecken dicht punktiert. Käfer und Larven an Schwämmen oder an verpilztem Holze. Die Imagines machen, wenn sie ergriffen werden, purzelnde, hüpfende Fluchtbewegungen. Zoolog. N. *Hallomenus* zu griech. ἅλλομαι 'hüpfe, springe'.

Hüpfkäfer PANZER Insectenfaune (1795) 369; OKEN 5, 3 (1836) 1781. *Hüpfbeilkäfer* („Hüpffüße") DUFTSCHMID Fauna Austr. 2 (1812) 267.

Hallómenus binotátus (QUENSEL 1790). — Länglich oval, klein; 3,5 bis 6 mm. Braun bis gelbbraun, auf dem dicht punktierten Halsschild zwei längliche, schwarze Flecken. An Baumschwämmen auf Laub- und Nadelhölzern, verpilzten Stümpfen, unter losen Baumrinden, an faulenden Brettern. Ziemlich selten. Zoolog. N. *binotātus* zu lat. *bi-* Kompositionsform von lat. *bis* 'zweimal, doppelt' und lat. *notātus* 'kenntlich, ausgezeichnet' (zwei dunkle Flecken auf dem Halsschild).

An verpilztem Holze. *Pilzhüpfkäfer* SCHINZ-CUVIER Thierreich 3 (1823) 433. *Röthlicher Hüpfkäfer* OKEN 5, 3 (1836) 1781. Schultern heller gefärbt (daher syn. *humerālis* PANZER, neulat. *humerālis* 'durch die Schulter [lat. *humerus*] ausgezeichnet). *Schulterfleckiger Hüpfkäfer* DUFTSCHMID Fauna Austr. 2 (1812) 268. *Geschulterter Hüpfkäfer* BERGE Käferbuch (1844) 193.

Gattung **Melándrya** Fabricius 1801

Schwarz. Kopf vorgestreckt. Halsschild nach vorn konisch verengt, mit zwei kräftigen Basaleindrücken. Flügeldecken hinter der Mitte erweitert, gefurcht. In morschem Holz.

Zoolog. N. *Melandrya* zu griech. μέλας 'schwarz' und griech. Δρυάς N. einer Baumnymphe (die mit dem Baum, in dem sie wohnte, lebte und starb, Sinnbild des Pflanzenlebens).

Mit auffallend langen („beilförmigen") Kiefertastern. *Beilkäfer* Sturm Ins. 2 (1807) 268; Panzer Index entomol. (1813) 32; („haben beilförmige Kiefer-Freßspitzen") Oken 5, 3 (1836) 1781. *Bartkäfer* Duftschmid Fauna Austr. 2 (1812) 260. *Schwarzkäfer* Schinz-Cuvier Thierreich 3 (1823) 438; Schlechtendal-Wünsche Insecten (1879) 91. *Düsterkäfer* Reitter Fauna 3 (1911) 368. *Schattenkäfer* Berge Käferbuch (1844) 193. *Köhlerschattenkäfer* Hofmann Käfersammler (1883) 93.

Melándrya caraboídes (Linné 1761). — Länglich, parallel; 10 bis 15 mm. Schwarz mit blauem Metallschein. Flügeldecken punktiert, mit flachen Längsrippen. Im abgestorbenen Holze verschiedener Laubbäume. Ziemlich häufig. Zoolog. N. *cāraboīdēs* ['Carabus-ähnlich'] zu zoolog. *Cārabus* und griech. -ειδής 'ähnlich' (d. h. Käfer, der denen der Gattung *Carabus* L., Familie → *Carabidae* 'Laufkäfer', ähnlich ist; „statura Carabi").

Käferhähnchen Linné-Müller 5, 1 (1774) 201. *Erdkäferförmiger Blattkäfer* Goeze Entomol. Beytr. 1 (1777) 297. *Erdkäferartiger Blattkäfer* Meidinger Nomenkl. (1787) 125. Damals zur Gattung *Chrysomela* L. 'Hähnchen, Blattkäfer' (→ *Chrysomelidae*, Sp. 153ff.) gerechnet. *Sägetasteriger Beilkäfer* Sturm Ins. 2 (1807) 272. *Sägenzähniger Schwarzkäfer* Schinz-Cuvier Thierreich 3 (1823) 438; Übersetzung von syn. *M. serrata* F. *Bläulicher Beilkäfer* Oken 5, 3 (1836) 1781. *Laufkäferartiger Bartkäfer* Duftschmid Fauna Austr. 2 (1812) 260. *Laufkäferähnlicher Schwarzkäfer* Schlechtendal-Wünsche Insecten (1879) 91. *Lauf-Schattenkäfer* Hofmann Käfersammler ([5]1898) 94.

Gattung **Orchésia** Latreille 1807. — Klein, oval; 2 bis 5 mm. Braun, manchmal mit großen, helleren Querbinden auf den Flügeldecken. Hinterschienen mit sehr langen Endspornen, mit deren Hilfe die Käfer Sprünge bis zu $^1/_2$ m ausführen können. An und in Baumschwämmen. Zoolog. N. *Orchēsia* zu griech. ὄρχησις 'das Tanzen' (nach dem Springvermögen der Käfer, „pedes graciles, postici saltem saltatorii").

Tanzkäfer Panzer Index entomol. (1813) 146. *Schnellkäfer* Schinz-Cuvier Thierreich 3 (1823) 431. *Hüpfer* Leunis ([2]1860) 478; Schenkling Käferwelt (1885) 204. *Hüpfkäfer* Karsch Insektenwelt ([2]1883) 112. *Hüpfschattenkäfer* („hüpfende und purzelnde Käfer") Hofmann Käfersammler (1883) 93.

Orchésia mícans (Panzer 1794). — Länglich oval; 4 bis 5 mm. Braun, Fühler und Beine braungelb. Fein seidenartig behaart. Flügeldecken fein punktiert. In den Schwämmen verschiedener Laubbäume, besonders der Buchen; auch unter dürren und faulen Buchenästen, im alten Buchenlaub. Zoolog. N. Lat. *micāns* 'funkelnd, strahlend, schimmernd' (seidig glänzend).

Bräunlich schimmernder Hüpfkäfer Duftschmid Fauna Austr. 2 (1812) 267. *Schimmernder Hüpfkäfer* Berge Käferbuch (1844) 193. *Glänzender Hüpfschattenkäfer* Hofmann Käfersammler (1883) 93.

Gattung **Serropálpus** Hellenius 1786. — Lang und schmal, zylindrisch gewölbt. Fühler lang und fadenförmig. Kiefertaster (Palpen) lang und stark gesägt. Käfer und Larven an gefälltem, gesundem Nadelholz. Zoolog. N. *Serropalpus* zu lat. *serra* 'Säge' und lat. *palpum* oder *palpus* 'das Streichelnde', zoolog. *palpus* 'Kiefertaster' (Kiefertaster gesägt, „palpi quatuor inaequales; anteriores longiores, profunde serrati").

Endglieder der Kiefertaster breit messer- oder beilförmig. *Beilkäfer* Illiger in: Magaz. f. Insektenkde 1 (1801) 151; vgl. auch → *Melandrya* F. *Sägetasterkäfer* Schinz-Cuvier Thierreich 3 (1823) 432; Übersetzung des zoolog. N.s. *Tastschattenkäfer* Hofmann Käfersammler (1883) 93.

Serropálpus barbátus (Schaller 1783). — Lang und schmal; 8 bis 18 mm. Braun, fein gelblich behaart; Fühler, Tarsen und Beine rostrot. Flügeldecken hinten zugespitzt, mit feinen, flachen Streifen. In Tannen- und Fichtenwäldern. Entwicklung in kränkelndem oder frisch gefälltem Holz, vorzugsweise der Weißtanne, in das sich die Larven tief einfressen. Schädlich. Zoolog. N. Lat. *barbātus* 'bärtig' (mit langen, viergliedrigen Kiefertastern).

Bärtiger Beilkäfer Sturm Ins. 2 (1807) 275. *Bärtiger Sägebeilkäfer* Duftschmid Fauna Austr. 2 (1812) 264. Flügeldecken gestreift (syn. *S. striatus* Hell.). *Gestreifter Sägetasterkäfer* Schinz-Cuvier Thierreich 3 (1823) 433. *Gestreifter Schattenkäfer* Hofmann Käfersammler ([5]1898) 94. *Seideglänzender Schwarzkäfer* („mit seideglänzender Haarbekleidung") Henschel Forst- u. Obstbaum-Ins. ([3]1895) 68. *Weißtannen-Düsterkäfer* Schmidt Schadinsekten (1939) 60.

Familie **Sílphidae**

Zahlreiche, verschieden gestaltete Käfer. Meist ziemlich abgeflacht, die Flügeldecken oft abgekürzt, die letzten Hinterleibssegmente unbedeckt lassend. Oberseite fast immer matt, behaart nur selten glatt. Imagines und Larven sind vielfach Aasfresser und leben an faulenden, animalischen Stoffen (besonders → *Necrodes* Leach, → *Necrophorus* F., → *Thanatophilus* Leach u. a.), zum Teil auch an faulenden Vegetabilien. Einige Arten sehr schädlich an frischen Pflanzen (besonders → *Blitophaga* Reitt.), andere als Raupenjäger auf Bäumen und Sträuchern (vor allem → *Xylodrepa* Thoms.) oder als Schneckenjäger am Boden (besonders → *Ablattaria* Reitt., → *Phosphuga* Leach u. a.). Manche leben bei Ameisen, in Hummelnestern und in den Erdnestern kleiner Säugetiere.

Alter N. *cantharus cadaverum* Stieler Stammbaum (1691) 937; Marperger Kauffmanns Magaz. (1708) 1108.

Sehr viele Arten an Aas. *Askäferlein* [Aas-] Stieler Stammbaum (1691) 937. *Aaß-Keferlein* Mercklein Thierbuch (1696) 567. *Aaswürmlein*

Allg. Oecon. Lex. (1731) 1148. *Aaskäfer* SCHAEFFER Elementa entomol. (1766) Tab. 114; ADELUNG 1 (1774) 6; BERGE Käferbuch (1844) 186; BREHM ([1]1869) 56; SCHMIDT Schadinsekten (1939) 8; BRAUNS Waldins. (1964) 146. *Aaskäferartige Käfer* SCHINZ-CUVIER Thierreich 3 (1823) 352. Vgl. dän. *aadselbille* DO 1, 23.

Todtengräber („eine Art begräbt todte Mäuse und Maulwürfe") BECKMANN Anfangsgr. (1767) 93; („man hat um so weniger Bedenken getragen, das ganze Geschlecht mit dem Namen *Todtengräber* zu belegen, da die meisten Arten sich in und bey todten Körpern und allerhand Aas aufhalten") LINNÉ-MÜLLER 5, 1 (1774) 122; ADELUNG 4 (1780) 998; OKEN 5, 3 (1836) 1769. Vgl. nl. *doodgraavers* HOUTTUYN 9 (1766) 318. Zum N. → *Necrophorus* F.

Grabkäfer SCHRANK Enumeratio (1781) 41. *Maulwurfskäfer* GOEZE Entomol. Beytr. 1 (1777) 172; CAMPE 3 (1809) 235; Namengebung hier kaum im Vergleich der grabenden Käfer mit dem Maulwurf, vielmehr nach der damals neuen Beobachtung, daß diese Käfer tote Maulwürfe eingraben (→ *Necrophorus vespillo* L.). *Erdkäfer* GOEZE a. a. O.

Geiferkäfer EBERHARD Thiergesch. (1768) 195; PANZER-VOET Insekten 2 (1793) 59. Bei Beunruhigung geben die Silphiden übelriechende, bräunliche Tropfen (Magensaft) aus dem Munde ab. *Bisamkäfer* GOEZE Entomol. Beytr. 1 (1777) 172. *Muskkäfer, Muskuskäfer* („wegen ihres bisamartigen Geruches") CAMPE 3 (1809) 373; vgl. → *Necrophorus vespillo* L. *Stinkkäfer* PANZER Index entomol. (1813) 106. *Schabenkäfer* GLASER Cat. etym. (1887) 12; wörtl. Übersetzung des zoolog. N.s *Silphidae* (griech. σίλφη 'Schabe', → *Silpha* L.).

Ablattária laevigáta (FABRICIUS 1775). — Schwarz, matt; 12 bis 18 mm. Kopf langgestreckt, schnauzenförmig. Flügeldecken punktiert, ohne Rippen. In Mittel- und Süddeutschland, unter Steinen. Käfer und Larven nähren sich von Schnecken. Zoolog. N. *Ablattāria* REITTER 1884, griech. ἀ-privativum und zoolog. *Blattaria* 'Schaben' (→ *Blattodea*, Sp. 49; die Ähnlichkeit mancher Silphiden mit Schaben [→ *Silpha* L.] ist bei dieser Gattung weniger ausgeprägt); lat. *laevigātus* 'geglättet, glatt' (Flügeldecken ungerippt, „elytris laevibus subpunctatis").

Der Glatte („ganz schwarz und fein poliert") SULZER Abgek. Gesch. d. Ins. 1 (1776) 28; Übersetzung von syn. *A. polita* SULZ. *Glatter Todtengräber* GOEZE Entomol. Beytr. 1 (1777) 192. *Geglätteter Stinkkäfer* DUFTSCHMID Fauna Austr. 3 (1825) 121. *Glatter Aaskäfer* LAICHARTING Tyrol. Ins. 1 (1781) 96; SCHLECHTENDAL-WÜNSCHE Insecten (1879) 53. *Geglätteter Aaskäfer* BRAHM Insektenkal. 1 (1790) 35; SCHMIDT-GÖBEL Insecten 2 (1881) 161. *Mattschwarzer Schneckenjäger* STRESEMANN Exkursionsfauna 2, 1 (1964) 249.

Gattung **Blitóphaga** REITTER 1884

Die Arten dieser Gattung sind Pflanzenfresser und treten als Rübenschädlinge auf. Die Käfer zerkauen die Rübenblätter und lassen ein zusammengeballtes Knäuel mit ausgefransten Blatträndern zurück, während die Larven Löcher mit glattem Rand in die Blattfläche schaben. Fressen aber auch Getreidekeimlinge, Kreuz-, Schmetterlingsblütler u. a.

Zoolog. N. *Blitophaga* zu botan. *Blitum* 'Erdbeerspinat' und griech. φάγος 'Fresser'.

Rübenaaskäfer Hb. d. Pflanzenkrankh. 5, 2 ([4]1932) 94; STRESEMANN Exkursionsfauna 2, 1 (1964) 248. *Rübenkäfer* Tierwelt Mitteleuropas 5, XII, 44. Zum N. vgl. auch → *B. opaca* L.

Blitóphaga opáca (LINNÉ 1758)

Ziemlich flach; 9 bis 12 mm. Schwarz, matt, dicht goldbraun oder grau anliegend behaart. Flügeldecken punktiert, gerippt, jederseits mit einer kräftigen Beule. Rübenschädling (→ *Blitophaga* REITT.).

Zoolog. N. Lat. *opācus* 'schattig, dunkel' („fusca").

Mit brauner oder grauer Behaarung. *Brauner Graber* LINNÉ-MÜLLER 5, 1 (1774) 128. *Der Braune* FUESSLI Verz. schweitz. Inseckten (1775) 6. *Brauner Aaskäfer* GOEZE Entomol. Beytr. 1 (1777) 182. *Dunkler Aaskäfer* LAICHARTING Tyrol. Ins. 1 (1781) 100; WOLFF Käfer (1927) 53. *Grauschildiger Aaskäfer* („grauhaarig") SCHRANK Fauna Boica (1798) 517. *Grauhaariger Aaskäfer* FERRANT Insekten (1911) 250. *Grauer Aaskäfer* SCHLECHTENDAL-WÜNSCHE Insecten (1879) 52; LEDERER Schädlingskde (1928/32) 360. *Dunkelschwarzer Stinkkäfer* DUFTSCHMID Fauna Austr. 3 (1825) 114. *Mattschwarzer Aaskäfer* TASCHENBERG Prakt. Insektenkde 2 (1879) 11. *Filziger Aaskäfer* SCHMIDT-GÖBEL Insecten 2 (1881) 161.

Rüben-Aaskäfer HOFMANN Käfersammler ([5]1898) 37. *Buckelstreifiger Aaskäfer* Anz. f. Schädlingskde 1 (1925) 107. *Buckelstreifiger Rübenaaskäfer* ROSTRUP-THOMSEN Tier. Schädl. (1931) 114. *Brauner Rübenaaskäfer* ebda; v. KÉLER Entomol. Wb. (1956) 402. *Runkschenwolf* (Hannover b. Verden) mündl.; zu *Runksche* 'Runkelrübe' SCHAMBACH Göttingen 176.

Larve. *Schwarze Asseln* (Niederösterreich) mündl. *Mutten* (Oldenburg) mündl.; vgl. *Mut, Mutte* 'Sau, Mutterschwein' DOORNKAAT KOOLMAN Ostfries. 2, 633.

Blitóphaga undáta (MÜLLER 1776). — Flach; 12 bis 15 mm. Schwarz, matt. Oberseite fast kahl. Zwischenräume der Rippen auf den Flügeldecken gerunzelt. Rübenschädling (→ *Blitophaga* REITT.). Zoolog. N. Lat. *undātus* 'wellenförmig gebildet', hier: 'gerunzelt' („elytris lineis tribus abbreviatis, spatio interjecto undulato").

Gewässerter Aaskäfer GOEZE Entomol. Beytr. 1 (1777) 197; wörtliche Übersetzung des zoolog. N.s. *Gegitterter Aaskäfer* SCRIBA Journ. 1 (1790) 172; THON-REICHENBACH Naturgesch. Ins. (1838) 313; Übersetzung von syn. *B. reticulata* F. (lat. *rēticulātus* 'netzförmig, gegittert', „elytra inter strias elevatas rugosa").

Netzartiger Stinkkäfer DUFTSCHMID Fauna Austr. 3 (1825) 120. *Genetzter Aaskäfer* SCHLECHTENDAL-WÜNSCHE Insecten (1879) 52. *Genetzelter Aaskäfer* SCHENKLING Käfersammler (1890) 51. *Runzeliger Aaskäfer* FERRANT Insekten (1911) 250.

Schwarzer Rübenaaskäfer Hb. d. Pflanzenkrankh. 5, 2 ([4]1932) 94; SCHMIDT Schadinsekten (1939) 48. *Runzliger Rübenaaskäfer* ebda.

Necródes litorális (LINNÉ 1758). — Langgestreckt, oben flach; 15 bis 25 mm. Körper schwarz, glänzend, fast kahl, mit großen, vorstehenden Augen; Fühlerkeule gelbrot. Halsschild scheibenförmig gerundet. Flügeldecken mit drei Rippen, am Ende abgestutzt, die Hinterleibsspitze unbedeckt lassend. Aasfresser, häufig scharenweise an größeren Kadavern. Zoolog. N. *Necrōdēs* LEACH 1815, griech. νεκρώδης 'toten-, leichenhaft, -ähnlich' (Käfer an Aas, „inhabits dead bodies" LEACH in: Edinb. Encycl. 9 [1830] 89); lat. *lītorālis* 'zum Ufer, zum Strande gehörig' (vom Autor zuerst am Meeresstrand unter Tang beobachtet, „habitat in Europa, sub Fucis putridis").

Schwarzer Schildkäfer mit drey erhabenen Strichen auf den Flügeldecken Onomatologia hist. nat. 2 (1761) 663. Mit gelbroter Fühlerkeule. *Rothknöpfiger Aaskäfer* GOEZE Degeers Abhandl. 4 (1781) 105 (nach frz. *bouclier à boutons roux*). Als Übersetzungen des zoolog. N.s sind gebildet *Uferkäfer* LINNÉ-MÜLLER 5, 1 (1774) 127 (nach nl. *oever-beestje* HOUTTUYN 9 [1766] 328); CAMPE 5 (1811) 61. *Ufergrabkäfer* MEIDINGER Nomenkl. (1787) 120. *Ufertodtengräber* SCHRANK Fauna Boica (1798) 421. *Ufer Aaskäfer* BRAHM Insektenkal. 1 (1790) 171; HOFMANN Käfersammler ([5]1898) 37. *Strandaaskäfer* FUESSLI Verz. schweitz. Inseckten (1775) 6; BERGE Käferbuch (1844) 186. *Strandender Aaskäfer* LAICHARTING Tyrol. Ins. 1 (1781) 90. *Gestade-Stinkkäfer* DUFTSCHMID Fauna Austr. 3 (1825) 113. *Gestade-Aaskäfer* HOFMANN Käfersammler (1883) 35. *Strand-Leichenkäfer* SCHLECHTENDAL-WÜNSCHE Insecten (1879) 52.

Großer Aaskäfer SCHENKLING Käfersammler (1890) 89. Die großen Männchen haben verdickte Hinterschenkel (anfänglich als eigene Art beschrieben: *N. clavipes* SULZ., zu lat. *clāva* 'Keule' und lat. *pēs* 'Fuß'): *Keulschenkel* SULZER Abgek. Gesch. d. Ins. 1 (1776) 28. Larve: *Feld-Schabe* FRISCH Insecten 6 (1727) 12, nach vermeintlicher Ähnlichkeit mit den Schaben (→ *Blattodea*).

Gattung **Necróphorus** FABRICIUS 1775

Meist schwarz und gelb gestreifte Käfer mit hinten halsartig abgewinkeltem Kopf, knopfartiger Fühlerkeule und abgestutzten Flügeldecken. Aasfresser. Die Käfer (meist ein Pärchen) untergraben zur Brutfürsorge die Kadaver kleinerer Wirbeltiere (Maulwürfe, Mäuse, kleine Vögel, Eidechsen, Frösche, Kröten), bis sie in die vorbereitete Grube einsinken. Die Leichen werden mit Erde bedeckt und dann von Haaren und Federn befreit und zu einer Kugel verarbeitet. Die Eiablage erfolgt über einen von der Höhle abzweigenden „Muttergang" in die benachbarte Erde. Nach dem Schlüpfen wandern die Larven auf die Aaskugel und werden zunächst vom Mutterkäfer gefüttert, bis sie selbständig die Aaskugel ausfressen. Vgl. v. LENGERKEN Brutfürsorge (1954) 348ff.

Zoolog. N. *Necrophorus* (beim Autor zunächst *Nicrophorus*), griech. νεκροφόρος 'Tote, Leichen tragend, begrabend' (Käfer vergraben Tierkadaver, s. oben).

Todtengräber PANZER Insectenfaune (1795) 117; N. zuerst für die häufigste deutsche Art → *N. vespillo* L.; vgl. auch die erweiterte Anwendung des N.s für die Familie → *Silphidae*, s. oben Sp. 581. *Totengräber* KARSCH Insektenwelt ([2]1883) 84; HORION Käferkde (1949) 44; Rhein. Wb. 8, 1253; OCHS Baden 1, 516; JUTZ Vorarlberg 2, 589; MITZKA Schles. 3, 1395. *Totegräber* FISCHER Schwäb. 2, 293. *Dodengräber, -gröber* TEUT Hadeln (Niederelbe) 1, 398. *Däahengriäwer* HARTWIG in: Jahresber. Ravensberg 40 (1926) 34. *Doudengriewer* Luxemb. Wb. 1, 218. *Dooregriiwer* PROTSCH Laubach 237. *Toatengrubar* SATTER Gottschee 15. *Dudde-Begrewer* Luxemb. Wb. 1, 218. *Totengräbel* JUTZ Vorarlberg 2, 589. *Totengräberkäfer* SCHOENICHEN Praktik. Insektenkde ([3]1930) 66. Vgl. nl. *doodgraver* Nl. Wb. 3, 2874. *Totenkäfer* JUTZ a. a. O.; MITZKA Schles. 3, 1395. *Toatenkawer* SATTER Gottschee 15. *Totenwurm* (Bayern) MILLER handschriftl. *Grabkäfer* SCRIBA Journ. 1 (1790) 166; DUFTSCHMID Fauna Austr. 3 (1825) 110.

Leichenkäfer PANZER Index entomol. (1813) 105. *Leichenknopfkäfer* HOFMANN Käfersammler ([3]1888) 34; mit knopfartig verdickter Fühlerkeule. *Oaußkäfer* [Aas-] HARTWIG in: Jahresber. Ravensberg 40 (1926) 34. *Ōskēber* Siebenbürg.-Sächs. Wb. 1, 2. Vgl. dän. *aadselgraver* ['Aasgräber'] DO 1, 23; nl. *krengtor* ['Aaskäfer'] Nl. Wb. 8, 1, 154. Gelegentlich werden die Käfer nicht von den Mistkäfern unterschieden, und Käfer an Mist, Aas und sonstiger faulender Substanz tragen gemeinsame N.n (vgl. auch oben Sp. 495f.). *Mästkiwer* Siebenbürg.-Sächs. Wb. a. a. O. (vgl. Sp. 469f.). *Pferdstier* Rhein. Wb. 6, 740 (vgl. Sp. 465). *Pahnwiemel* [Pagen-] (Kr. Büren) MARTIN in: Nd. Studien 172 (vgl. Sp. 467). *Scheißvogel* Rhein. Wb. 7, 1025 (vgl. Sp. 499).

Necróphorus germánicus (LINNÉ 1758). — Größte *Necrophorus*-Art in Deutschland, 30 bis 40 mm. Ganz schwarz, selten Flügeldecken mit dunkelroten Flecken. Epipleuren der Flügeldecken braunrot. An größeren Kadavern. Zoolog. N. Lat. *germānicus* 'germanisch', hier in der späteren Bedeutung 'deutsch' (Käfer vom Autor zunächst in Deutschland entdeckt, „habitat in Germania").

Trauergraber LINNÉ-MÜLLER 5, 1 (1774) 123. *Trauergräber* HERBST Insekten (1784) 76. *Größter schwarzer Todtengräber* GOEZE Entomol. Beytr. 1 (1777) 44. *Großer schwarzer Totengräber* HORION Käferkde (1949) 44; REITTER Käfer (1960) 70. *Größter Todtengräber* LESKE Anfangsgr. 1 (1779) 422; OKEN 5, 3 (1836) 1771. *Großer Totengräber* BRAUNS Waldins. (1964) 146. *Deutscher Grabkäfer* MEIDINGER Nomenkl. (1787) 120. *Großer schwarzer Grabkäfer* SCRIBA Journ. 1 (1790) 6. *Großer schwarzer Aaskäfer* GOEZE Degeers Abhandl. 4 (1781) 103. *Teutscher Aaskäfer* BRAHM

Insektenkal. 1 (1790) 173. *Aaswurm* KIRCHHOF Conv. Lex. 1 (1842) 22. *Deutscher Todtengräber* SCHRANK Fauna Boica (1798) 421; BREHM 9 (²1880) 62.

Necróphorus humátor OLIVIER 1790. – Schlank, 18 bis 25 mm. Ganz schwarz, nur die drei letzten Fühlerglieder gelbrot. Flügeldecken gestreckt, punktiert. An Kadavern, auch an faulenden Pilzen. Häufiger als → *N. germanicus* L. Zoolog. N. Lat. *humātor* 'einer der beerdigt, begräbt, Totengräber' („sur les cadavres").

Kleiner schwarzer Grabkäfer SCRIBA Journ. 1 (1790) 168; d. h. kleiner als der vorige. *Schwarzer Grabkäfer* DUFTSCHMID Fauna Austr. 3 (1825) 111. *Schwarzer Todtengräber* THON-REICHENBACH Naturgesch. Ins. (1838) 312. *Traurender Todtengräber* BERGE Käferbuch (1844) 187. *Trauer-Todtengräber* LENZ Naturgesch. 3 (²1851) 211.

Necróphorus vespíllo (LINNÉ 1758)

Schwarz; 15 bis 25 mm. Flügeldecken gelbrot mit schwarzen, gezackten Querbinden. Fühlerkeule gelb. Seitenrand des Halsschilds und der Flügeldecken gelb bewimpert. An Kadavern. Häufigste *Necrophorus*-Art in Deutschland.

Zoolog. N. Lat. *vespillo* 'Leichenträger' („sepelit cadavera minora sub terra eandem effodiendo").

Todengräber ROESEL Insecten-Belust. 4 (1761) 3. *Todtengräber* FUESSLI Verz. schweitz. Inseckten (1775) 5. *Totengräber* BROHMER Fauna (⁶1949) 247. *Todtengraber-Aaskäfer* LAICHARTING Tyrol. Ins. 1 (1781) 87. *Todtengrabkäfer* MEIDINGER Nomenkl. (1787) 120. *Gemeiner Todtengräber* KRÜNITZ Oecon. Encycl. 32 (1784) 54; OKEN 5, 3 (1836) 1769; BREHM 6 (¹1869) 56. *Gemeiner Totengräber* KLOTS-FORSTER Insekten (1959) 111. *Eigentlicher Totenkäfer* NEMNICH (1793) 2, 1297. *Gemeiner Aaskäfer* SCHWARZ Ins. u. Würmer 1 (1793) 41. *Gemeiner Grabkäfer* DUFTSCHMID Fauna Austr. 3 (1825) 111.

Schwarz und roth gefleckter Todtengräber GOEZE Entomol. Beytr. 1 (1777) 174. *Rotbandirter Todtengräber* LESKE Anfangsgr. 1 (1790) 168. *Kleinster Todtengräber* KRÜNITZ Oecon. Encycl. 32 (1784) 54; d. h. kleinste der damals bekannten Arten. *Kleiner Totengräber* BRAUNS Waldins. (1964) 146.

Muscus-Kefer („diesen Kefer muß man um seines Geruchs willen also nennen") FRISCH Insecten 12 (1736) 28. *Muskuskäfer* NEMNICH (1793) 2, 1297. *Muskkäfer* CAMPE 4 (1810) 840. *Moschuskäfer* TASCHENBERG Was da kriecht u. fliegt (1861) 610. *Bisamkäfer* LINNÉ-MÜLLER 5, 1 (1774) 123; CAMPE 1 (1807) 541; HOFMANN Käfersammler (1883) 34.

Maulwurfskäfer („wenn man ... in einen Garten ... einen todten Maulwurf wirft, so kommen sie herzugelaufen, unterwühlen die Erde, ziehen das todte Tier hinunter") BÖRNER Samml. 1 (1774) 464. „Wenn diese Käfer ... wieder aus der Erde hervorkommen, starren sie von Milben ..., welche die meisten Schriftsteller Läuse nennen; daher dieser Käfer auch der *Lausekäfer* heißen könnte" GOEZE Entomol. Beytr. 1 (1777) 174. *Schlangenkäfer* KRÜNITZ Oecon. Encycl. 32 (1784) 54; nach ALDROVANDI („scarabaeus serpentarius"), der den Käfer an einem Schlangenkadaver beobachtete.

Oeceoptóma thorácicum (LINNÉ 1758). – Breit elliptisch, ziemlich flach; 12 bis 16 mm. Schwarz, matt; Kopf und Halsschild samtartig ziegelrot behaart. Flügeldecken mit drei Rippen. An Kadavern, an scharf riechenden Pilzen, zuweilen an faulenden Pflanzenstoffen, seltener an menschlichen Exkrementen. Zoolog. N. *Oeceoptōma* LEACH 1815, zu griech. οἰκέω 'hause, (be-)wohne' und griech. πτῶμα 'Fall, Sturz, das Getötete, Leichnam' („inhabits Europe, in dead animals and putrid fungi"); *thōrācicum* Adjektivbildung zu griech.-lat. *thōrāx* 'Brust', hier: 'Halsschild', d. h. 'durch den Halsschild ausgezeichnet' (Halsschild rot, Vorderrand jederseits winklig eingeschnitten, „clypeo retuso testaceo").

Schildträger („weil das Bruststück [der Halsschild] sehr breit und zurückgebogen ist") LINNÉ-MÜLLER 5, 1 (1774) 128, in Anlehnung an den zoolog. N. nach nl. *schilddraager* HOUTTUYN 9 (1766) 333. *Schildgrabkäfer* MEIDINGER Nomenkl. (1787) 120. *Brustschildiger Aaskäfer* LAICHARTING Tyrol. Ins. 1 (1781) 92. *Geschildeter Aaskäfer* BRAHM Insektenkal. 1 (1790) 173. *Schild-Aaskäfer* LENZ Naturgesch. 3 (²1851) 211.

Halsschild rot behaart. *Rothbrust* FUESSLI Verz. schweitz. Inseckten (1775) 6. *Schwarzer Aaskäfer mit dem rothen Bruststück* PANZER Syst. Nomencl. (1804) 90. *Rotbrüstiger Aaskäfer* HOFMANN Käfersammler (1883) 35. *Rothschild* GOEZE Entomol. Beytr. 1 (1777) 180. *Rothschildiger Grabkäfer* SCHRANK Enumeratio (1781) 42. *Rothschildiger Aaskäfer* SCRIBA Journ. 1 (1790) 171; SCHENKLING Käfersammler (1890) 80. *Rothschild-Aaskäfer* SCHLECHTENDAL-WÜNSCHE Insecten (1879) 52. *Rothhalsiger Stinkkäfer* DUFTSCHMID Fauna Austr. 3 (1825) 117. *Rothhalsiger Todtengräber* OKEN 5, 3 (1836) 1771. *Rothhalsiger Aaskäfer* GLASER Naturgesch. d. Ins. (1857) 30; BREHM 9 (² 1880) 63. *Rothalsige Silphe* STRESEMANN Exkursionsfauna 2, 1 (1964) 248.

Phosphúga atráta (LINNÉ 1758). – Oval, flach gewölbt; 10 bis 16 mm. Schwarz oder rotbraun, glänzend, kahl, dicht punktiert. Halsschild halbkreisförmig. Flügeldecken mit drei kräftigen Rippen. Unter Moos und faulendem Holze; Schneckenjäger. Zoolog. N. *Phōsphuga* LEACH 1817, zu griech. φῶς 'Licht' und griech. φυγή 'Flucht' (lichtscheue Tiere); lat. *ātrātus* 'geschwärzt' („atra").

Seidentrauer („ein schwarzer wie Seide glänzender Todtengräber") LINNÉ-MÜLLER 5, 1 (1774) 127. *Seidenschwarzer Aaskäfer* SCHRANK Fauna Boica (1798) 517. *Schwarzglänzender Aaskäfer mit punktirten Flügeldecken* GOEZE Entomol. Beytr. 1 (1777) 179. *Schwarzglänzender Aaskäfer* LAICHARTING Tyrol. Ins. (1781) 94; BREHM 6 (¹1869) 58; KLOTS-FORSTER Insekten (1959) 110. *Glänzendschwarzer Grabkäfer* SCHRANK Enumeratio (1781) 45. *Schwarzer Grabkäfer* MEIDINGER Nomenkl. (1787) 120. *Glänzendschwarzer Aaskäfer* BRAHM Insektenkal. 1 (1790) 45. *Schwarzer Aaskäfer* PANZER Syst. Nomencl. (1804) 104; SCHMIDT-GÖBEL Insecten 2 (1881) 161. *Glänzend schwarzer Stinkkäfer* DUFTSCHMID Fauna Austr. 3 (1825) 121. Oberseits dicht punktiert. *Aaskäfer mit Hohlpunkten* GOEZE Degeers Abhandl. 4 (1781) 105; nach frz. *bouclier à points concaves*. *Gedüpfelter Todtengräber* Oken 5, 3 (1836) 1771. *Gedüpfelter Aaskäfer* Glaser Naturgesch. d. Insekten (1857) 29. Flügeldecken mit kräftigen Rippen. *Scharfstreifiger Aaskäfer* Schmidt Schadinsekten (1939) 8.

Käfer stellt Schnecken nach. *Schneckenjäger* Schmidt Schadinsekten (1955) 86. *Schwarzer Schneckenjäger* Stresemann Exkursionsfauna 2, 1 (1964) 249.

Gattung Sílpha Linné 1758

Schwarze, elliptische Käfer, die mit ihren Larven von kleineren Kadavern, toten, seltener auch lebenden Insekten und Würmern leben. Gelegentlich befressen sie auch frische, zarte Pflanzen.

Zoolog. N. *Silpha*, griech. σίλφη 'Schabe' (→ *Blattodea*, Sp. 49ff., die antiken Belege s. Beiheft 2, S. 31; manche der von Linné zur Gattung *Silpha* gestellten Käfer haben mit ihren verkürzten, abgestutzten Flügeldecken [besonders → *Necrodes* Leach, → *Necrophorus* F.] eine gewisse Ähnlichkeit mit Schaben und könnten dadurch die zoolog. Namengebung veranlaßt haben).

Stinkkäfer Duftschmid Fauna Austr. 3 (1825) 113; nach dem Moschusgeruch, der einigen dieser Käfer nachgesagt wird, vgl. oben Sp. 581. *Aaskäfer* Thon-Reichenbach Naturgesch. Ins. (1838) 312; Calwer Käferbuch ([5]1893) 95; Wolff Käfer (1927) 44. *Schabenkäfer*, *Aasschabe* Glaser Cat. etym. (1887) 13; in Anlehnung an den zoolog. N. Da die vorstehenden N.n auch für die ganze Familie → *Silphidae* (Sp. 581) verwendet werden, versucht man zuweilen die Arten der Gattung abzugrenzen als *Eigentliche Aaskäfer* Ritzema Bos Schädl. u. Nützl. (1891) 252. *Echte Aaskäfer* Reitter Fauna 2 (1909) 243.

Sílpha carináta Herbst 1783. — Ziemlich flach; 11 bis 20 mm. Ganz schwarz. Flügeldecken, die manchmal braun sein können, mit drei kräftigen Rippen, Seitenränder sehr breit und hoch. Vor der aufgebogenen Mitte der Halsschildbasis eine Querfurche, an die sich beiderseits eine bogige Längsfurche anschließt. Macht Jagd auf lebende Tiere. Zoolog. N. Lat. *carīnātus* 'kielförmig' („der Rand der Deckschilde ist sehr stark rinnenförmig erhöhet, die drey Linien sind etwas hoch").

Gekielter Stinkkäfer Duftschmid Fauna Austr. 3 (1825) 118. *Gekielter Aaskäfer* Schenkling Käfersammler (1890) 51. *Gefurchter Aaskäfer* Hofmann Käfersammler (1883) 35.

Sílpha obscúra Linné 1758. — Flach; 15 bis 18 mm. Schwarz, glanzlos. Flügeldecken mit drei feinen Rippen, die inneren Zwischenräume stärker punktiert als die äußeren. Unter Steinen, faulem Holze; Jäger kleiner Bodentiere. Zoolog. N. Lat. *obscūrus* 'dunkel' („nigra").

Tuchtrauer Linné-Müller 5, 1 (1774) 129; „ganz ohne allen Glanz", N. als Gegenbildung zu *Seidentrauer* (→ *Phosphuga atrata* L.). *Tuchschwarzer Aaskäfer* Schrank Fauna Boica (1798) 516. *Ohnglänziger schwarzer Aaskäfer* Goeze Entomol. Beytr. 1 (1777) 184. *Dunkelschwarzer Grabkäfer* Schrank Enumeratio (1781) 43. *Dunkelschwarzer Aaskäfer* Scriba Journ. 1 (1790) 171. *Dunkler Grabkäfer* Meidinger Nomenkl. (1787) 120. *Dunkler Stinkkäfer* Duftschmid Fauna Austr. 3 (1825) 119. *Dunkler Aaskäfer* Schinz-Cuvier Thierreich 3 (1823) 354; Lederer Schädlingskde (1928/32) 360. *Finsterer Aaskäfer* Laicharting Tyrol. Ins. 1 (1781) 97. *Düsterer Aaskäfer* Brahm Insektenkal. 1 (1790) 35; Schmidt Schadinsekten (1939) 8. *Gemeiner Aaskäfer* Schenkling Käfersammler (1890) 51. Rippen auf den Flügeldecken nur mäßig ausgeprägt. *Flachstreifiger Aaskäfer* Hb. d. Pflanzenkrankh. 5, 2 ([4]1932) 98.

Thanatóphilus rugósus (Linné 1758). — Ziemlich flach; 12 bis 14 mm. Kopf hinter den Augen tief abgeschnürt, dicht punktiert. Flügeldecken mit drei feinen, scharfen, etwas welligen Rippen, die Zwischenräume flach gehöckert oder mit großen Runzeln. Aasfresser. Häufig. Zoolog. N. *Thanatophilus* Leach 1815, zu griech. θάνατος 'Tod' und griech. φίλος 'Freund'; lat. *rūgōsus* 'runzelig, faltig' („elytris rugosis").

Runzelkäfer Linné-Müller 5, 1 (1774) 129. *Der Runzlichte* Fuessli Verz. schweitz. Inseckten (1775) 6. *Runzlichter Aaskäfer* Goeze Entomol. Beytr. 1 (1777) 182. *Runzliger Aaskäfer* Laicharting Tyrol. Ins. 1 (1781) 99; Hofmann Käfersammler ([5]1898) 37. *Runzlichter Grabkäfer* Schrank Enumeratio (1781) 43. *Runzlichter Geiferkäfer* Panzer-Voet Insekten 2 (1793) 60; zum N. vgl. oben Sp. 581. *Runzeliger Stinkkäfer* Duftschmid Fauna Austr. 3 (1825) 116. *Gerunzelter Aaskäfer* Thon-Reichenbach Naturgesch. Ins. (1838) 313. *Faltiger Aaskäfer* Berge Käferbuch (1844) 186; Krancher-Uhmann Käfer (1924) Taf. 6.

Thanatóphilus sinuátus (Fabricius 1775). — Länglich, flach; 9 bis 12 mm. Schwarz, Flügeldecken braunschwarz, gelblich behaart. Zwischenräume der Flügeldecken zwischen den Rippen ohne Runzeln. An Aas; häufig. Zoolog. N. Lat. *sinuātus* 'gekrümmt, ausgebuchtet' (Flügeldecken hinten mit ziemlich tiefer Ausbuchtung vor der Spitze, „elytris lineis elevatis tribus apice sinuatus").

Flügeldecken beim Weibchen hinten mit lappig ausgezogenem Nahtwinkel (schwanzähnlich), daher syn. *appendiculata* Fuessli ('mit einem Anhängsel [lat. *appendix*] versehen'). *Deckelschwanz* Fuessli Verz. schweitz. Inseckten (1775) 6; d. h. mit einem von den Flügeldecken gebildeten Schwanz. *Der Geschwänzte* Sulzer Abgek. Gesch. d. Ins. 1 (1776) 91. *Geschwänzter Aaskäfer* Laicharting Tyrol. Ins. 1 (1781) 91. *Gelappter Aaskäfer* Schenkling Käfersammler (1890) 44. Als Übersetzung des zoolog. N.s *sinuatus* F.: *Ausgeschweifter Aaskäfer* Brahm Insektenkal. 1 (1790) 66. *Gebuchteter Aaskäfer* Thon-Reichenbach Naturgesch. Ins. (1838) 313.

Xylódrepa quadripunctáta (Schreber 1759)

Breitoval; 12 bis 14 mm. Gelb; Kopf, Halsschildmitte und vier Flecken auf den Flügeldecken schwarz. Oberseite kahl, Unterseite fein gelb behaart. Käfer und Larven sind sehr nützliche Raupenjäger. Sie überfallen und verzehren in Wäldern und Gärten die schädlichen Raupen mehrerer Schmetterlingsarten (Prozessionsspinner, Goldafter, Nonne, Schwammspinner, Ringelspinner, Frostspanner, Eichenwickler u. a.), die Larven der Blattkäfer und Blattwespen sowie Blattläuse. Die Imagines erklettern zur Nahrungssuche die Bäume, die Larven jagen am Boden.

Zoolog. N. *Xylodrepa* THOMSON 1862, zu griech. ξύλον 'Holz' und griech. δρέπω 'breche, schneide ab' (Käfer erklettern Bäume und Gesträuch, fressen aber keine Pflanzenteile, „hithörande art träffas i löfskogar, der den uppklättrar i träden och förstör fjäril-larver"); *quadripūnctāta* zu lat. *quadri-* Kompositionsform von lat. *quattuor* 'vier' und neulat. *pūnctātus* 'punktiert' („elytris punctis duobus").

Die frühe deutsche Namengebung bezieht sich auf eine Art, die LINNÉ unter dem N. *Silpha quadripunctata* (1758) beschrieb und die heute als → *Glischrochilus quadripunctatus* L. (Sp. 419f.) gedeutet wird. Da die deutschen N.n jedoch davon ausgehen, daß es sich um einen Käfer der Familie *Silphidae* handelt, seien sie hier angeführt. *Vierpunct* LINNÉ-MÜLLER 5, 1 (1774) 128. *Vierpunktiger Grabkäfer* MEIDINGER Nomenkl. (1787) 120. *Gelber Aaskäfer mit vier schwarzen Punkten* GOEZE Entomol. Beytr. 1 (1777) 181. *Vierpunktiger Aaskäfer* LAICHARTING Tyrol. Ins. 1 (1781) 93; BREHM 9 ([2]1880) 63; HORION Käferkde (1949) 48. *Vierpunktirter Aaskäfer* BRAHM Insektenkal. 1 (1790) 173. *Vierpunkt-Aaskäfer* SCHENKLING Käfersammler (1890) 80; BRAUNS Waldins. (1964) 146. *Punktierter Aaskäfer* HOFMANN Käfersammler ([3]1888) 36. *Gefleckter Aaskäfer* SCHLECHTENDAL-WÜNSCHE Insecten (1879) 52; SCHMIDT Schadinsekten (1939) 8. *Vierpunktiger Raupenjäger* STRESEMANN Exkursionsfauna 2, 1 (1964) 249.

Familie **Staphylínidae**

Eine der artenreichsten Käferfamilien (etwa 26810 Arten, davon fast 1300 in Deutschland). Die Familie umfaßt verschieden große, meist langgestreckte Tiere von unscheinbarer, vornehmlich dunkler Färbung. Ihre Flügeldecken sind stark verkürzt und lassen den größeren Teil des Hinterleibs unbedeckt. Viele Arten sind fluguntüchtig, ihre Flügel teilweise oder vollständig reduziert und dann nur durch kleine Schüppchen unter den Flügeldecken angedeutet. Käfer und Larven leben in oder unter faulenden, pflanzlichen Abfallstoffen, im Holzmulm, hinter losen, morschen Rinden, viele an faulen oder frischen Pilzen, an Exkrementen, manche als Aasfresser an Kadavern, andere als Pollenfresser auf Blüten und Blättern. Viele Arten wohnen unterirdisch in den Nestern von Ameisen und Säugetieren, ihre Augen sind ganz oder teilweise rückgebildet. Die meisten Staphyliniden nähren sich räuberisch von lebendiger Beute, von anderen Insekten und von Würmern, einige von Faulstoffen und von Pflanzenteilen.

Räuberische Lebensweise. *Kurtz-flügliger Raub-Kefer* („weil sie mit ihrem spitzigen Zangen-Gebiß die Maden und andere nackende Würmer anfallen und aussaugen") FRISCH Insecten 5 (1724) 49. *Raubkefer* SCHAEFFER Neuentdeckte Theile (1754) 23. *Raubkäfer* ADELUNG 3 (1777) 1281; OKEN 5, 3 (1836) 1711; REITTER Fauna 2 (1909) 13; SCHMIDT Schadinsekten (1955) 13. Vgl. nl. *roofkevers, roovers, rovende wormen* („want zy gelyken veel meer naar die wormen") HOUTTUYN 10 (1766) 92; dän. *rovbille* DO 17, 1311; engl. *rove-beetle* NED 8, R 841.

Die Flügeldecken sind stark verkürzt. *Kurtzflügliger Raub-Kefer* („weil sie so kurtze Flügel haben, daß sie den Leib kaum das dritte Theil bedecken") FRISCH s. oben. *Kurzflügler* SCHINZ-CUVIER Thierreich 3 (1823) 295; BREHM 6 ([1]1869) 52; FERRANT Insekten (1911) 250; GÄBLER Ins. d. Waldes (1962) 78. Vgl. dän. *kortvingede* HENRIKSEN Danske Insektnavne 29. *Kurzflügelkäfer* BREHM 2 ([4]1922) 394; DUNGER Tiere im Boden (1964) 164. *Kurzdeckflügler* BRAUNS Waldins. (1964) 147. *Halbflügler* ZACHER Vorratsschädl. (1927) 61. *Stutzflügler* DINGLER Schutz geg. Tiere 1 (1927) 146. In vorlinnéischer Zeit wurden die Käfer als Ohrwürmer (→ *Dermaptera* und → *Forficula* L.) angesehen (vgl. „man hat dergleichen Kefer bisher mit unter die Forficulas gerechnet, dieweil die bekanntesten Forficulae hinten eine Zange, und auch so kurtze Flügel haben" FRISCH a. a. O.; noch in der 1. Aufl. [1735] seines Syst. Nat. stellt LINNÉ *Staphylinus* unter *Forficula*), daher noch *Ohrwurmkäfer* GLASER Cat. etym. (1887) 50. Vgl. dän. *ørentvistbiller* HENRIKSEN Dansk Insektnavne 29.

Einige Arten an Aas. *Aas-Kefer* ROESEL Insecten-Belust. 2 (1749) Vorber. 4. *Aaskäfer* SCHAEFFER Zwiefalter u. Käfer m. Hörnern (1758) 20; KIRCHHOF Conv. Lex. 1 (1842) 18. *Luderkäfer* SCHRANK Fauna Boica (1798) 370. Manche Arten sind Raupenjäger. *Raupentödter* GLASER Von schädl. Raupen (1774) 74. *Raupentödtende Käfer* BECHSTEIN-SCHARFENBERG Forstinsekten 3 (1805) 923. *Bärenräuber* RATZEBURG Forst-Insecten 1 (1837) 29; zum N. → *Emus hirtus* L. Aufenthalt vielfach an Exkrementen und Faulstoffen. *Misträuber* RATZEBURG Forst-Insecten 1 (1837) 29; zum N. → *Ontholestes murinus* L. *Moderkäfer* BREHM 9 ([2]1880) 54; PAWLOWSKY Gifttiere (1927) 345. An warmen Tagen in der Luft schwärmend. *Mucken* (Bayern) MILLER handschriftl.; („die dem Radfahrer besonders abends auf staubigen Wegen in die Augen fliegen"), d. h. von Fliegen, Mücken u. dgl. nicht unterschieden.

Der zoolog. N. wird von einigen an griech. σταφυλή 'Weintraube', σταφύλινος 'von der Traube' angeknüpft (z. B. GEMMINGER-HAROLD Cat. Col. 2 [1868] 577; doch → *Staphylinus* L., s. unten) und man übersetzt *Traubenkäfer* GOEZE Degeers Abhandl. 4 (1781) 5; HERBST Insekten (1784) 182; CAMPE 4 (1810) 862; LEUNIS ([2]1860) 469.

Trotz dem überaus großen Artenreichtum sind die Staphyliniden beim Volke kaum bekannt; es ist fraglich, ob die kleinen Tiere mit ihren kurzen, abgestutzten Flügeldecken überhaupt als Käfer angesehen werden. Es fehlen demzufolge volkstümliche deutsche N.n. Die nachfolgende Auswahl der Benennungen entstammt dem populärwissenschaftlichen Schrifttum. Als Grundwörter dieser N.n, die durch Ergänzungsbestimmungen erweitert sind, gelten für die Gattungen und Arten der Familie vornehmlich *-räuber*, *Raubkäfer* (die Käfer leben meist räuberisch und jagen lebende Beute), *Kurzkäfer*, *Kurzflügler* (auffälligstes Merkmal sind die stark verkürzten Flügeldecken), *Moderkäfer* (Aufenthalt häufig in oder an feuchter, faulender Substanz).

Gattung **Aleóchara** GRAVENHORST 1802. — Breite und dicke, nach vorn verengte Käfer an faulenden Pflanzenstoffen, Dung, Exkrementen, Aas, einige in Erdbauen kleiner Säugetiere oder in Vogelnestern. Larven jagen vornehmlich verschiedene Fliegenlarven. Zoolog. N. *Aleochara*, Herkunft unsicher; am ehesten zu griech. ἀλέα 'Wärme, warmer Platz' und griech. χαρά 'Freude, Lust', wie GEMMINGER-HAROLD Cat. Col. 2 (1868) 512 vorschlagen; alle anderen Erklärungsversuche sind abzuweisen (AGASSIZ Nomencl. [1842] Col. 6 und SCHENKLING Nomencl. [1922] 16 verweisen auf griech. ἀλεός 'warm' und griech. χαίρω 'freue mich', während LEUNIS [[2]1860] 468 [wohl nach PANZER, s. unten] das erste Kompositionsglied als griech. [-dor.] ἅλιος 'Sonne' lesen will; ganz anders GLASER Cat. etym. [1887] 51, der griech. ἀλής 'dicht zusammengedrängt' vorschlägt und den N. mit „Sammel-" oder „Schwarm-Staphyline" übersetzt).

Sonnenkäfer PANZER Index entomol. (1813) 215; Anknüpfung des zoolog. N.s an griech. (-dor.) ἅλιος (für ἥλιος) 'Sonne', doch s. oben. *Blätter-Raubkäfer* OKEN 5, 3 (1836) 1713. *Tagräuber* SCHLECHTENDAL-WÜNSCHE Insecten (1879) 44. *Mistkurzkäfer* („vorzüglich im Miste") HOFMANN Käfersammler ([3]1888) 24.

Aleóchara bipustuláta (LINNÉ 1761). — Schwarz, oft mit grünlichem Erzschein; 2 bis 4,5 mm. Halsschild mit zwei Längspunktreihen. Flügeldecken hinten mit je einem hellroten Fleck. Im Dünger und an Exkrementen, Fliegenlarven und -puppen nachstellend. Zoolog. N. *bipūstulātus* zu lat. *bi-* Kompositionsform von lat. *bis* 'zweimal, doppelt' und lat. *pūstulātus* 'mit Bläschen, mit Pusteln versehen' („elytris puncto ferrugineo").

Rostpunct LINNÉ-MÜLLER 5, 1 (1774) 393. *Die rostfarbige Zweyblatter* GOEZE Entomol. Beytr. 1 (1777) 720. *Zweiblattriger Raubkäfer* MEIDINGER Nomenkl. (1787) 143; BERGE Käferbuch (1844) 135.

Gattung **Anthóbium** STEPHENS 1834. — Kurze, flache Käfer; Flügeldecken manchmal den ganzen Hinterleib bedeckend. Im Frühjahr und Sommer, meist in Gebirgsgegenden, gesellschaftlich auf Blüten. Zoolog. N. *Anthobium* zu griech. ἄνθος 'Blüte, Blume' und griech. βιόω 'lebe', βίος 'Leben, Lebensweise'.

Blütenkurzkäfer HOFMANN Käfersammler ([3]1888) 33. *Blütenraubkäfer* SCHENKLING Käfersammler (1890) 168.

Gattung **Anthóphagus** GRAVENHORST 1802. — Wenig gewölbte Käfer mit halsartig abgeschnürtem Kopf und herzförmigem Halsschild. Flügeldecken abgestutzt. Alle Arten hell gelbbraun, oft mit dunklerem Hinterleib, zuweilen auch mit dunklerem Kopf und Halsschild. In Blüten auf Bäumen und Sträuchern. Zoolog. N. *Anthophagus* zu griech. ἄνθος 'Blüte, Blume' und griech. φάγος 'Fresser' („in floribus").

Blumenfresser SCHINZ-CUVIER Thierreich 3 (1823) 304. *Blumenkurzkäfer* HOFMANN Käfersammler ([3]1888) 32. *Strauchraubkäfer* SCHENKLING Käfersammler (1890) 168.

Anthóphagus caraboídes (LINNÉ 1758). — 5 mm. Ganz gelbrot, Kopf und Halsschild bisweilen braun. Die abgekürzten Flügeldecken punktiert. In Blüten auf Sträuchern und Hecken; häufig. Zoolog. N. *cāraboīdēs* ['Carabus-ähnlich'] zu zoolog. *Carabus* L. und griech. -ειδής 'ähnlich' (d. h. Käfer, der denen der Gattung *Carabus*, Familie → *Carabidae* 'Laufkäfer' ähnlich ist, „antennae longiusculae sunt et facies fere Carabi" LINNÉ Fauna Svec. [[2]1761] 233).

Gelbschild LINNÉ-MÜLLER 5, 1 (1774) 393. *Gelbschildiger Raubkäfer* SCHRANK Enumeratio (1781) 234. *Laufkäferartiger Raubkäfer* GOEZE Entomol. Beytr. 1 (1777) 720. *Laufkäferartiger Blumenfresser* SCHINZ-CUVIER Thierreich 3 (1823) 304. *Abgekürzter Blumenkurzkäfer* HOFMANN Käfersammler ([3]1888) 32. *Blumenraubkäfer* ders. ([5]1898) 33. *Carabusähnlicher Strauch-Raubkäfer* SCHENKLING Käfersammler (1890) 39. *Ziegelroter Strauch-Raubkäfer* ebda; Übersetzung von syn. *testaceus* GRAV.

Astílbus canaliculátus (FABRICIUS 1787). — Schlank und langgestreckt; 4 bis 4,5 mm. Hell rotbraun, Kopf und Halsschild fein, Flügeldecken stärker punktiert. Kopf hinten stark halsartig abgeschnürt. Halsschild längsoval, mit einer eingeschnittenen Mittelfurche. Flügeldecken sehr kurz. Unter Steinen und Fallaub, in Ameisennestern, wo sie Ameisen überfallen und verzehren. Zoolog. N. *Astilbus* STEPHENS 1832, zu griech. ἀ-privativum und griech. στιλβός 'glänzend, schimmernd'; lat. *canāliculātus* 'gerieft, gerillt' („thorax gibbus, canaliculatus, immaculatus").

Gefurchter Ameisenräuber SCHLECHTENDAL-WÜNSCHE Insecten (1879) 44. *Gerinnter Ameisenkurzkäfer* HOFMANN Käfersammler ([3]1888) 24. *Gerinnter Ameisen-Raubkäfer* SCHENKLING Käfersammler (1890) 31.

Gattung **Atémeles** STEPHENS 1832. — Breit und kräftig, mit aufwärts gekrümmter Hinterleibsspitze; 3,5 bis 5 mm. An den Seiten des Hinterleibs mit gelben Haarbüscheln. Echte Ameisengäste. Im Herbst suchen die Imagines zur Überwinterung und zur Kopula die Nester der Ameisengattung *Myrmica* LATR. auf; Eiablage erfolgt im Frühjahr in den Nestern der Ameisengattung *Formica* L., wo die Larven sich entwickeln und zusammen mit den Imagines von den Ameisen gefüttert werden. Dafür werden Ausscheidungen an den gelben Haarbüscheln von den Ameisen aufgenommen. (Ein ähnliches Gastverhältnis zu Ameisen haben die Arten der Gattung → *Lomechusa* GRAV.) Zoolog. N. *Atēmelēs*, griech. ἀτημελής 'sorglos, nachlässig' (d. h. unbekümmert in der Nahrungssuche, da von Ameisen aufgezogen und gefüttert).

Gelbe Haarbüschel am Hinterleib. *Büschelkäfer* HORION Käferkde (1949) 79.

Gattung **Bolitóbius** MANNERHEIM 1830. — Gestreckte, gelbrot und schwarz gefleckte Käfer, die gesellschaftlich in meist faulen Pilzen, auch an Baumschwämmen und unter verpilztem Holze leben, wo sie die Larven der Pilzmücken aus ihren Gängen holen und verzehren. Zoolog. N. *Bōlitobius* zu griech. βωλίτης 'Pilz' und griech. βιόω 'lebe', βίος 'Leben, Lebensweise'.

Pilzräuber SCHLECHTENDAL-WÜNSCHE Insecten (1879) 45. *Schwammkurzkäfer* HOFMANN Käfersammler ([3]1888) 25. *Löcherschwamm-Raubkäfer* Schenkling Käfersammler (1890) 166; vgl. botan. *Boletus* L. 'Röhrling', eine Gattung der Löcherschwammpilze (*Polyporaceae*).

Bolitóbius lunulátus (Linné 1761). — 5 bis 6 mm. Stark glänzend; Kopf schwarz, Halsschild gelbrot, die gekürzten Flügeldecken blauschwarz mit blaßgelben Schulterflecken, Hinterleib gelbrot, vor der Spitze mit einem schwarzen Ring. In Pilzen; häufig. Zoolog. N. Neulat. *lūnulātus* 'mit kleinen Mondflecken versehen', lat. *lūnula* 'kleiner Halbmond' als Schmuckstück u. dgl.

Halbmond („da die Abwechselung des Rothen mit dem Schwarzen allezeit in einer halbcirculförmigen Linie statt hat") Linné-Müller 5, 1 (1774) 390. *Halbmondiger Raubkäfer* Meidinger Nomenkl. (1787) 142. *Mondfleckiger Stumpfkäfer* Berge Käferbuch (1844) 133. *Mond-Pilzräuber* Schlechtendal-Wünsche Insecten (1879) 45. Als Übersetzung von syn. *atricapillus* F.: *Schwarzköpfiger Luderkäfer* Schrank Fauna Boica (1798) 645. *Schwarzhaariger Schwammkurzkäfer* Hofmann Käfersammler ([3]1888) 26. *Schwarzköpfiger Löcherschwamm-Raubkäfer* Schenkling Käfersammler (1890) 144. *Schwammraubkäfer* Hofmann ([5]1898) 26.

Creóphilus maxillósus (Linné 1758)

Schwarz glänzend; 14 bis 22 mm. Kopf und Halsschild kahl, nur die Seitenränder behaart. Die verkürzten Flügeldecken in der vorderen Hälfte mit schwarzer, in der hinteren mit grauer Behaarung, darin einige schwarze Flecke. Hinterleib schwarz und grau gefleckt. An Aas fressend oder daran Fliegen- und Käferlarven jagend. Häufig.

Zoolog. N. *Creōphilus* Mannerheim 1830, zu griech. κρέας, Gen. κρέως 'Fleisch' und griech. φίλος 'Freund' (Käfer häufig an Aas, „in ... stercoratis, cadaveribus et quisquiliis sat frequens"); neulat. *māxillōsus* 'durch die Unterkiefer (lat. *māxilla* 'Kinnlade, Kinnbacken') ausgezeichnet' („maxillis longitudine capitis"; doch sind in Wahrheit die Mandibeln, die Oberkiefer lang und vorragend).

Großkiefer („da seine Kiefer, die das zangenförmige Gebiß ausmachen, so lang wie der Kopf sind") Linné-Müller 5, 1 (1774) 388; vgl. nl. *roofkever met groote nypers* Houttuyn 10 (1766) 95. *Großkiefriger Raubkäfer* Schrank Enumeratio (1781) 230. *Raubkäfer mit großen Kinnladen* Goeze Entomol. Beytr. 1 (1777) 715. *Großkinnladiger Raubkäfer* Thon-Reichenbach Naturgesch. Ins. (1838) 291. *Kinnladenraubkäfer* Berge Käferbuch (1844) 136. *Kiefern-Raubkäfer* Glaser Naturgesch. d. Ins. (1857) 22. *Starker Raubkurzkäfer* Hofmann Käfersammler (1883) 26. *Starker Raubkäfer* ders. ([5]1898) 27. *Bissiger Fleischräuber* Schlechtendal-Wünsche Insecten (1879) 46.

Flügeldecken mit breitem, grauem Querband. *Bandirter Luderkäfer* Schrank Fauna Boica (1798) 639. *Aschgraubandirter Raubkäfer* Goeze Degeers Abhandl. 4 (1781) 10 (nach frz. *staphylin à bande cendrée*); Panzer Syst. Nomencl. (1804) 28. *Bandirter Raubkäfer* Bechstein-Scharfenberg Forstinsekten 3 (1805) 925; Oken 5, 3 (1836) 1716. *Graubindiger Raubkäfer* Schenkling Käfersammler (1890) 89.

Dinárda dentáta (Gravenhorst 1806). — Vorn breit, hinten zugespitzt; 3 bis 5 mm. Braunrot, Kopf und Mitte des Halsschildes schwarzbraun. Seiten der verkürzten Flügeldecken scharfkantig abgesetzt und umgeschlagen. Halsschild und Flügeldecken feinkörnig punktiert. In Ameisennestern, von Abfällen und von den den Ameisen gefährlichen Milben lebend. „Diese Art hat je nach den Wirtsameisen besondere ökologische Rassen ausgebildet, die im Körperbau, z. B. Größe oder Halsschildbildung, und in der Färbung auffallende Anpassungen an die jeweiligen Wirtsameisen zeigen" (Horion Käferkde [1949] 78). Zoolog. N. *Dinarda* Mannerheim 1830, Herkunft unsicher (Agassiz Nomencl. [1842] Col. 56 bezeichnet den N. als vox euphone; Glaser Cat. etym. [1887] 73 sieht darin griech. δῖνος 'Wirbel, Tanz' sowie griech. ἄρδα 'Schmutz' und übersetzt „Schmutztänzer"; Schenkling Nomencl. [1922] 45 schließlich verweist, da die „Flügeldecken scharfkantig abgesetzt" seien, auf griech. δεινός 'furchtbar' und griech. ἄρδις 'Stachel', hält aber auch die Anknüpfung an griech. ἄρδην 'emporgehoben' für möglich, da die Staphyliniden in Abwehrstellung den Hinterleib aufwärts biegen); lat. *dentātus* 'mit Zähnen versehen, gezähnt' (die Seiten der Flügeldecken scharfkantig abgesetzt und umgeschlagen, „angulo apicis exteriore elytrorum acutiore dentiformi").

Gezeichneter Ameisen-Raubkäfer Schenkling Käfersammler (1890) 30. *Kleiner Ameisen-Kurzflügler* Horion Käferkde (1949) 78.

Émus hírtus (Linné 1758)

Groß; 18 bis 28 mm. Schwarz. Oberseite mit dichter und lang zottiger Behaarung: Kopf, Halsschild und Hinterleibsspitze goldgelb, Hinterrand des Halsschildes schwarz, Flügeldecken schwarz mit einer graugelben Querbinde. Die Unterseite blau bis violett metallisch glänzend. „Einer unserer farbenprächtigsten Käfer" (Horion Käferkde [1949] 67). An frischen Exkrementen (Rindermist), an Aas und an ausfließendem Baumsaft. Nicht häufig.

Zoolog. N. *Emus* Curtis 1835, Herkunft unsicher (Agassiz Nomencl. [1842] Col. 62 und spätere verweisen auf griech. ἐμύς oder ἑμύς 'Sumpfschildkröte' [?]); lat. *hīrtus* 'struppig, borstig, rauh' („hirsutus").

Bärenräuber („wegen seiner rauhen Haare, damit er besetzt ist") Linné-Müller 5, 1 (1774) 388; („haarig wie ein Bär") Sulzer Abgek. Gesch. d. Ins. 1 (1776) 69; Berge Käferbuch (1844) 137. *Hummelartiger Raubkäfer* Goeze Degeers Abhandl. 4 (1781) 11 (nach frz. *staphylin bourdon*); Herbst Insekten (1784) 183. *Haarigter* Fuessli Verz. schweitz. Inseckten (1775) 21. *Haarichter Raubkäfer* Goeze Entomol. Beytr. 1 (1777) 714. *Haariger Raubkäfer* Behlen Forst- u. Jagdkde 3 (1842) 526. *Goldhaariger Raubkäfer* Schenkling Käfersammler (1890) 44.

Rauher halbgeflügelter Raubkäfer SCHAEFFER Neuentdeckte Theile (1754) 25. *Rauher Raubkäfer* MEIDINGER Nomenkl. (1787) 142; BEHLEN Forst- u. Jagdkde 5 (1843) 270. *Rauhhaariger Raubkurzkäfer* HOFMANN Käfersammler (1883) 26. *Rauhhaariger Raubkäfer* ders. ([5]1898) 27. *Rauchhaarmoderkäfer* KRANCHER-UHMANN Käfer (1924) Taf. 5. *Rauher Luderkäfer* SCHRANK Fauna Boica (1798) 639. *Zottiger Raubkäfer* THON-REICHENBACH Naturgesch. Ins. (1838) 291. *Zottig behaarter Raubkäfer* HORION Käferkde (1949) 67; REITTER Käfer (1960) 64. *Rauhhaariger Zottenräuber* SCHLECHTENDAL-WÜNSCHE Insecten (1879) 47.

Gyrophǽna boléti (LINNÉ 1758). — Klein, schmal; 0,7 bis 1 mm. Schwarz; Halsschild pechbraun, Flügeldecken heller braun, Fühler und Beine hellgelb. Gesellig in Baumschwämmen und Pilzen. Häufig. Zoolog. N. *Gyrophaena* MANNERHEIM 1831, zu griech. γυρός 'rund, ausgebogen' und griech. φαίνομαι 'werde sichtbar, erscheine' (Halsschild flach gewölbt, an der gerundeten Basis kräftig gerandet, „thorax brevissimus, transversus, lateribus et postice rotundatus, margine baseos reflexo"); *bōlētī* Gen. von botan. *Boletus* L. 'Röhrling', Gattung der Löcherschwammpilze, lat. *bōlētus* 'Pilz, Champignon' („habitat in Boletis abietinis").

Schwammnistler LINNÉ-MÜLLER 5, 1 (1774) 395. *Raubkäfer in den Löcherschwämmen* GOEZE Entomol. Beytr. 1 (1777) 722. *Löcherschwammraubkäfer* MEIDINGER Nomenkl. (1787) 143. *Schwammraubkäfer* SCHRANK Enumeratio (1781) 238. *Gemeiner Blätter-Raubkäfer* OKEN 5, 3 (1836) 1713.

Lathróbium elongátum (LINNÉ 1767). — Langgestreckt; 7 bis 8 mm. Flügeldecken rot mit schwarzer Basis, punktiert. An feuchten Orten, unter faulenden Pflanzenstoffen, Anspülicht, Moos und Steinen. Zoolog. N. *Lathrobium* GRAVENHORST 1802, zu griech. λάθρα, λάθριος 'heimlich, verborgen' und griech. βιόω 'lebe', βίος 'Leben, Lebensweise' („in suffocatis humidiusculis, ubi fimus seu vegetabilia putrescunt"); lat. *ēlongātus* 'entfernt', hier in neulat. Bedeutung 'verlängert, länglich' („oblongus").

Langschild („Gestalt ist länglich und glatt") LINNÉ-MÜLLER 5, 1 (1774) 392. *Länglichter Raubkäfer* SCHRANK Enumeratio (1781) 232. *Schlanker Raubkäfer* OKEN 5, 3 (1836) 1715. *Verlängerter Moderkurzkäfer* HOFMANN Käfersammler (1883) 29. *Verlängerter Winkelraubkäfer* ders. ([5]1898) 31.

Lomechúsa strumósa (FABRICIUS 1792). — Breit und plump; 5,5 bis 6,6 mm. Rotbraun, Kopf dunkler, Flügeldecken heller. An den Seiten des Hinterleibs gelbe Haarbüschel. Käfer und Larven leben als echte Ameisengäste bei den Arten der Gattung *Formica* L., von denen ihre Ausscheidungen an den Haarbüscheln aufgenommen und sie selbst und ihre Larven gefüttert werden. Die auskriechenden Larven fressen Ameiseneier. (Vgl. die ähnliche Lebensweise von → *Atemeles* STEPH.) Zoolog. N. *Lōmechūsa* GRAVENHORST 1806, zu griech. λῶμα 'Rand, Saum' und griech. ἔχουσα Part. fem. 'habend' (fransenartig mit Haarbüscheln gesäumt); lat. *strūmōsus* 'mit angeschwollenen Drüsen behaftet' (auf die seitlichen Haarbüschel anspielend?).

Wenig glücklich sind in Anlehnung an den zoolog. N. gebildet *Drüsen-Saumräuber* SCHLECHTENDAL-WÜNSCHE Insecten (1879) 44. *Gefranzter Ameisen-Raubkäfer* SCHENKLING Käfersammler (1890) 31. *Saumraubkäfer* HOFMANN Käfersammler ([5]1898) 26.

Mit goldgelben Haarbüscheln seitlich an den Hinterleibsrändern. *Großer Büschelkäfer* BREHM 2 ([4]1922) 395. *Büschelkäfer* HORION Käferkde (1949) 79.

Gattung **Omálium** GRAVENHORST 1802. — Körper gestreckt, ziemlich lang und breit. Kopf hinten halsartig abgeschnürt. Halsschild mit zwei Längsfurchen. Oberseite unbehaart. Unter faulenden Pflanzenstoffen, an Aas, in Erdbauen kleiner Säugetiere. Zoolog. N. *Omalium* zu griech. ὁμαλός 'gleich, eben, glatt', daher besser *Homalium* (Körper gestreckt und niedergedrückt, ziemlich flach und breit).

Gleichkäfer PANZER Index entomol. (1813) 215; in wörtlicher Übersetzung des zoolog. N.s. *Kleinkurzkäfer* HOFMANN Käfersammler (1883) 32; Käfer nur 1,5 bis 5 mm.

Ontholéstes murínus (LINNÉ 1758). — Schwarz (14 bis 16 mm). Kopf, Halsschild und Flügeldecken erzglänzend sowie dünn grau und gelblich tomentiert und schwarz gefleckt. Fühler rötlichgelb. An Aas, an Dünger und Exkrementen, an faulenden Pflanzenstoffen. Zoolog. N. *Ontholēstēs* GANGLBAUER 1895, zu griech. ὄνθος 'Mist' und griech. λῃστής 'Räuber' („leben namentlich im Miste und an Cadavern", N. offenbar Übersetzung des älteren dt. N.s, s. unten); lat. *mūrīnus* 'mausgrau, mausfahl' („pubescens cinereus nigro-nebulosus").

Misträuber LINNÉ-MÜLLER 5, 1 (1774) 388; nach LINNÉ „habitat in fimo equino". *Mäusegrauer Misträuber* SCHLECHTENDAL-WÜNSCHE Insecten (1879) 47. *Mausefahler Pferdemist-Raubkäfer* GOEZE Entomol. Beytr. 1 (1777) 714.

Dicht schwarzbraun behaart. *Aschefärbiger Raubkäfer* SCHRANK Enumeratio (1781) 229. *Aschengrauer Raubkäfer* PREYSZLER Verz. böhm. Ins. (1790) 18. *Mausefarbigter* FUESSLI Verz. schweitz. Inseckten (1775) 21. *Mausefahler Luderkäfer* SCHRANK Fauna Boica (1798) 641. *Mäusefärbiger Raubkäfer* MEIDINGER Nomenkl. (1787) 142. *Mausefahler Raubkäfer* BECHSTEIN-SCHARFENBERG Forstinsekten 3 (1805) 924. *Mausgrauer Raubkäfer* OKEN 5, 3 (1836) 1715. *Grauer Raubkäfer* SCHENKLING Käfersammler (1890) 45.

Ontholéstes tesselátus (FOURCROY 1785). — Größer als → *O. murinus* L. (16 bis 19 mm). Heller braungelb behaart, mit vereinzelten dunklen Haarflecken. Lebensweise und Aufenthalt wie der vorige. Zoolog. N. Lat. *tesselātus* 'mit viereckigen Steinchen besetzt, gewürfelt' („fusco cinereoque viridi tesselatus").

Dunkelgefärbter Raubkurzkäfer HOFMANN Käfersammler (1883) 27. *Grauer Raubkäfer* KRANCHER-UHMANN Käfer (1924) Taf. 5. Syn. *O. nebulosus* F. („caput, thorax, elytra cinerea, nigro nebulosa") übersetzen *Gewölkter Misträuber* SCHLECHTENDAL-WÜNSCHE Insecten (1879) 47. *Nebelfleckiger Raubkäfer* SCHENKLING Käfersammler (1890) 45.

Gattung Oxýporus FABRICIUS 1775

Bunte, kräftige Käfer mit großem, vorragendem Kopf. Die verkürzten Flügeldecken mit starker Schulterbeule, neben der Naht mit einem vertieften Streifen. Der zum Teil unbedeckte Hinterleib kurz und breit. Nur an Pilzen, die von den Larven befressen werden, während die Imagines an Pilzen nach Fliegenlarven und anderen Insekten jagen.

Zoolog. N. *Oxyporus*, griech. ὀξυπόρος 'schnell gehend, schnell durchdringend' („celeripes" FABRICIUS Philosophia entomol. [1778] 111).

Stumpfkäfer PANZER Insectenfaune (1795) 359; THON-REICHENBACH Naturgesch. Ins. (1838) 293. Da weniger schlank als die meisten Staphyliniden? Oder nach den „stumpfen" Lippentastern (mit großem, quer gestelltem, halbmondförmigem Endglied)? *Kieferkurzkäfer* HOFMANN Käfersammler (1883) 30. *Schlupfkäfer* PANZER Index entomol. (1813) 211. Larvenentwicklung in Pilzen. *Pilzenistler* SCHRANK Fauna Boica (1798) 370. *Pilz-Raubkäfer* OKEN 5, 3 (1836) 1714; SCHENKLING Käfersammler (1890) 168. *Pilzkurzflügler* CALWER Käferbuch ([5]1893) 155. *Schwammräuber* SCHLECHTENDAL-WÜNSCHE Insecten (1879) 49.

Oxýporus rúfus (LINNÉ 1758). — Rot; Kopf, hinterer Teil der Flügeldecken und Hinterleibsende schwarz. 7 bis 11 mm. An Pilzen; häufig. Zoolog. N. Lat. *rūfus* 'rot' („rufus, capite elytrorum abdominisque posticis nigris").

Fühler gegen die Spitze stark erweitert. *Wedelfühlhorn* („Fühlhörner ... wie etwa ein Wedel von einem Taxusbaum") LINNÉ-MÜLLER 5, 1 (1774) 390. *Raubkäfer mit rothbraunen Fühlhörnern* GOEZE Entomol. Beytr. 1 (1777) 717. *Fuchsroter Raubkäfer* SCHRANK Enumeratio (1781) 232. *Rother Stumpfkäfer* PANZER Syst. Nomencl. (1804) 99. *Roter Kieferkurzkäfer* HOFMANN Käfersammler (1883) 31. *Roter Pilzenistler* SCHRANK Fauna Boica (1798) 651. *Brauner Pilz-Raubkäfer* OKEN 5, 3 (1836) 1714. *Roter Pilzraubkäfer* SCHENKLING Käfersammler (1890) 144. *Rother Pilzkurzflügler* BREHM 9 ([2]1880) 56. *Rother Schwammräuber* SCHLECHTENDAL-WÜNSCHE Insecten (1879) 49.

Gattung **Oxýtelus** GRAVENHORST 1802. — Mäßig gestreckt, fast kahl. Halsschild mit drei Längsfurchen. Flügeldecken fast gerade abgestutzt. Hinterleib breit, erst hinten verengt. Vorder- und Mittelschienen am Außenrand bedornt. An Exkrementen, Dünger, Aas, unter faulenden Pflanzenstoffen, manche nur in Nestern von Vögeln und in den Erdbauen kleiner Säugetiere. Zoolog. N. *Oxytelus* zu griech. ὀξύς 'spitz, scharf' und griech. τέλος 'Ende' (der N. wird von LEUNIS [[2]1860] 471 auf den „hinten zugespitzten Körper" zurückgeführt und von GLASER Cat. etym. [1887] 53 entsprechend mit „Spitzafter" übersetzt, während SCHENKLING Nomencl. [1922] 85 zur Erklärung darauf hinweist, daß die „Vorderschienen mit einer Reihe von Dornen" besetzt seien; doch könnte sich der N. auch auf das ovale, zugespitzte Fühlerendglied beziehen, vgl. die Beschreibung des Autors: „[articulo] ultimo ovato acuto").

Spitzkäfer PANZER Index entomol. (1813) 214. *Spitzräuber* SCHLECHTENDAL-WÜNSCHE Insecten (1879) 50; dazu vgl. oben den zoolog. N. *Eilkäfer* SCHINZ-CUVIER Thierreich 3 (1823) 302. *Schnellkäfer* BERGE Käferbuch (1844) 132; LEUNIS ([2]1860) 471. Übersetzung des zoolog. N.s, der hier an griech. ὀξύς in der Bedeutung 'rasch, schnell' angeschlossen wird. *Dorn-Raubkäfer* („haben Dornen an den Füßen") OKEN 5, 3 (1836) 1714. *Furchenkurzkäfer* HOFMANN Käfersammler (1883) 31; Halsschild mit Längsfurchen.

Oxýtelus píceus (LINNÉ 1767). — Glänzend schwarz (4 bis 4,5 mm). Flügeldecken bräunlichgelb, punktiert, etwas länger als der Halsschild. Beine rötlichgelb. In Dünger und Pferdemist. Zoolog. N. Lat. *piceus* 'pechschwarz' („elytra brevissima, truncata, picea").

Pechdecke LINNÉ-MÜLLER 5, 1 (1774) 394. *Pechschwarzer Raubkäfer* GOEZE Entomol. Beytr. 1 (1777) 722. *Pechschwarzer Luderkäfer* SCHRANK Fauna Boica (1798) 648. *Pechschwarzer Eilkäfer* THON-REICHENBACH Naturgesch. Ins. (1838) 293. *Pechschwarzer Spitzräuber* SCHLECHTENDAL-WÜNSCHE Insecten (1879) 50.

Oxýtelus rugósus (FABRICIUS 1775). — Schwarz, ziemlich glänzend; 4,5 bis 5 mm. Flügeldecken manchmal rot. Kopf, Halsschild und Flügeldecken grob längsrunzelig punktiert. Unter faulenden Vegetabilien, in Vogelnestern. Zoolog. N. Lat. *rūgōsus* 'runzelig, faltig' („thorace elytrisque rugosis").

Oberseite runzelig. *Englische Runzeldecke* GOEZE Entomol. Beytr. 1 (1777) 724; von FABRICIUS zuerst in England („habitat in Anglia") beobachtet. *Runzliger Luderkäfer* SCHRANK Fauna Boica (1798) 648. *Runzeliger Spitzräuber* SCHLECHTENDAL-WÜNSCHE Insecten (1879) 50. *Runzliger Spitzraubkäfer* HOFMANN Käfersammler ([5]1898) 33. Halsschild mit drei Längsfurchen (daher syn. *O. carinatus* PANZ.). *Gefurchter Dorn-Raubkäfer* OKEN 5, 3 (1836) 1714. *Gefurchter Eilkäfer* THON-REICHENBACH Naturgesch. Ins. (1838) 293. *Runzliger Furchenkurzkäfer* HOFMANN Käfersammler (1883) 32. *Gekielter Raubkäfer* BERGE Käferbuch (1844) 136.

Gattung **Páederus** FABRICIUS 1775

Langgestreckt und ziemlich gewölbt. Schwarz, blau, rot und gelb buntgefärbt. Kopf groß, nach vorn und hinten verengt. Meist am Ufer von Flüssen und Teichen, auch am Meer, unter faulenden Pflanzenstoffen, Anspülicht und Steinen, oder auch unter Fallaub und Moos an feuchten Stellen im Walde.

Zoolog. N. *Paederus*, Herkunft unsicher; wahrscheinlich liegt lat. *paederus*, griech. παιδέρως eine Pflanze, 'Kerbel' oder 'Bärenklau' (auch 'Opal' und 'Amethyst') zugrunde, und der N. wäre ohne Grund dieser Gattung zugeordnet (SCHENKLING Nomencl. [1922] 86 vermutet 'Kerbel', da die Käfer häufig „von Gebüsch und größeren Doldenpflanzen" gefangen würden; LEUNIS [[2]1860] 470 denkt an die bunte Färbung der Käfer und verweist auf παιδέρως in der Bedeutung 'rote Farbe zum Schminken'; die Anknüpfung an παιδέρως 'Knabenliebhaber, -schänder', die einige versuchen, ist wohl abwegig).

Traubenkäfer PANZER Insectenfaune (1795) 362; BERGE Käferbuch (1844) 134; zum N. s. oben Sp. 590. *Langstrichkäfer* SCHRANK Fauna Boica (1798) 371. Käfer laufen rasch und flüchtig. *Eilkäfer* ILLIGER in: Magaz. f. Insektenkde 1 (1801) 146; THON-REICHENBACH Naturgesch. Ins. (1838) 292. *Flinkkurzkäfer* HOFMANN Käfersammler (1883) 30. An Ufern. *Ufer-Raubkäfer* OKEN 5, 3

(1836) 1714; SCHENKLING Käfersammler (1890) 167. *Uferräuber* SCHLECHTENDAL-WÜNSCHE Insecten (1879) 49.

Páederus ripárius (LINNÉ 1758). — Glänzend rot. Kopf, die letzten Hinterleibsringe und Hinterbrust schwarz. Flügeldecken blau, grob und dicht punktiert. 7,5 bis 8 mm. Zoolog. N. Lat. *rīpārius* 'am Ufer befindlich' („inter arenam ripariam" LINNÉ Fauna Svec. [[2]1761] 231).

Uferräuber LINNÉ-MÜLLER 5, 1 (1774) 391. *Gemeiner Uferräuber* SCHLECHTENDAL-WÜNSCHE Insecten (1879) 49. *Uferraubkäfer* GOEZE Entomol. Beytr. 1 (1777) 718. *Gemeiner Ufer-Raubkäfer* OKEN 5, 3 (1836) 1714; SCHENKLING Käfersammler (1890) 16. *Blauflügeliger Uferraubkäfer* HOFMANN Käfersammler ([5]1898) 31. *Strandraubkäfer* BERGE Käferbuch (1844) 134.

Der Gesellige („nicht selten viele bey einander") FUESSLI Verz. schweitz. Inseckten (1775) 21; vgl. syn. *P. gregarius* SCOPOLI 1763 (lat. *gregārius* 'zur Herde gehörig', „gregatim habitat in terra"). *Uferlangstrichkäfer* SCHRANK Fauna Boica (1798) 651. *Ufertraubenkäfer* PANZER Syst. Nomencl. (1804) 87; THON-REICHENBACH Naturgesch. Ins. (1838) 292. *Ufer-Moderkäfer* BREHM 9 ([2]1880) 56. *Ufer-Flinkkurzkäfer* HOFMANN Käfersammler (1883) 30. *Uferkurzflügler* BREHM 2 ([4]1922) 394.

Gattung Staphylínus LINNÉ 1758

Langgestreckte Käfer, die größten Formen dieser Familie. Kopf und Halsschild behaart. Flügeldecken stark abgekürzt. Unter Steinen, Fallaub, an Exkrementen und Dünger, an Aas und an ausfließendem Baumsaft.

Zoolog. N. *Staphylīnus*, griech. σταφυλῖνος (ARISTOTELES Hist. Anim. 8, 147) ein Insekt, das, von Pferden verschluckt, zu deren Tode führt. Eine Meloiden-Art (s. oben Sp. 400)? N. bereits von MOUFETUS Ins. Theatr. (1634) 197 und RAJUS Hist. Ins. (1710) 109 für Arten dieser Familie gebraucht, danach von LINNÉ übernommen. (Einige wollen den N. an griech. σταφύλη 'Senkblei, Bleiwaage' anknüpfen, z. B. GLASER Cat. etym. [1887] 52; SCHENKLING Nomencl. [1922] 105, „wegen des Hochtragens ihres Hinterleibs"; andere sehen in dem N. griech. σταφύλινος 'von der Traube', zu σταφυλή 'Weintraube', und übersetzen daher 'Traubenkäfer', s. oben Sp. 590.)

Gemeine Raubkäfer OKEN 5, 3 (1836) 1715. *Wahre Raubkäfer* BERGE Käferbuch (1844) 135. *Raubkäfer* KARSCH Insectenwelt (1863) 13. *Raubkurzkäfer* HOFMANN Käfersammler (1883) 26. *Moderkäfer* CALWER Käferbuch ([5]1893) 145. *Kurzflügler* AMANN Kerfe (1941) 14. — Zu den N.n vgl. oben Sp. 589f.

Staphylínus caesáreus CEDERHJELM 1798

Kopf schwarz mit goldgelb behaarten Flecken, Halsschild schwarz mit goldgelbem Haarsaume an der Basis, Flügeldecken dunkelrot und punktiert, Hinterleib schwarz, Ober- und Unterseite mit goldgelben Haarflecken. 17 bis 25 mm. Unter Steinen, faulenden Pflanzenstoffen. Häufig.

Zoolog. N. Lat. *caesareus* 'kaiserlich' (nach der prächtigen Färbung?, oder eher nach dem ersten Fundort des Käfers, vgl. „captus in praedio imperiali Pawlowska"?).

Kaiser-Raubkäfer SCHLECHTENDAL-WÜNSCHE Insecten (1879) 48. *Kaiserlicher Raubkurzkäfer* HOFMANN Käfersammler (1883) 27. *Kaiserlicher Raubkäfer* ders. ([5]1898) 28. *Kaiserlicher Kurzflügler* HORION Käferkde (1949) 67. Übersetzungen des zoolog. N.s.

Goldstreifiger Moderkäfer BREHM 9 ([2]1880) 55; WEBER Lehrb. d. Entomol. (1933) 664. *Goldstreifiger Raubkäfer* KRANCHER-UHMANN Käfer (1924) Taf. 5. *Goldfleckiger Kurzflügler* SCHMIDT-GÖBEL Insecten 3 (1881) 14. *Schöner Raubkäfer* SCHENKLING Käfersammler (1890) 80. *Großer brauner Raubkäfer* FERRANT Insekten (1911) 251. *Großer Kurzflügler* WOLFF Käfer (1927) 36.

Staphylínus erythrópterus LINNÉ 1758. — Ähnlich dem vorigen, doch seltener. 14 bis 18 mm. Schwarz, Flügeldecken rötlichbraun, Schildchen gelb behaart, die Seiten des Hinterleibs mit goldgelben Haarflecken. Zoolog. N. *erythropterus* zu griech. ἐρυθρός 'rot' und griech. πτερόν 'Feder, Flügel', hier: 'Flügeldecke' („elytris pedibusque rufis").

Rothflügel LINNÉ-MÜLLER 5, 1 (1774) 389. *Rothflügeliger Raubkäfer* SCHRANK Enumeratio (1781) 230; OKEN 5, 3 (1836) 1715; LOHRENZ Nützl. u. schädl. Ins. (1907) 19. *Rotflügeliger Moderkäfer* BREHM 9 ([2]1880) 55. *Rotgedeckter Luderkäfer* SCHRANK Fauna Boica (1798) 640. *Rotgedeckter Raubkäfer* BECHSTEIN-SCHARFENBERG Forstinsekten 3 (1805) 926. *Rothdeckiger Raubkäfer* THON-REICHENBACH Naturgesch. Ins. (1838) 292. *Brauner Raubkurzkäfer* HOFMANN Käfersammler (1883) 27.

Staphylínus fóssor SCOPOLI 1772. — Kopf, Halsschild und Flügeldecken braunrot, dicht punktiert und fein behaart. Hinterleib schwarz. Die Hinterecken der Flügeldecken und der Hinterleib mit goldgelben Haarflecken. 15 bis 20 mm. In Wäldern, hinter Rinden alter Baumstümpfe, unter Steinen, unter Laub und an Aas. Zoolog. N. Lat. *fossor* 'Gräber'.

Schemnitzischer Raubkäfer in den Grubenschwämmen GOEZE Entomol. Beytr. 1 (1777) 725; nach dem Fundort des Autors SCOPOLI („habitat in fungis fodinarum Schemnitzensium"). *Grabender Raubkäfer* BERGE Käferbuch (1844) 137; KRANCHER-UHMANN Käfer (1924) Taf. 5. *Grab-Raubkäfer* SCHLECHTENDAL-WÜNSCHE Insecten (1879) 47. *Grabraubkurzkäfer* HOFMANN Käfersammler (1883) 27.

Staphylínus ólens MÜLLER 1764

Die größte der deutschen Arten, 20 bis 32 mm. Schwarz. Kopf, Halsschild und Flügeldecken fein und dicht punktiert, glanzlos. In Wäldern, unter Steinen und auf Wegen Insektenlarven jagend.

Zoolog. N. Lat. *olēns* 'nach etwas riechend, stinkend'.

Größter und riechender Raubkäfer GOEZE Entomol. Beytr. 1 (1777) 726. *Starkriechender*

Raubkäfer Schinz-Cuvier Thierreich 3 (1823) 298. *Riechender Raubkäfer* Glaser Naturgesch. d. Ins. (1857) 22. *Stinkender Moderkäfer* Brehm 9 ([2]1880) 56; Klots-Forster Insekten (1959) 111. Den zoolog. N. fälschlich auf lat. *oleum* 'Öl' beziehend: *Öliger Raubkäfer* Berge Käferbuch (1844) 137.

Schwarzer Raubkäfer Oken 5, 3 (1836) 1716. *Großer schwarzer Raubkäfer* Ferrant Insekten (1911) 251. *Schwarzer Moderkäfer* Horion Käferkde (1949) 61; Reitter Käfer (1960) 62.

Staphylínus ophtálmicus Scopoli 1763. — Kopf und Halsschild glänzend. Schwarz, fein dunkel behaart. Kopf, Halsschild und Flügeldecken schwarzblau. 14 bis 22 mm. Zoolog. N. *ophtalmicus*, griech. ὀφθαλμικός 'die Augen betreffend' („oculis macula pallidiore lunulata suffusis").

Das Fleckauge in den Wäldern Goeze Entomol. Beytr. 1 (1777) 725. *Otternaugiger Raubkäfer* Brahm Insektenkal. 1 (1790) 81. Die blaue Färbung führte zum N. syn. *St. cyaneus* Payk., *St. coerulescens* Geoffr.; danach *Blauer Raubkäfer* Berge Käferbuch (1844) 136. *Blauschwarzer Raubkäfer* Lenz Naturgesch. 3 ([2]1851) 203. *Blauer Hüftkurzkäfer* Hofmann Käfersammler (1883) 28. *Blauer Moderkäfer* Krancher-Uhmann Käfer (1924) Taf. 5; Horion Käferkde (1949) 67.

Staphylínus pubéscens de Geer 1774. — 12 bis 17 mm. Schwarz, mit dichter, braungrauer, fleckiger, filziger Behaarung; Unterseite weiß behaart. Kopf und Mitte der Hinterleibsringe goldgelbhaarig. In ganz Europa; an Exkrementen, im Dünger. Zoolog. N. Lat. *pūbēscēns* 'behaart' („villosus nigro-fuscus").

Bär Goeze Entomol. Beytr. 1 (1777) 731. *Haarichter, rundlicher Raubkäfer* ders., Degeers Abhandl. 4 (1781) 9; nach frz. *staphylin velouté arrondi*. *Haariger Raubkäfer* Schlechtendal-Wünsche Insecten (1879) 47. *Behaarter Raubkäfer* Hofmann Käfersammler ([5]1898) 28. *Kurzhaariger Moderkäfer* Calwer Käferbuch ([5]1893) 146.

Gattung **Sténus** Latreille 1796. — Käfer sehr schmal, mit großen Augen, die die ganzen Seiten des Kopfes einnehmen. Überall an feuchten Orten anzutreffen, an den Rändern fließender und stehender Gewässer, auf sumpfigem Gelände, im Moos und Genist, auf niedrigen Pflanzen. Zoolog. N. *Stenus*, griech. στενός 'eng, schmal' (Käfer sehr langgestreckt und schmal, „corps très-étroit").

Engkäfer Panzer Index entomol. (1813) 211. *Engkurzkäfer* Hofmann Käfersammler (1883) 30. *Schmalkäfer* Leunis ([2]1860) 470. *Schmalräuber* Schlechtendal-Wünsche Insecten (1879) 50. *Schmalraubkäfer* Schenkling Käfersammler (1890) 168.

Sténus biguttátus (Linné 1758). — Metallisch schwarz, silbergrau schimmernd, dicht und tief punktiert. Die verkürzten Flügeldecken tragen je einen runden, gelbroten Fleck. An sandigen Flußufern sehr häufig. Zoolog. N. *biguttātus* zu lat. *bi-* Kompositionsform von lat. *bis* 'zweimal, doppelt' und lat. *guttātus* 'getüpfelt, gesprenkelt', vgl. lat. *gutta* 'Tropfen' („elytris puncto fulvo").

Großauge („die Augen, die an diesem Insecte sehr groß sind und weit hervorragen") Linné-Müller 5, 1 (1774) 392. Flügeldecken mit je einem gelbroten Fleck. *Gelbbrauner Zweytropf* Goeze Entomol. Beytr. 1 (1777) 719. *Zweytropfigter Raubkäfer* Schrank Enumeratio (1781) 235; Berge Käferbuch (1844) 136. *Zweitropfiger Schmalräuber* Schlechtendal-Wünsche Insecten (1879) 50. *Zweitropfiger Schmalraubkäfer* Schenkling Käfersammler (1890) 17. *Zweipunktiger Schmalräuber* Hofmann Käfersammler ([5]1898) 31. *Gedüpfelter Ufer-Raubkäfer* Oken 5, 3 (1836) 1715.

Sténus bóops Ljungh 1804. — Tief schwarz; 3,5 bis 4 mm. Fein und kurz behaart; die verkürzten Flügeldekken einfarbig, ohne Flecke. Zoolog. N. *boōps*, zu griech. βοῦς 'Stier, Kuh, Rind' und griech. ὤψ 'Gesicht', vgl. auch βοῶπις 'stier-, kuhäugig', d. i. 'großäugig'; syn. *būphthalmus* Gravenhorst 1802, zu griech. βοῦς (s. oben) und griech. ὀφθαλμός 'Auge' (beide N.n im Hinblick auf die großen Augen, durch die die Arten dieser Gattung auffallen, „oculi magni prominuli nitidi").

Großaugiger Raubkäfer Berge Käferbuch (1844) 135. *Großaugiger Schmalräuber* Schlechtendal-Wünsche Insecten (1879) 50. *Ochsenäugiger Schmalraubkäfer* Schenkling Käfersammler (1890) 18.

Gattung **Táchinus** Gravenhorst 1802. — Die zahlreichen Arten leben unter faulenden pflanzlichen und animalischen Stoffen, an Aas und Exkrementen, im Dünger, in Pilzen und an ausfließendem Baumsaft. Im Winter oft in Erdbauen kleiner Säugetiere. Zoolog. N. *Tachinus*, griech. ταχινός 'schnell, rasch, eilig'.

Spürkäfer Panzer Index entomol. (1813) 213. *Schnellräuber* Schlechtendal-Wünsche Insecten (1879) 45. *Fliehkurzkäfer* Hofmann Käfersammler ([3]1888) 25. *Koth-Raubkäfer* („leben in Kuh- und Roßmist") Oken 5, 3 (1836) 1713. *Breitkäfer* Berge Käferbuch (1844) 131; Leunis ([2]1860) 469.

Táchinus rúfipes (de Geer 1774). — Schwarz; 5 bis 6 mm. Ränder des Halsschilds und der Flügeldecken schmal gelbbraun, Beine rot. Flügeldecken verkürzt, doch etwas länger als bei den meisten Arten der Familie. An Exkrementen und im Dünger. Zoolog. N. *rūfipēs* zu lat. *rūfus* 'rot' und lat. *pēs* 'Fuß' („pedibus rufis").

Schwarzer Raubkäfer mit großen Flügeldecken Goeze Degeers Abhandl. 4 (1781) 14; nach frz. *staphylin noir à grands étuis*. *Rothbeiniger Koth-Raubkäfer* Oken 5, 3 (1836) 1714. *Rothbeiniger Schnellräuber* Schlechtendal-Wünsche Insecten (1879) 45. *Rothfüßiger Breitkäfer* Berge Käferbuch (1844) 131. *Rotfüßiger Fliehkurzkäfer* Hofmann Käfersammler ([3]1888) 25.

Gattung **Tachýporus** Gravenhorst 1802. — Kleine, meist bunt gezeichnete, kahl aussehende Käfer. Die Arten leben unter Fallaub, Moos, faulenden Pflanzenstoffen, im Mulm, aber auch auf Gräsern, blühenden Kräutern und Gesträuch. Zoolog. N. *Tachyporus*, griech. ταχυπόρος 'schnell gehend'.

Suchkäfer Panzer Index entomol. (1813) 212. *Eilräuber* Schlechtendal-Wünsche Insecten (1879) 44. *Fluchtkurzkäfer* Hofmann Käfersammler ([3]1888) 25.

Tachýporus chrysomelínus (Linné 1758). — 3 bis 3,5 mm. Schwarz, glänzend; Halsschild und die verkürzten Flügeldecken rotgelb, doch am Schildchen und Außenrande schwarz. Hinterleib dunkel. Zoolog. N. *chrȳsomēlīnus* 'Chrysomelenartig, -ähnlich', zu zoolog. *Chrysomela* L., Familie → *Chrysomelidae* („facies Chrysomelae, sed elytra brevia et abdomen pilosum" Linné Fauna Svec. [[2]1761] 233).

Von Linné „*Chrysomela*-ähnlich" beschrieben und benannt (s. oben), d. h. ähnlich — wohl in der Färbung und der gewölbten Oberseite — den 'Blattkäfern, (Gold-) Hähnchen' (→ *Chrysomelidae*, s. oben Sp. 153ff.). *Räuberhähnchen* Linné-Müller 5, 1 (1774) 394. *Goldhähnchenähnlicher Raubkäfer* Schrank Enumeratio (1781) 236. *Blattkäferartiger Raubkäfer* Goeze Entomol. Beytr. 1 (1777) 720. *Blattkäferartiger Breitkäfer* Berge Käferbuch (1844) 132. *Blattkäferartiger Koth-Raubkäfer* Glaser Naturgesch. d. Ins. (1857) 23. *Blattkäfriger Eilräuber* Schlechtendal-Wünsche Insecten (1879) 45.

Tachýporus obtúsus (Linné 1767). — 3,3 bis 4 mm. Ganz gelbrot; lediglich die verkürzten Flügeldecken mit breitem, schwarzem Basalquerbande und die Hinterleibsspitze schwarz. Im Ufergeniste und unter Schilf; häufig. Zoolog. N. *obtūsus* 'abgestumpft, stumpf'.

Stumpf Linné-Müller 5, 1 (1774) 391. *Kleiner abgestumpfter Raubkäfer* Goeze Entomol. Beytr. 1 (1777) 718. *Stumpfer Raubkäfer* Schrank Enumeratio (1781) 237. *Abgestumpfter Fluchtraubkäfer* Hofmann Käfersammler ([5]1898) 26.

Familie **Tenebriónidae**

Die Familie enthält sehr viele und vielgestaltige, kleine bis große Käfer, die in ihrer Mehrzahl in tropischen Gebieten beheimatet sind. Die deutschen Arten sind meist dunkel oder schwarz gefärbt, die exotischen Arten dagegen oft bunt und farbenprächtig. Die Tenebrioniden leben meist verborgen, oft geradezu lichtscheu, gewöhnlich unter Steinen, Laub und faulem Holze, einige in Kellern, Stallungen, Vorratshäusern, Mühlen und Bäckereien. Manche fressen und entwickeln sich an unterirdischen Pflanzenteilen und werden dadurch schädlich, andere an Baumschwämmen, hinter verpilzten Rinden, in morschem, mulmigem Holz. Einige befallen als Vorratsschädlinge vor allem Getreideabfälle, Mehlprodukte, Reis, Hülsenfrüchte, Drogen. Eine Menge der unter der Rinde und in Schwämmen lebenden Arten riecht stark und unangenehm nach Ammoniak, andere an der Erde lebende Arten geben faulig duftende Wehrsäfte von sich, wenn sie angegriffen werden.

Manche, vor allem die bekanntesten Arten der Familie (besonders → *Tenebrio* L.), als Vorratsschädlinge in Mehl und Mehlprodukten; ihr N. galt ursprünglich für alle Vertreter der Familie. *Mehlkäfer* Schaeffer Elementa entomol. (1766) Tab. 124; („weil sie und ihre Larven sich im Mehl und andern Speisen häufig aufhalten, ob man gleich eben dieses nicht von allen behaupten kann") Linné-Müller 5, 1 (1774) 376; Adelung 3 (1777) 438; Schrank Fauna Boica (1798) 369; Glaser Naturgesch. d. Ins. (1857) 40.

Die Mehlkäfer sind oft mit den Schaben verwechselt worden (dazu → *Blaps mortisaga* L. und → *Tenebrio molitor* L., s. auch oben Sp. 52); beide sind düster, lichtscheu und schädlich. Teils auf der Verwechslung, teils auf der Ähnlichkeit beruhen die N.n *Hausschabe* Sulzer Kennz. d. Ins. (1761) 91; Beckmann Anfangsgr. (1767) 95; Adelung 3 (1777) 438; Schmiedlein Insectenlehre (1786) 244. *Stubenschabe* Schauplatz 5 (1777) 481. Doch bereits Müller verwirft diese Benennung („allein Schaben und Motten werden durchgängig für eins genommen, und auf ein ganz ander Insect gedeutet" 5, 1 [1774] 367).

„Da sich nun die Insecten dieses Geschlechts gern in Kellern ... aufhalten, geben wir den Nahmen *Schlupfkäfer*" Sulzer Abgek. Gesch. d. Ins. 1 (1776) 63; Fuessli Verz. schweitz. Inseckten (1775) 19; Campe 4 (1810) 197. *Schliefkäfer* Sulzer a. a. O.; Campe 4 (1810) 184; zu *schliefen* 'schlüpfen, gleiten', s. DWb 9, 680.

Mehrere N.n lehnen sich an den zoolog. N. und damit an lat. *tenebrio* 'lichtscheuer Mensch, Dunkelmann', *tenebrae* 'Finsternis, Dunkel', *tenebricus*, *tenebrōsus* 'finster, düster, dunkel' (→ *Tenebrio* L.) an. „Die Käfer haben einen schleichenden Gang, und wandeln in der Finsterniß. Man könnte sie füglich auch *Schattenkäfer* nennen" Goeze Entomol. Beytr. 1 (1777) 667; Campe 4 (1810) 81; Kirchhof Conv. Lex. 8 (1842) 240; Glaser Naturgesch. d. Ins. (1857) 40; Brauns Waldins. (1964) 182.

Dunkelkäfer Schlechtendal-Wünsche Insecten (1879) 86; Henschel Forst- u. Obstbaum-Ins. ([3]1895) 67; („der N. ... rührt von der nächtlichen Lebensweise der Mehrzahl der Arten her und nicht von ihrer Färbung") Klots-Forster Insekten (1959) 137.

Schwarzkäfer Thon-Reichenbach Naturgesch. Ins. (1838) 356; hier als Übertragung von zoolog. *Melasomata* (zu griech. μέλας 'schwarz, dunkel' und griech. σῶμα 'Leib, Körper'), damals Bezeichnung für eine Gruppe verschiedener dunkelgefärbter Käfer, aus der schließlich mehrere selbständige Familien herausgelöst wurden, bis der N. *Schwarzkäfer* im wesentlichen den Tenebrioniden verblieb, s. Brehm 9 ([2]1880) 117; Reitter Fauna 3 (1911) 327; Zacher Vorratsschädl. (1927) 112; Horion Käferkde (1949) 155. *Schwarzflügler* Leunis ([2]1860) 479; Schenkling Käferwelt (1885) 207. *Düsterkäfer* Thon-Reichenbach Naturgesch. Ins. (1838) 363; Brehm-Rossmässler Thiere d. Waldes 2 (1867) 393.

Vereinzelt *Rinnenkäfer* („die untere Fläche aller Schenkel oder wenigstens der Hinterschenkel mehr oder weniger der Länge nach ausgehöhlt") Duftschmid Fauna Austr. 2 (1812) 276; entsprechend gilt der N. bei diesem Autor auch als Grundwort für die nachfolgenden Arten.

Larven oft den „Drahtwürmern" ähnlich. *Falsche Drahtwürmer* Schmidt Schadinsekten (1955) 10; vgl. *Drahtwurm* Larve der → *Elateridae*, Sp. 291f. (engl. *false wireworms*, s. Hb. d. Pflanzenkrankh. 5, 2 [[4]1932] 150).

Alphitóbius diaperínus (Panzer 1797). — Länglich oval, ziemlich parallel; 4,5 bis 5 mm. Kahl, schwarzbraun. Flügeldecken punktstreifig. Nur in Lagerhäusern, Speichern, Mühlen u. dgl. unter Getreide- und Mehlvorräten, auch in Reis, Kakao, Sojabohnen. „Diese Art (wie auch die folgende) befällt im allgemeinen nur feuchtes, dumpfgewordenes, schimmelndes Getreide und verdorbene Waren" (HORION Faunistik 5 [1956] 242). Zoolog. N. *Alphitobius* STEPHENS 1832, zu griech. ἄλφιτον 'Schrot, Mehl, Brot' und griech. βιόω 'lebe', βίος 'Leben, Lebensweise' (Käfer an Nahrungsmitteln); *diaperīnus* 'der Gattung → *Diaperis* GEOFFR. (s. unten) ähnlich'.

An schimmelnden, gelagerten Waren. *Glänzendschwarzer Getreideschimmelkäfer* ZACHER Vorratsschädl. (1927) 118; SCHMIDT Schadinsekten (1939) 23.

Alphitóphagus bifasciátus (SAY 1823). — Oval, klein; 2 bis 2,5 mm. Rostrot; Basis und zwei Querbinden der Flügeldecken schwarz. Oberseite staubartig behaart. An verpilztem Laubholz, unter morschen Rinden, in modernden Stümpfen, besonders aber an faulenden, schimmelnden Vegetabilien; Larven und Käfer sind Schimmelfresser (s. HORION Faunistik 5 [1956] 231). Zoolog. N. *Alphitophagus* STEPHENS 1832, zu griech. ἄλφιτον 'Schrot, Mehl, Brot' und griech. φάγος 'Fresser'; *bifasciātus* zu lat. *bi-* Kompositionsform von lat. *bis* 'zweimal, doppelt' und lat. *fasciātus* 'umwickelt, gebändert' („two bands on the elytra ... a broad band in the middle, another near the tip").

An verpilztem Holz und schimmelnden Waren. *Zweibindiger Pilzschwarzkäfer* ZACHER Vorratsschädl. (1927) 113; SCHMIDT Schadinsekten (1939) 43; WEIDNER Bestimmungstab. (1953) 108.

Gattung **Blaps** FABRICIUS 1775

Schwarze, seidenglänzende Käfer, deren Flügeldecken an der Spitze beim Männchen mehr, beim Weibchen weniger schwanzartig ausgezogen sind. Sie leben an dunklen Orten, unter Steinen, in Kellern, Ställen, Schuppen, nur selten im Freien. Die Tiere, die ihre Verstecke nur nachts verlassen, sondern einen widerlichen Geruch ab.

Zoolog. N. *Blaps*, seit ILLIGER (in: Magaz. f. Insektenkde 1 [1801] 129) wird der N. überall zurückgeführt auf griech. βλάπτω 'schwäche, schade'; der Autor verweist (Philosophia entomol. [1778] 111) auf βλαψ 'inutilis', das wohl als eine Art neugriech. Gelehrtenbildung (zum obengenannten βλάπτω) anzusehen ist.

Das Erscheinen der Käfer soll den nahen Tod vorhersagen. *Trauerkäfer* SCHRANK Fauna Boica (1798) 369; PANZER Index entomol. (1813) 28; CALWER Käferbuch ([6]1916) 796. *Trauerrinnenkäfer* DUFTSCHMID Fauna Austr. 2 (1812) 281. *Trauerdunkelkäfer* HOFMANN Käfersammler ([3]1888) 90. *Todtenkäfer* THON-REICHENBACH Naturgesch. Ins. (1838) 357. *Totenkäfer* SCHENKLING Käferwelt (1885) 208; SCHMIDT Schadinsekten (1939) 55. Vgl. dän. *dødningbille* DO 4, 33; engl. *churchyard beetles* BUSVINE Insects (1951) 319.

An verborgenen Orten. *Schlupfkäfer* OKEN 5, 3 (1836) 1786; BERGE Käferbuch (1844) 199; der sonst für die ganze Familie gültige N. (s. oben Sp. 604) hier auf die vorliegende Gattung beschränkt.

Blaps mortisága (LINNÉ 1758)

Körper langgestreckt, ziemlich schmal; 20 bis 31 mm. Ganz schwarz. Flügeldecken verwachsen. In Kellern, Ställen, Schuppen, Lagerhäusern u. dgl. mit nächtlicher Lebensweise. Nur selten im Freien.

Zoolog. N. Neulat. *mortisāgus* 'den Tod verkündend', zu lat. *mors*, Gen. *mortis* 'Tod' und lat. *sāgus* 'wahrsagend, prophetisch', vgl. lat. *praesāgus* 'vorhersagend, weissagend' („credulum vulgus intra domos hunc ambulantem observantes mortis nuncium esse sibi persuadet" LINNÉ Fauna Svec. [[2]1761] 226).

Alter N. *Blatta foetida* SCHWENCKFELD Theriotropheum (1603) 513; MOUFETUS Ins. Theatr. (1634) 138; LINNÉ Syst. Nat. ([1]1735). Da lat. *blatta* 'Schabe' als dunkelfarbig und dunkelliebend sowie übelriechend bekannt war (vgl. Beiheft 2, S. 31 ff.), überdies damals noch (seit PLINIUS) zu den Käfern gerechnet wurde, konnte dieser als Schaben-ähnlich angesehene Käfer ohne Bedenken mit *Blatta* bezeichnet werden.

Anfänglich in der Übersetzung des alten N.s *blatta (foetida)* (s. oben). *Erdschabe* SCHWENCKFELD Theriotropheum (1603) 513; ADELUNG 1 (1793) 1883. *Stinkschabe* („wenn man ihn in die Hand nimmt, spritzt er einen braunen, unerträglich riechenden Saft von sich") POPOWITSCH Versuch (1780) 562; ADELUNG 4 (1801) 385. *Hausschabe* LINNÉ Syst. Nat. ([6]1748) 58; NEMNICH (1793) 2, 1429. Entsprechend engl. *cockroch* „produced out of the meal-worm" CHARLETON Exercit. (1677) 49.

Die Käfer „geben zu ihrer Verteidigung ein übelriechendes Anal-Sekret ab" (HORION Käferkde [1949] 157). *Schwartzer stinkender Erd- und Mist-Kefer* FRISCH Insecten 13 (1738) 27. *Stinker* LINNÉ-MÜLLER 5, 1 (1774) 372; CAMPE 4 (1810) 664. *Stinkender Mehlkäfer* SCHRANK Enumeratio (1781) 220. *Stinkender Schlupfkäfer* LESKE Anfangsgr. 1 (1779) 433. *Stinkender Todtenkäfer* PANZER Syst. Nomencl. (1804) 53. *Stinkkäfer* SCHINZ-CUVIER Thierreich 3 (1823) 418. Vgl. dän. *lugtebasse* HENRIKSEN Danske Insektnavne 39; nl. *stinkende meeltor* Nl. Wb. 7, 1, 2094.

Todesomen. Sein nächtliches Erscheinen soll nahen Tod vorhersagen. *Todtenkäfer* NEMNICH (1793) 2, 1429; BREHM 6 ([1]1869) 99. *Totenkäfer* ZACHER Vorratsschädl. (1927) 112; KLOTS-FORSTER Insekten (1959) 138. *Gemeiner Totenkäfer* KRANCHER-UHMANN Käfer (1924) Taf. 12; SCHMIDT Schadinsekten (1955) 91. *Todtenprophet* GOEZE Entomol. Beytr. 1 (1777) 673; SCHINZ-CUVIER Thierreich 3 (1823) 418. *Prophetischer Schattenkäfer* BRAHM Insektenkal. 1 (1790) 119. *Todkündender Todtenkäfer* SCHLECHTENDAL-WÜNSCHE Insecten (1879) 87. *Totenansager* HORION Käferkde (1949) 156. *Dodenuur* [Totenuhr] SCHÜTZE Holst. 3, 334; N. gilt auch für → *Anobiidae* (s. oben Sp. 79 f. und für → *Trogium pulsatorium* L., s. unten

Sp. 627). *Todtenwagen* Glaser Naturgesch. d. Ins. (1857) 41. *Todtentrauerkäfer* Schrank Fauna Boica (1798) 631. *Gemeiner Trauerkäfer* Duftschmid Fauna Austr. 2 (1812) 282; Thon-Reichenbach Naturgesch. Ins. (1838) 357; Brehm 9 ([2]1880) 118; Calwer Käferbuch ([5]1893) 647. Vgl. dän. *sørgebille* DO 23, 405. *Sarklöpers* [Sarg-] (Fehmarn) Wiepert in: Die Heimat 65 (1958) 129. *Plaken* ebda.

Flügeldecken hinten schwanzförmig ausgezogen. *Schattenkäfer mit zugespitzten Flügeldecken* Goeze Degeers Abhandl. 4 (1781) 252; nach frz. *tenébrion à étuis en pointe. Zugespitzter Schattenkäfer* Herbst Insekten (1784) 175. Sie leben im Dunkel und im Verborgenen. *Gemeiner Schlupfkäfer* Oken 5, 3 (1836) 1787. *Schattenkäfer* Taschenberg Prakt. Insektenkde 2 (1879) 89. Tiefschwarz. *Rußwurm* Siebenbürg.-Sächs. Wb. 5, 293. *Rästwurm* [Ruß-] Kisch Nösner Wörter (Bistritz) 123.

Gattung **Bolitóphagus** Illiger 1798

Schwarz; Oberseite matt und rauh; Flügeldecken mit feinen Rippen. Halsschild vorne ausgeschnitten, mit weit vorragenden Vorderwinkeln. Käfer und Larven leben oft gesellschaftlich in Baumschwämmen, bes. im sog. Feuerschwamm. „Das Innere des Pilzes wird ganz ausgefressen; von dem Fruchtkörper bleibt zuletzt nur eine dünne Schale übrig, die mit dunklem Staube angefüllt ist" (Horion Faunistik 5 [1956] 222).

Zoolog. N. *Bōlitophagus* zu griech. βωλίτης 'Pilz, Schwamm' und griech. φάγος 'Fresser' („Aufenthalt in Baumschwämmen").

In Baumschwämmen. *Schwammkäfer* Illiger in: Magaz. f. Insektenkde 1 (1801) 129; Schinz-Cuvier Thierreich 3 (1823) 428. *Schwammrinnenkäfer* Duftschmid Fauna Austr. 2 (1812) 294. *Schwammköhlerkäfer* Hofmann Käfersammler ([3]1888) 91. *Löcherpilzkäfer* Berge Käferbuch (1844) 200. *Pilzkäfer* Leunis ([2]1860) 480; Schenkling Käferwelt (1885) 210.

Gattung **Diapéris** Geoffroy 1762

Körper kurz, gewölbt, kahl. Flügeldecken mit feinen Punktstreifen. In Baumschwämmen.

Zoolog. N. *Diapēris* zu griech. διαπείρω 'durchbohre' (die Endglieder der Fühler erwecken den Eindruck, als seien sie in ihrer Achse durchbohrt und an einem Faden aufgereiht, „nous avons donné à ce nouveau genre le nom de diapere, comme qui diroit 'enfilé', à cause de la forme singulière de ses antennes, qui sont composées d'anneaux lenticulaires par leur centre").

Herzkäfer („Glieder [der Fühlhörner] herzförmig") Schaeffer Elementa entomol. (1766) Tab. 58; Adelung 2 (1775) 1147; Berge Käferbuch (1844) 196.

In Anlehnung an die Begründung des zoolog. N.s (s. oben) *Achsenkäfer* („wegen der durch die Achse durchbohrten Fühlhornglieder") Illiger in: Magaz. f. Insektenkde 1 (1801) 135; Schenkling Käfersammler (1890) 172. *Achsenrinnenkäfer* Duftschmid Fauna Austr. 2 (1812) 305. Der N. *Achsenkäfer* wurde schließlich in seiner Herkunft nicht mehr verstanden (s. Schenkling Nomencl. [1922] 44) oder verschrieben und umgebildet zu *Achselkäfer* (Schlechtendal-Wünsche Insecten [1879] 88) und *Aschenkäfer* (Calwer Käferbuch [[5]1893] 632; Brauns Waldins. [1964] 183). In Baumschwämmen. *Pilzekäfer* Schrank Fauna Boica (1798) 362. *Pilzkäfer* Thon-Reichenbach Naturgesch. Ins. (1838) 360. *Pilzköhlerkäfer* Hofmann Käfersammler ([3]1888) 91. *Löcherschwamm-Käfer* Oken 5, 3 (1836) 1784. *Schwamm-Achsenkäfer* Fricken Käfer (1869) 214; Schenkling Käferwelt (1885) 210. Vgl. dän. *svampbille* Henriksen Danske Insektnavne 39.

Diapéris boléti (Linné 1758). — Kurzoval, hochgewölbt; 6 bis 8 mm. Fühler allmählich zur Spitze verdickt. Flügeldecken mit zarten Punktstreifen. Schwarz, glänzend, zwei zackige Querbinden und die Spitze der Flügeldecken gelb. Meist gesellschaftlich in Schwämmen an Laub- und Nadelholz. Zoolog. N. *bōlētī* Gen. von botan. *Boletus* L., lat. *bōlētus* 'Pilz' („habitat in Boletis arborum").

In Baumschwämmen. *Schwammhähnchen* Linné-Müller 5, 1 (1774) 175. *Schlupfkäfer auf den Baumschwämmen* Goeze Entomol. Beytr. 1 (1777) 681. *Lerchenschwammschattenkäfer* ders., Degeers Abhandl. 4 (1781) 262; nach frz. *tenébrion de l'agaric. Gemeiner Lärchenschwammkäfer* Oken 5, 3 (1836) 1784. *Schwamm-Achsenkäfer* Duftschmid Fauna Austr. 2 (1812) 306; Brehm 6 ([1]1869) 100. *Gemeiner Pilzekäfer* Schrank Fauna Boica (1798) 536. *Pilz-Herzkäfer* Panzer Syst. Nomencl. (1804) 92. *Gemeiner Pilzkäfer* Thon-Reichenbach Naturgesch. Ins. (1838) 360. *Gefärbter Pilzkäfer* Hofmann Käfersammler ([5]1898) 92.

Elédona agarícola (Herbst 1784). — Parallel, gewölbt; 2,2 bis 2,5 mm. Dunkelbraun, matt, kahl, Fühler und Beine ein wenig heller. Flügeldecken mit feinen Punktreihen. In Schwämmen an Laubbäumen. Zoolog. N. *Elēdona* Latreille 1796, wenn zu griech. ἕλη '(Sonnen-) Wärme' und griech. ἡδονή 'Freude', dann besser *Helēdona*; *agaricola* zu botan. *Agaricus* L. 'Blätterpilz', lat. *agaricum*, griech. ἀγαρικόν 'Lärchenschwamm' und lat. *colere* '(be-)wohnen' („in dem Eichenschwamm").

In Baumschwämmen. *Eichenpilzbohrkäfer* Schrank Fauna Boica (1798) 542. *Pilzschwammkäfer* Schinz-Cuvier Thierreich 3 (1823) 429. *Gemeiner Löcherpilz-Käfer* Oken 5, 3 (1836) 1787. *Gemeiner Schwammkäfer* Thon-Reichenbach Naturgesch. Ins. (1838) 359. *Gemeiner Pilzkäfer* Schlechtendal-Wünsche Insecten (1879) 88. *Schwamm-Schwarzkäfer* Schenkling Käfersammler (1890) 72.

Gnathócerus cornútus (Fabricius 1798)

Langgestreckt, parallel; 3,5 bis 4,5 mm. Braunrot, glänzend, fein und dicht punktuliert, kahl. Kopf des Männchens mit zwei großen, zugespitzten, am Ende gekrümmten Hörnern und Stirn mit zwei Höckern. Die Mandibeln stark, wie zwei Hörner, vorragend. In Lagern, Mühlen, Bäckereien u. dgl. in Mehl und mehlhaltigen Substanzen (Getreide, Kleie, Grieß, Reis, Brot, Zwieback).

Zoolog. N. *Gnathocerus* THUNBERG 1814 (dort *Gnatocerus*), zu griech. γνάθος 'Kinnbacken, Kiefer' und griech. κέρας 'Horn' (Oberkiefer wie gebogene Hörner vorragend, „huvudet utmärkes med tvänne hvassa och ganska korta knylar, liknande tvänne små horn"); lat. *cornūtus* 'gehörnt' („mandibulis porrectis recurvis corniformibus").

Zweygehörnter Halsschild GOEZE Entomol. Beytr. 1 (1777) 690. Die Kopfhörner und die vorragenden Mandibeln führen zu den N.n *Gelbes Vierhorn* TASCHENBERG Prakt. Insektenkde 2 (1879) 89. *Vierhornkäfer* BREHM 2 ([4]1922) 435; ZACHER Schädl. (1950) 35.

Gattung **Hélops** FABRICIUS 1775

Meist gestreckte Käfer, behaart oder kahl. Flügeldecken stets mit Punktstreifen oder feinen Punktreihen; Flügel meist verkürzt oder verkümmert. Die Mehrzahl der Arten lebt in Südeuropa, im Mittelmeergebiet, im Kaukasus, in Holzmulm, unter Baumrinden, in Holzritzen auf dürren Baumästen.

Zoolog. N. *Helops*, griech. ἔλοψ eine Schlange, oder ἔλλοψ 'Fisch', N. ohne Grund dieser Gattung zugeordnet.

Käfer leben im Verborgenen (wie die meisten Arten dieser Familie). *Schattenkäfer* PANZER Insectenfaune (1795) 42; BERGE Käferbuch (1844) 193. Teils auf die verborgene Lebensweise, teils auf die dunkle Färbung beziehen sich die N.n *Düsterkäfer* STURM Ins. 2 (1807) 252; THON-REICHENBACH Naturgesch. Ins. (1838) 363. *Düsterrinnenkäfer* DUFTSCHMID Fauna Austr. 2 (1812) 278. *Dunkelkäfer* KARSCH Insektenwelt ([2]1883) 105. Oft in Holzritzen, im Baummulm oder unter Rinden. *Rizenkäfer* SCHRANK Fauna Boica (1798) 369. *Weidenmulm-Käfer* OKEN 5, 3 (1836) 1782. *Rindenköhlerkäfer* HOFMANN Käfersammler ([3]1888) 91.

Hélops lánipes (LINNÉ 1771). — Langgestreckt, eiförmig, gewölbt; 12 bis 16 mm. Bronzefarben oder braun mit Bronzeschimmer. Unterseite und Beine meist braun. Beim Männchen sind die verbreiterten Tarsen (Füße) lang filzig behaart. An dürren Ästen und unter losen Baumrinden. Zoolog. N. Lat. *lānipēs* 'wollfüßig' (Füße mit starker Behaarung, „plantis subtus hirsutis").

Wollfuß GOEZE Entomol. Beytr. 1 (1777) 679; BERGE Käferbuch (1844) 194. *Wollfüßichter Schattenkäfer* PANZER Syst. Nomencl. (1804) 68. *Wollfüßiger Düsterkäfer* STURM Ins. 2 (1807) 255; THON-REICHENBACH Naturgesch. Ins. (1838) 363. *Bartfüßiger Rizenkäfer* SCHRANK Fauna Boica (1798) 634.

Gattung **Hypophlóeus** FABRICIUS 1790. — Körper schmal, zylindrisch, glänzend und kahl. Flügeldecken verworren punktiert. Die Arten leben in Laub und Mulm, unter morschen Baumrinden oft in den Gängen der Borkenkäfer (→ *Ipidae*). Zoolog. N. *Hypophloeus* zu griech. ὑπό 'unter' und griech. φλοιός 'Rinde'.

Meist unter Baumrinden. *Rindenkäfer* ILLIGER in: Magaz. f. Insektenkde 1 (1801) 139; OKEN 5, 3 (1836) 1783; SCHENKLING Käferwelt (1885) 210. *Bastkäfer* SCHLECHTENDAL-WÜNSCHE Insecten (1879) 88.

Lathéticus orýzae WATERHOUSE 1880. — Länglich, parallel, etwas abgeflacht; 2,5 mm. Gelbrot; Flügeldecken mit feinen Punktstreifen. An Getreide (Weizen, Roggen, Gerste, Mais, Reis) und Getreideprodukten (Mehl u. dgl.). Vermutliche Heimat Indien, mit Nahrungsmitteln importiert. Zoolog. N. *Lathēticus* WATERHOUSE 1880, griech. λαθητικός 'wer sich gern und leicht verbirgt'; *orȳzae* Gen. von botan. *Oryza* L., griech.-lat. *orȳza* 'Reis' („in rice").

Rundköpfiger Reismehlkäfer ZACHER Vorratsschädl. (1927) 113; SCHMIDT Schadinsekten (1939) 45.

Gattung **Opatrum** FABRICIUS 1775

Mattschwarze Käfer mit fein behaarter Oberseite. Kurze Fühler, zur Spitze hin verdickt. Flügeldecken mit schwachen Punktstreifen, dazwischen gerunzelt. Auf trockenen Sandplätzen, unter Steinen.

Zoolog. N. *Opatrum*, Herkunft unsicher, vom Autor (Philosophia entomol. [1778] 110) als altes lat. Wort bezeichnet; AGASSIZ Nomencl. (1842) Col. 113 (und spätere) wollen den N. mit griech. ὄπατρος 'von demselben Vater, verwandt' verbinden (?); dann wäre *Ópatrum* zu lesen. Wenn dagegen (mit SCHENKLING Nomencl. [1922] 254) aus lat. *opācus* 'dunkel' und lat. *ātrum* (Ntr. Sg. zu *āter*) 'schwarz', dann *Opátrum*.

Käfer lieben sandige Plätze. *Bachsandkäfer* SCHRANK Fauna Boica (1798) 361. *Staubkäfer* ILLIGER in: Magaz. f. Insektenkde 1 (1801) 145; OKEN 5, 3 (1836) 1786; CALWER Käferbuch ([6]1916) 801; STRESEMANN Exkursionsfauna 2, 1 (1964) 330. *Erdstaubrinnenkäfer* DUFTSCHMID Fauna Austr. 2 (1812) 292. *Staubköhlerkäfer* HOFMANN Käfersammler ([3]1888) 90. Da auf trockenen, „staubigen" Sandplätzen? Oder nach der feinen, staubartigen Behaarung der Oberseite? Oder da „häufig mit Koth und Staub bedeckt" (DUFTSCHMID a. a. O.)?

Opatrum sabulósum (LINNÉ 1758)

Parallel, flach gewölbt; 7 bis 10 mm. Schwarz, matt. Halsschild fein gekörnelt; Flügeldecken mit Punktreihen. An sandigen, sonnigen Abhängen; unter Steinen und niedrigen Pflanzen.

Zoolog. N. Lat. *sabulōsus* 'sandreich, sandig' („habitat in arena Europae").

Sandgraber LINNÉ-MÜLLER 5, 1 (1774) 129. *Sandgräber* FUESSLI Verz. schweitz. Inseckten (1775) 6. *Sandgrabkäfer* MEIDINGER Nomenkl. (1787) 120. *Sandmaulwurfskäfer* PREYSZLER Verz. böhm. Ins. (1790) 89. *Gemeiner Bachsandkäfer* SCHRANK Fauna Boica (1798) 519. *Erd-*

Staubkäfer Sturm Ins. 2 (1807) 169; Schinz-Cuvier Thierreich 3 (1823) 421. *Sandiger Erdstaubrinnenkäfer* Duftschmid Fauna Austr. 2 (1812) 292. *Gemeiner Staubkäfer* Oken 5, 3 (1836) 1786; Schmidt Schadinsekten (1939) 53. *Gemeiner Staubköhlerkäfer* Hofmann Käfersammler ([3]1888) 90. *Staubkäfer* Brehm 6 ([1]1869) 100; Brauns Waldins. (1964) 182. *Großer Staubkäfer* Keilbach Schädl. (1966) 446. *Sand-Staubkäfer* Schlechtendal-Wünsche Insecten (1879) 88.

Pédinus femorális (Linné 1767). — Länglich, eiförmig, gewölbt; 7 bis 9 mm. Schwarz, glänzend; Flügeldecken fein punktiert-gestreift. Vorderschienen verbreitert, Mittelschienen doppelt gebogen und verdickt, Hinterschienen gebogen und innen abgeplattet. In Südost- und Mitteleuropa auf sonnigem, bes. sandigem Boden meist unter Steinen, auch unter Dünger, Gras, Kräutern; die Larve an Pflanzenwurzeln. Zoolog. N. *Pedinus* Latreille 1796, griech. πεδινός 'flach, auf dem flachen Lande lebend'; neulat. *femorālis* 'durch die (Ober-)Schenkel (lat. *femur*) ausgezeichnet' (Mittelschienen stark verdickt, „femoribus crassiusculis subtus canaliculatus").

Dickschenkel („außerordentlich dicke Schenkel") Linné-Müller 5, 1 (1774) 376. *Dickschenkliger Schlupfkäfer* Meidinger Nomenkl. (1787) 141. *Schenkelschlupfkäfer* Berge Käferbuch (1844) 200. *Dickschenkliger Trauerkäfer* Sturm Ins. 2 (1807) 209. *Starkschenkeliger Rinnenkäfer* Schinz-Cuvier Thierreich 3 (1823) 420. *Dickschenkeliger Rinnenkäfer* Thon-Reichenbach Naturgesch. Ins. (1838) 538. *Krummschenklicher Hohlfußkäfer* („Schenkel sind stark zusammengedrückt und an ihrer unteren Fläche deutlich ausgehöhlt") Duftschmid Fauna Austr. 2 (1812) 285. *Kleiner Stinkkäfer* Schmidt Schadinsekten (1939) 54.

Gattung **Pimélia** Fabricius 1775

Kurz und dick, gedrungen; zwischen Halsschild und Flügeldecken eingeschnürt. Langsam und träge im Sande. In Südeuropa und Nordafrika, nicht in Deutschland.

Zoolog. N. *Pimelia* zu griech. πιμελής 'fett' (Käfer massig und gedrungen, „obesus" Fabricius Philosophia entomol. [1778] 111).

Höckerkäfer Panzer Insectenfaune (1795) 38; Berge Käferbuch (1844) 199; die Seiten des Halsschildes sind mit hörnerartigen Höckern besetzt. *Feistkäfer* Illiger in: Magaz. f. Insektenkde 1 (1801) 147; Brehm 6 ([1]1869) 100; Klots-Förster Insekten (1959) 138; Übersetzung des zoolog. N.s.

Gattung **Tenébrio** Linné 1758

Körper lang, parallel, flach gewölbt und kahl. Flügeldecken mit Punktstreifen. Die Arten leben in Baumschwämmen, hinter morschen, mulmigen Rinden, in Gebäuden, Kellern, Lagerhäusern, in Mehl und Mehlprodukten sowie Getreideabfällen.

Zoolog. N. Lat. *tenebrio* 'lichtscheuer Mensch, Dunkelmann' (Käfer dunkelliebend im Verborgenen).

Für die folgenden N.n s. oben Sp. 603f. (→ *Tenebrionidae*). *Mehlkäfer* Schinz-Cuvier Thierreich 3 (1823) 423; Oken 5, 3 (1836) 1784; Brohmer Fauna ([6]1949) 268. *Mehlrinnenkäfer* Duftschmid Fauna Austr. 2 (1812) 298. *Schattenkäfer* Sturm Ins. 2 (1807) 213; Leunis ([2]1860) 480; Calwer Käferbuch ([6]1916) 815. *Dunkelkäfer* Schlechtendal-Wünsche Insecten (1879) 88. *Schlupfkäfer* Taschenberg Prakt. Insektenkde 2 (1879) 86.

Tenébrio mólitor Linné 1758

Langgestreckt, parallel; 14 bis 18 mm. Braunschwarz bis rostbraun, fettglänzend, Unterseite meist etwas heller. Kopf und Halsschild dicht und fein punktiert; Flügeldecken mit feinen Punktstreifen, deren Zwischenräume etwas gewölbt. Fühler und Beine braun. Larve langgestreckt, drehrund, gelb und augenlos.

Käfer und Larven wohnen in Deutschland synanthrop in Gebäuden, nur selten im Freien. Sie leben an Getreide, Mehl und Mehlprodukten, zumal in Lagerhäusern, Mühlen, Bäckereien und zwar „überall, wo Müllereierzeugnisse hergestellt oder gelagert werden, bis in die kleinsten Bauerndörfer und Einzelgehöfte" (Horion Faunistik 5 [1956] 255). Seit langem sind daher „Mehlkäfer" und „Mehlwürmer" als Schädlinge bekannt. Aufenthaltsort und Schädlichkeit an Mehl und Mehlprodukten haben sie seit jeher mit den Schaben (→ *Blattodea*) gemein. Sie wurden darum früher oft mit dem Gemeinschafts-N. *Schabe* benannt (da noch Linné [1758] das Genus *Blatta* zu den Käfern rechnet, stand dieser Bezeichnung nichts im Wege; vgl. auch oben Sp. 603), freilich auch oft von den echten Schaben nicht unterschieden (vgl. dazu oben Sp. 52).

Zoolog. N. Lat. *molitor* 'Müller' („habitat in farina pistorum, molendinis, pane sicco, saccharato").

Alte N.n. *curculio* (1521) Diefenbach Gloss. 163; Steinbach Wb. 2 (1734) 1053; eigentl. 'Kornwurm' (→ *Calandra granaria* L., Sp. 244), hier im weiteren Sinne 'Getreideschädling' mit 'Mehlwurm' interpretiert. — *blatta pistrinaria* Golius Onomast. (1579) 306; Stieler Stammbaum (1691) 2584; vgl. dazu Beiheft 2, S. 35. — *blatta* Frischlin Nomencl. (1586) 69; Steinbach Wb. 2 (1734) 1053; eigentl. 'Schabe' (→ *Blattodea*), doch läßt das Interpretamentum 'Mehlwurm' vermuten, daß hier *Blattodea* und *Tenebrio molitor* L. nicht unterschieden wurden. — *Blatta frumentacea*, *Blatta mollis* („vermiculus est longiusculus, teres, luteus, splendens . . . in pistrinis et apud pistores") Schwenckfeld Theriotropheum (1603) 513. — *Scarabaeolus pistrinarius* ebda; Kirsch Cornucopiae (1718) 974. *cantharius pistrinarius* Stieler Stammbaum (1691) 937. *pistrinarius* Marperger Kauffmanns Magaz. (1708) 1108; Steinbach Wb. 2 (1734) 840.

In Mehl und in Mehlprodukten. *Meel Käfer* SCHWENCKFELD Theriotropheum (1603) 555. *Mälkäfer* STIELER Stammbaum (1691) 937. *Meel-Käferlein* MERCKLEIN Thierbuch (1696) 567. *Meel-Käfer* HELLWIG Thiergarten (1703) 274. *Mehlkäfer* MARPERGER Kauffmanns Magaz. (1708) 1108; ADELUNG 3 (1777) 438; OKEN Lehrb. d. Naturgesch. 3, 1 (1815) 802; BREHM 6 ([1]1869) 100; FERRANT Insekten (1911) 200; v. KÉLER Entomol. Wb. (1956) 226; HÖFER Österreich 2, 250; DALLA TORRE Tirol 88; JUTZ Vorarlberg 2, 387. *Meelkäver* BERGHAUS Sprachschatz d. Sassen 2, 540. *Mialkäfer* HARTWIG in: Jahresber. Ravensberg 40 (1926) 35. *Schwarzer Mehlkäfer* FISCHER Naturgesch. Livland (1778) 138. *Gemeiner Mehlkäfer* SCHRANK Enumeratio (1781) 218; OKEN 5, 3 (1836) 1784; TASCHENBERG Prakt. Insektenkde 2 (1879) 86. *Gewöhnlicher Mehlkäfer* ZACHER Vorratsschädl. (1927) 118; HORION Käferkde (1949) 155. Vgl. nl. *meeltor* HOUTTUYN 10 (1766) 59, Nl. Wb. 9, 376; dän. *melbille, -basse* DO 13, 1235; schwed. *mjölbagge* SAO 17, M 1159; engl. *meal-beetle* NED 6, M 267.

Mehlschlupfkäfer MEIDINGER Nomenkl. (1787) 140. *Mehl Schattenkäfer* BRAHM Insektenkal. 1 (1790) 201. *Mehl-Dunkelkäfer* SCHLECHTENDAL-WÜNSCHE Insecten (1879) 88. Nach der Larve („Mehlwurm"), die vielfach bekannter ist als die Imago: *Mehlwurmkäfer* KLOTS-FORSTER Insekten (1959) 138. Vgl. engl. *mealworm beetle* BUSVINE Insects (1951) 318.

Mēlwiwel BERTALOTH Odenwald 17; zu *Wibel* 'Käfer', s. oben Sp. 67f.

Früher bezeugt ist der N. *Mehlwurm*, der volkssprachlich sowohl Käfer wie Larve bezeichnen kann. In den frühen Belegen ist diese Bezeichnung als Gemeinschafts-N. anzusehen; er gilt sowohl für den Mehlkäfer und seine Larve (*Tenebrio molitor* L.) als auch für andere in und an Mehl befindliche Insekten wie Schaben (→ *Blattodea*) oder Kornkäfer (→ *Calandra granaria* L.) u. dgl. im Sinne von 'Mehl-' oder 'Getreideschädling'. Doch sind am bekanntesten von ihnen wohl die Larven von *Tenebrio molitor* L. gewesen, die nicht nur in Mühlen, Backstuben allenthalben angetroffen, sondern sogar gehandelt und gezüchtet wurden (vgl. „Mehlwürmlein aus der Mühlen von den Beckern geholet" COLERUS Hausbuch 5 [1615] 166, „zur Angelfischerey außerordentlich gut" KRÜNITZ Oecon. Encycl. 13 [1778] 568, „eine köstliche Speise für die Vögel, Laubfrösche etc." DUFTSCHMID Fauna Austr. 2 [1812] 300, „Mehlwürmer ... das bekannte Nachtigallenfutter" BLUMENBACH Naturgesch. [[2]1825] 289, „von Vogelliebhabern in einer sog. Mēlwormskeste ... gezüchtet" LEITHAEUSER Berg. Land 24). *melwürme* (15. Jh.) Tegernseer Fischbüchl. 177. *melbwurm* (1521) DIEFENBACH Gloss. 163 s. v. curculio. *meelwurm* GOLIUS Onomast. (1579) 306. *Melwörme* CHYTRAEUS Nomencl. (Rostock 1585) 381. *Meel Wurm* SCHWENCKFELD Theriotropheum (1603) 513; („vermis major in farina, lutei coloris, qui in scarabaeum nigrum mutatur") FRISCH Wb. 1 (1741) 653. *Mehlwurm* ADELUNG 3 (1777) 440; OKEN Lehrb. d. Naturgesch. 3, 1 (1815) 802; BREHM 6 ([1]1869) 100; SCHMIDT Schadinsekten (1939) 37; HÖFER Österreich 2, 250; DALLA TORRE Tirol 88; JUTZ Vorarlberg 2, 388; BERTHOLD Hess.-Nass. 2, 303. *Mählwurm* FRIEDLI Bärndütsch 6, 269. *Melwurm* FISCHER Schwäb. 4, 1600. *Mälwurem* LUDWIG Moselfränk. 18; HEINZERLING-REUTER Siegerland 169. *Miēlwūrem* Wb. d. luxemb. Ma. 283. *Mālbuerm* SATTER Gottschee 20. *Möllwurm* NEUBAUER Egerland 329. *Mälworm* DELLIT Kleinschmalkalden 189. *Mählworm* WOSSIDLO-TEUCHERT Mecklenb. 4, 1065. *Mehlworm* HALBACH Berg. Sprachschatz 853. *Mialwuērm, Mählwöerm* HARTWIG in: Jahresber. Ravensberg 40 (1926) 35. *Mälwyrm* JENSEN Nordfries. 718. *Gelber Meel-Wurm* FRISCH Insecten 3 (1721) 1. *Gelber Mehlwurm* KRÜNITZ Oecon. Encycl. 13 (1778) 568; GLASER Naturgesch. d. Ins. (1857) 40. Vgl. nl. *meelworm* Nl. Wb. 9, 376; dän. *melorm* DO 13, 1289; schwed. *mjölmask* SAO 17, M 1164; engl. *mealworm* NED 6, M 267; frz. *ver de la farine* ROLLAND 3, 344.

Mehl-Motte NOEL CHOMEL Lex. 6 (1759) 705. *Miëldeierchen* [-tierchen] Wb. d. luxemb. Ma. 282. *Mehlmüschen* [-mäuschen?] (Fehmarn) WIEPERT in: Die Heimat 65 (1958) 129. *Mehlsiepen* „die an den Sackwänden klebten" ebda. *Mehlweise* MITZKA Schles. 2, 864.

Überall in Mühlen. *Mül Käfer* SCHWENCKFELD Theriotropheum (1603) 555. *Mühlkäfer* Samml. Nat.- u. Med.-Gesch. (Frühling 1718) 965; CAMPE 3 (1809) 359. *Mühlenferken* Rhein. Wb. 5, 1363; eigentl. 'Kellerassel', zu *Ferken* 'Schwein' ebda 2, 387, hier auf den Mehlkäfer übertragen. *Mölnklatten* [Mühlen-] (Fehmarn) WIEPERT in: Die Heimat 65 (1958) 129; zu *Klatt* 'Klümpchen', 'klebrige, schmutzige Klümpchen' MENSING Schlesw.-Holst. 3, 140. *Europäischer Müller* („da es sich fast durch ganz Europa in den Mühlen ... ertappen läßt") LINNÉ-MÜLLER 5, 1 (1774) 368; SCHMIEDLEIN Insectenlehre (1786) 245. *Europäischer Müllerkäfer* GOEZE Entomol. Beytr. 1 (1777) 669; KIRCHHOF Conv. Lex. 6 (1842) 303. *Müllerkäfer* NEMNICH (1793) 2, 1428. *Müller-Schattenkäfer* STURM Ins. 2 (1807) 219; THON-REICHENBACH Naturgesch. Ins. (1838) 363. *Müller* FUESSLI Verz. schweitz. Inseckten (1775) 19; BREHM 6 ([1]1869) 100; RAPP Käfer Thüringens 2 (1934) 245. *Millr* WENISCH Nordwestböhmen 157. *Müllner* WIEDER Südmähren 32. Vgl. schwed. *mjölnare* SAO 17, M 1192.

Da weithin von den Schaben nicht unterschieden, auch *Schabe, Schwabe, Bäcker-, Hausschabe.* Belege s. oben *Blattodea*, Sp. 52ff.

Drahtwurm FRIEDLI Bärndütsch 6, 269; eigentl. Larve der Schnellkäfer (→ *Elateridae*, Sp. 291f.), in volkstümlicher Sprache aber auch für Käferlarven jeder Art. *Kohrnwurm* HARTWIG in: Jahresber. Ravensberg 40 (1926) 35; eigentl. Larve des Kornkäfers (→ *Calandra granaria* L., Sp. 246), dann zuweilen auch im weiteren Sinne 'Getreideschädling'. *Merlenfutter* Rhein. Wb. 5, 1093; als Vogelfutter (s. oben) für die *Merle* (< lat. *merula*) 'Amsel'. *Klümpenbieters* (Fehmarn) WIEPERT in: Die Heimat 65 (1958) 129; vgl. *Klümp* 'Kloß, Mehlkloß' MENSING Schlesw.-Holst. 3, 190. *Krabsel* MITZKA Schles. 2, 716.

Gelegentlich dürften Mehlwurm und Mehlmilbe (→ *Tyroglyphus farinae* DE GEER, *Acari*) nicht unterschieden werden, daher *Milbe* („Mehlwurm") Rhein. Wb. 5, 1133. *Mieten* Pl. (Fehmarn) WIEPERT in: Die Heimat 65 (1958) 130. Vgl. *Milbe*, *Miete* als N. für verschiedene kleinere Insekten, s. oben Sp. 9f.

Tenébrio obscúrus FABRICIUS 1792. — Schwarz, oben gedrängt punktiert, matt; 14 bis 18 mm. Flügeldecken gestreckt, mit feinen Punktreihen, die Zwischenräume lederartig gerunzelt und mit größeren, flachen Körnchen besetzt. Unter morschen Baumrinden, meist synanthrop in Häusern, Kellern, Stallungen, in Mehl und Mehlprodukten (wie → *T. molitor* L.). Zoolog. N. Lat. *obscūrus* 'dunkel' („oblongus niger obscurus..., caput et thorax nigra, obscura..., elytra omnino concolora..., corpus nigrum").

Mattschwarzer Mehlkäfer PANZER Syst. Nomencl. (1804) 132. *Dunkler Mehlkäfer* DUFTSCHMID Fauna Austr. 2 (1812) 298; ZACHER Vorratsschädl. (1927) 120. *Düsterer Schattenkäfer* STURM Ins. 2 (1807) 218. *Dunkler Schattenkäfer* LENZ Naturgesch. 3 ([2]1851) 225.

Gattung **Tribólium** MACLEAY 1825. — Länglich, oben abgeflacht, kahl. Fühler zur Spitze verdickt, mit 3 größeren Endgliedern. Die Arten leben in altem Holz, Strohabfällen, in Brot- und Mehlrückständen, überhaupt in Vorräten aller Art. Sie „gehören zur großen Schar derjenigen Speicherschädlinge, die unverletztes Getreide im allg. nicht angreifen, wohl aber als sekundäre Schädlinge großen Schaden stiften, indem sie die von anderen Insekten verletzten oder zerbrochenen Körner weiter zerstören" (HORION Faunistik 5 [1956] 236). Zoolog. N. *Tribolium* zu griech. τρίβολος 'dreispitzig' (Fühler mit dreigliedriger Keule).

Dreispitzkäfer FERRANT Insekten (1911) 200; Übersetzung des zoolog. N.s. *Reismehlkäfer* HORION Käferkde (1949) 155.

Tribólium castáneum (HERBST 1797). — Länglich, parallel; 3 bis 3,5 mm. Rostrot, fast matt. Flügeldecken fein gestreift-punktiert, die Zwischenräume schwach gekielt. In ganz Deutschland, synanthrop in Gebäuden, schädlich an Vorräten aller Art (Getreideabfällen, Mehl, Kleie, Graupen, Grütze, besonders in Reis, in Kolonialwaren, Drogen, getrockneten Früchten usw.). Zoolog. N. Lat. *castaneus* 'kastanienfarben' („überall kastanienbraun").

Rostrother Küchenkäfer THON-REICHENBACH Naturgesch. Ins. (1838) 360. *Rostfarbiger Schattenkäfer* GLASER Naturgesch. d. Ins. (1857) 41. Übersetzung von syn. *Tr. ferrugineum* F. („elytris striatis testaceis"). *Gemeiner Dreispitzkäfer* FERRANT Insekten (1911) 200; zum N. → *Tribolium* MCLEAY. In Vorräten aller Art. *Maiskäfer* BREHM 2 ([4]1922) 435; LEDERER Schädlingskde (1928/32) 282. *Reismehlkäfer* Anz. f. Schädlingskde 2 (1926) 149; KLOTS-FORSTER Insekten (1959) 138. *Rotbrauner Reismehlkäfer* ZACHER Vorratsschädl. (1927) 114; v. KÉLER Entomol. Wb. (1956) 117.

Tribólium confúsum DU VAL 1868. — Braunrot; 3,5 mm. Flügeldecken mit schwachen Kielen zwischen zarten Punktreihen. In Mühlen, Getreidespeichern, Warenhandlungen, Bäckereien u. dgl. Zoolog. N. Lat. *cōnfūsus* 'verwirrt, verworren'.

Amerikanischer Reismehlkäfer ZACHER Vorratsschädl. (1927) 115; SCHMIDT Schadinsekten (1939) 45. *Reismehlkäfer* LEDERER Schädlingskde (1928/32) 275.

Úloma culináris (LINNÉ 1758)

Flach gewölbt, länglich, parallel; 10 bis 11,5 mm. Einfarbig rotbraun. Fühler zur Spitze verdickt. Flügeldecken punktiert-gestreift, Zwischenräume gewölbt und glänzend. Unter morscher Rinde und im Mulm von Nadelhölzern, auch von Laubbäumen. Früher (vgl. die folgenden N.n) auch als Vorratsschädling in Gebäuden an Getreide- und Mehlvorräten bezeichnet.

Zoolog. N. *Ūloma* CASTELNAU 1840, Herkunft unsicher (zu griech. οὐλόω 'vernarben machen' AGASSIZ Nomencl. [1842] Col. 168, oder zu griech. οὖλος 'kraus, gekräuselt' und griech. ὦμος 'Schulter', da der „Vorderrand des Halsschilds mit einer Grube, die von einer kleinen Erhöhung begrenzt ist", s. SCHENKLING Nomencl. [1922] 114 [dann wäre *Ulóma* zu lesen]; oder eher zu griech. οὐλόμενος 'verderblich' wie GLASER Cat. etym. [1887] 46 angibt?); *culīnāris* 'in der Küche (lat. *culīna*) lebend' (anfänglich als Vorratsschädling beobachtet, „habitat in quisquiliis").

Küchengast („Aufenthalt ist im Küchenkehrich und in dem aufgeschütteten Getraide") LINNÉ-MÜLLER 5, 1 (1774) 370; („gemein in Speiskammern, Küchen und Kellern") FUESSLI Verz. schweitz. Inseckten (1775) 19; BERGE Käferbuch (1844) 196. *Küchenmehlkäfer* FISCHER Naturgesch. Livland (1784) 66; DUFTSCHMID Fauna Austr. 2 (1812) 302. *Küchenschlupfkäfer* MEIDINGER Nomenkl. (1787) 140. *Küchen-Schattenkäfer* STURM Ins. 2 (1807) 227. *Gemeiner Küchenkäfer* THON-REICHENBACH Naturgesch. Ins. (1838) 360. *Küchenkäfer* GLASER Naturgesch. d. Ins. (1867) 38; ZACHER Vorratsschädl. (1927) 113; SCHMIDT Schadinsekten (1939) 357. Übersetzungen des zoolog. N.s. Vgl. nl. *keuken-tor* HOUTTUYN 10 (1766) 63.

Gemeiner Schnurkäfer OKEN 5, 3 (1836) 1784; Fühler schnurförmig. *Brauner Mehlkäfer* BERGE Käferbuch (1844) 196.

Ordnung Collémbola LUBBOCK 1870 Springschwänze

Kleine (0,25 bis 6 mm, selten mehr), primär flügellose Insekten, meist mit ausgebildetem Sprungvermögen.

Mit anderen Ordnungen von primär flügellosen Insekten (→ *Diplura*, → *Protura*, → *Thysanura*) zusammengefaßt zur Gruppe **Apterygóta** 'Ur-Insekten' (früher **Áptera** 'Ungeflügelte' [griech. ἄπτερος 'ungeflügelt'] unter Einschluß der sekundär flügellosen Insekten, d. h. jener, bei denen ein Verlust der Flügel im Laufe der Stammesgeschichte angenommen werden muß, z. B. Läuse, Flöhe u. a., anfangs [LINNÉ 1758] auch die nicht zu den Insekten zählenden Arthropoden enthaltend). Zoolog. N. *Apterygōta* mit griech. ἀ-Privativum zu griech. πτερυγωτός 'geflügelt'.

In der Übersetzung des älteren Begriffs *Aptera*: *Ungeflügelte Insekten* BECKMANN Anfangsgr. (1767) 116. *Unflüglige Insekten* ILLIGER in: Magaz. f. Insektenkde 1 (1801) 122. *Ungeflügelte Ziefer* CAMPE Erg.-Bd. (1813) 122; zu *Ziefer* s. oben Sp. 6f. *Insekten ohne Flügel* SULZER Abgek. Gesch. d. Ins. 1 (1776) 229. *Flügellose Ziefer* CAMPE a. a. O. *Ungeflügelte* LINNÉ-MÜLLER 5, 2 (1775) 1012; BREHM 6 ([1]1869) 500. *Ohnflügler* BECHSTEIN-SCHARFENBERG Forstinsekten 3 (1805) 876. *Flügellose* LEUNIS (1844) 323.

In der Wiedergabe des Begriffs *Apterygota* mit Bezug auf die urtümliche Organisation der Tiere: *Urinsekten* BREHM 9 ([3]1893) 611; KLOTS-FORSTER Insekten (1959) 16. Auch der alte N. *Flügellose* (s. oben) wird beibehalten, s. KEILBACH Schädl. (1966) 50.

Die Collembolen sind weiß (subterran lebende Arten), grau, grün, violett oder bunt gefärbte Tiere mit gestrecktem oder kugeligem Körper. Die Mundteile sind entweder kauend oder stechend-saugend. Augen bei manchen Arten bis zur Blindheit reduziert. Im Unterschied zu allen anderen Insekten besteht der Hinterleib aus nur 6 Segmenten. Auffälligstes Merkmal ist der Sprungapparat, gebildet aus der an der Bauchseite des Hinterleibs angebrachten Springgabel (Furca) und deren Haltevorrichtung (Retinaculum). In der Ruhe ist die Springgabel nach vorn eingeschlagen und wird von den Zähnchen der Haltevorrichtung festgehalten. Bei Beunruhigung wird sie plötzlich abgeschnellt, gegen den Boden (oder — bei wasserbewohnenden Arten — gegen die Wasseroberfläche) geschlagen und ermöglicht den Tieren, ziemlich weite Sprünge auszuführen. Bei bodenbewohnenden Arten kann die Springgabel teilweise oder völlig reduziert sein. Fortpflanzung erfolgt durch indirekte Spermaübertragung, zuweilen auch Parthenogenese. Die Tiere häuten sich mehrmals bis zur Geschlechtsreife, und auch danach finden noch Häutungen statt. Die Collembolen sind die weitaus individuenreichste Insektengruppe der Erde; auf einen Quadratmeter Boden sind öfter zwischen 30000 und 40000 Exemplare gezählt worden. Sie leben — meist lichtscheu — bei hoher Luftfeuchtigkeit im Boden, in Waldstreu, auch in altem Holz, unter Baumrinde, an Moos, Pilzen und krautigen Pflanzen, einige auf Wasser, Schnee und Eis. Ihre Nahrung besteht aus Algen, Pilzen, Pollen, lebenden und zerfallenden Pflanzenteilen, Exkrementen u. dgl.

Zoolog. N. *Collembola* zu griech. κόλλα 'Leim' und griech. ἔμβολον 'das Spitz-Zulaufende', 'Keil', auch 'Penis', in der vorliegenden Komposition also etwa als „Leimspitze" bzw. als „Leimspitzentiere" zu verstehen (nach dem an der Unterseite des Abdomens befindlichen Ventraltubus, der unter anderem als Adhäsionsorgan zum besseren Halt an steilen, glatten Unterlagen angesehen wird; „as indicating the existence of a projection or mammalia enabling the creature to attach or glue itself to the body on which it stands").

Infolge ihres Sprungvermögens oft als *Floh* bezeichnet (s. auch die nachfolgenden Arten). *Pflanzenfloh* („der Größe nach einem Floh gleich, es lebt auf einigen Pflanzen und an feuchten Örtern, in Mistbeeten") BECKMANN Anfangsgr. (1767) 116. *Pflanzenflöhe* LINNÉ-MÜLLER 5, 2 (1775) 1017; BECHSTEIN-SCHARFENBERG Forstinsekten 3 (1805) 876. Im Boden und in Waldstreu. *Waldflöhe* GLEDITSCH Forstwiss. 2 (1775) 634. *Erdflöhe* Schauplatz 6 (1778) 540. *Erdfloh* CAMPE 4 (1810) 555. Die N.n *Pflanzenfloh*, *Erdfloh* gelten auch für → *Halticinae* (s. oben Sp. 154f.), der N. *Erdfloh* auch für → *Mordellidae* (s. oben Sp. 414); die bei Laien kaum bekannten Collembolen dürften übrigens oft — falls sie beobachtet werden — für Halticinen oder für (ebenfalls springende) „Blattflöhe" (→ *Psyllidae*, *Homoptera*) gehalten und entsprechend benannt werden. — Vgl. nl. *plantvlooijen*, *aardvlooijen* HOUTTUYN 13 (1769) 20, *plant-*, *plantenvloo* Nl. Wb. 12, 1, 2284; ferner dän. *spring-luus* MÜLLER Zool. Dan. Prodr. (1776) 184.

Tiere mit einer auffälligen, dem 4. Hinterleibssegment anhaftenden, schwanzartig erscheinenden Springgabel (s. oben). *Fußschwanz* („weil sie den Schwanz statt eines Fußes gebrauchen, um damit fortzurücken") LINNÉ-MÜLLER 5, 2 (1775) 1017. *Fußschwänzler* BECHSTEIN-SCHARFENBERG Forstinsekten 3 (1805) 876. *Fußschwanzthierchen* FUESSLI Verz. schweitz. Inseckten (1775) 59; CAMPE 4 (1810) 555. *Fußschwanzinsekt* MEIDINGER Nomenkl. (1787) 199. Übersetzungen des zoolog. N.s → *Podura* L., unter dem die anfänglich bekannten Tiere dieser Ordnung zunächst zusammengefaßt wurden. Vgl. dän. *stiertfod* (1771) HENRIKSEN Danske Insektnavne 74. Springgabel mit paarigen Griffeln, „gabelartig". *Gabelschwänze* OKEN 5, 2 (1835) 616.

Springschwanz SCHRANK Enumeratio (1781) 495; CAMPE 4 (1810) 555. *Springschwanzthier* SCHINZ-CUVIER Thierreich 3 (1823) 213. *Springschwanzthierchen* THON-REICHENBACH Naturgesch. Ins. (1838) 470. *Springschwänze* BECHSTEIN-SCHARFENBERG Forstinsekten 3 (1805) 876; BREHM 6 ([1]1869) 500; ZACHER Vorratsschädl. (1927) 38; BRAUNS Waldins. (1964) 24. Vgl. dän. *springhale* DO 21, 509; schwed. *hoppstjärt, hoppsvans* SAO 11, H 1181; engl. *springtails* BUSVINE Insects (1951) 419. *Springschnittler* ILLIGER in: Magaz. f. Insektenkde 1 (1801) 148; die von CAMPE vorgeschlagene Verdeutschung *Einschnittler* für 'Insekt' (s. oben Sp. 8) verkürzt ILLIGER zu *Schnittler*, so daß seine vorgeschlagene Wortform als 'Springinsekt' zu verstehen ist.

Familie **Dicyrtómidae.** — Körper eiförmig. Alle Arten mit Augen. In Wäldern an faulenden Baumstämmen, zwischen Moos, auf Wiesen an Gras, an Kräutern, Sträuchern, unter Steinen und Holzstücken.

Eiförmiger Körper mit deutlich abgesetztem Kopf, daher spinnenähnlich. *Spinnenspringer* BROHMER Fauna ([6]1949) 151; v. KÉLER Entomol. Wb. (1956) 153.

Dicýrtoma átra (LINNÉ 1758). — Schwarz oder braunschwarz, doch kommen einige Farbvarianten vor. 2 bis 2,7 mm. In Wäldern an Pilzen und in totem Laub, unter Steinen und Holzstücken. Zoolog. N. *Dicyrtoma* BOURLET 1842, zu griech. δίκυρτος 'mit zwei Buckeln' („il y a deux tubercules dorsaux"); lat. *āter* 'dunkel, schwarz'.

Erdfloh LINNÉ-MÜLLER 5, 2 (1775) 1018. *Schwarzer Springschwanz* SCHRANK Enumeratio (1781) 495. *Schwarzes Fußschwanzinsekt* MEIDINGER Nomenkl. (1787) 199. *Schwarzer Gabelschwanz* OKEN 5, 2 (1835) 617.

Familie **Entomobrýidae.** — Meist hellere Arten mit dunkler Zeichnung. Körper beschuppt oder mit dicht bewimperten Keulenborsten. Springgabel gut ausgebildet.

Die Tiere laufen im allgemeinen rasch und springen lebhaft. *Laufspringer* BROHMER Fauna ([6]1949) 150; STRESEMANN Exkursionsfauna 2, 1 (1964) 32.

Entomobrya nivális (LINNÉ 1758)

Unbeschuppt. Von heller, weißlicher Grundfarbe mit variabler, dunkler Körperzeichnung. Größe 2 mm. Überall in Wäldern auf Gebüsch und Nadelbäumen, unter Rinde, in Flechten und Moos. Zuweilen im Winter auf Schnee.

Zoolog. N. *Entomobrya* RONDANI 1861, Herkunft ungeklärt; vielleicht zu griech. ἔντομα (ζῷα) 'Insekten' (s. oben Sp. 2) und griech. βρύον 'Moos'?; lat. *nivālis* 'zum Schnee gehörig', hier 'in (auf) Schnee lebend' („habitat hyeme gregatim in ipsa nive" LINNÉ Fauna Svec. [[2]1761] 473).

Alter N. *vermes nivales* (1684) nach TULLBERG Svenska Vetensk.-Akad. Handl. 10 (1871) 10, 4.

Gelegentlich auf Schnee anzutreffen. (Auch andere, später bekannt gewordene Arten der *Collembola* werden als typische Winterformen auf Schnee beobachtet; sie dürften daher ebenfalls mit den nachstehenden N.n bezeichnet worden sein.) *Schneeläufer* LINNÉ-MÜLLER 5, 2 (1775) 1019; nach nl. *sneeuwlooper* HOUTTUYN 13 (1769) 28. *Schneedauernder Springschwanz* SCHRANK Enumeratio (1781) 495. *Schnee-Springschwanz* BECHSTEIN-SCHARFENBERG Forstinsekten 3 (1805) 877; BEHLEN Forst- u. Jagdkde 5 (1843) 663; HELLMICH Tiere d. Alpen (1936) 82. *Schneespringschwänzchen* BREHM 2 ([4]1922) 49. *Schneefußschwanzinsekt* MEIDINGER Nomenkl. (1787) 199. *Schnee-Fußschwänzler* BECHSTEIN-SCHARFENBERG a. a. O.

Schneefloh FUESSLI Verz. schweitz. Inseckten (1775) 59; BLUMENBACH Naturgesch. ([2]1825) 341; BREHM 9 ([3]1893) 613; FRIEDLI Bärndütsch 2, 92. *Schnee-Pflanzenfloh* BECHSTEIN-SCHARFENBERG Forstinsekten 3 (1805) 877. Vgl. schwed. *snöloppa* LINNÉ Syst. Nat. ([6]1748) 67; dän. *sneeloppe* DO 20, 1098; engl. *snow-flea, snow-fly* NED 9, 1, 332.

Gletscherfloh LEUNIS ([2]1860) 650; dieser N. gilt später vorwiegend für → *Isotoma saltans* NIC.; doch dürften diese und die vorliegende Art vielfach nicht unterschieden werden.

Häufiger in Wäldern (s. oben). *Langer aschgrauer Waldfloh* GLEDITSCH Forstwiss. 2 (1775) 233. *Waldfloh* ADELUNG 5 (1786) 39.

Orchesélla villósa (GEOFFROY 1762). — Unbeschuppt, stark beborstet, Länge bis zu 5 mm. Gelblichgrau, mit dunkler Binden- und Fleckenzeichnung. Unter Blättern am Boden und unter Holzstücken. Zoolog. N. *Orchēsella* TEMPLETON 1835, zu griech. ὄρχησις 'das Tanzen, Springen'; lat. *villōsus* 'zottig, haarig' („sa tête et son corcelet sont fort velus").

Körper dicht behaart. *Zotenbalg* [Zotten-] LINNÉ-MÜLLER 5, 2 (1775) 1020. *Zottigter Erdfloh* („das ganze Thier ist mit kurzen Haaren bewachsen") SCHRANK Beytr. z. Naturgesch. (1776) 46; SCHMIEDLEIN Insectenlehre (1786) 416. *Zottiges Fußschwanzinsekt* MEIDINGER Nomenkl. (1787) 199. *Zottigtes Fußschwanzthierchen* HERBST Naturgesch. 8 (1787) 130. *Zottiger Springschwanz* SCHRANK Enumeratio (1781) 496; BREHM 6 (1869) 501. *Behaarter Springschwanz* BREHM-ROSSMÄSSLER Thiere d. Waldes 2 (1867) 367.

Familie **Hypogastrúridae.** — Kräftig behaart oder beborstet. Springgabel ziemlich kurz, oft mehr oder weniger reduziert oder manchmal fehlend. Bodentiere in sich zersetzenden Substanzen (unter Rinde, in moderndem Holz, in Moos, Streu, totem Laub u. dgl.). Zoolog. N. *Hypogastrūridae* Weiterbildung des Gattungs-N.s *Hypogastrūra* BOURLET 1839, zu griech. ὑπογάστριος 'unter dem Bauche, dem Unterleibe' und griech. οὐρά 'Schwanz' (nach der am Ventralteil des Körpers befindlichen Springgabel, „organe du saut attaché sous le ventre, et non à son extrémité").

Die relativ kleine oder verschiedentlich rückgebildete Springgabel erlaubt nur mäßige Sprünge. *Schwachspringer* MÜLLER Terminol. Entomol. (1872) 4. *Kurzspringer* v. LENGERKEN Schädlingsb. (1932) 65; v. KÉLER Entomol. Wb. (1956) 270. Einige Arten schädlich in Champignonkulturen: *Champignonspringschwänze* SCHMIDT Schadinsekten (1939) 14.

Familie **Isotómidae.** — Körper behaart, stets ohne Schuppen. 4. bis 6. Hinterleibssegment oft miteinander verschmolzen. Springgabel meist vorhanden, oft verkürzt.

Mit gleichmäßiger Ringelung, d. h. die einzelnen Segmente von Brust und Hinterleib etwa gleichgroß. *Gleichpodure* MÜLLER Terminol. Entomol. (1872) 131; vgl. → *Podura* L. *Gleichringler* BROHMER Fauna ([6]1949) 149; SCHMIDT Schadinsekten (1955) 12.

Folsómia fimetária (LINNÉ 1758). — Zylindrisch langgestreckt; 1,4 mm. Ganz weiß, mit kurzer, dichter Behaarung. Blind. Unter Moos, in der Erde, vor allem in Kulturböden weit verbreitet, auch in Gärten, Gewächshäusern, Blumentöpfen. Eine der häufigsten Arten. Zoolog. N. *Folsomia* WILLEM 1902, Latinisierung des Personen-N.s *Folsom*; neulat. *fimētārius* 'im Miste (lat. *fimum*), im Misthaufen (lat. *fimētum*) lebend' („habitat in terra praegnante").

Mistgraber LINNÉ-MÜLLER 5, 2 (1775) 1021; nach nl. *mestgraaver* HOUTTUYN 13 (1769) 34. *Mistgräber* HERBST Naturgesch. 8 (1787) 130. *Mistfußschwanzinsekt* MEIDINGER Nomenkl. (1787) 199. *Mistspringschwanz* BRAHM Insektenkal. 1 (1790) 2. Übersetzungen des zoolog. N.s. Springgabel nur kurz, daher fälschlich *Ungeschwänzter Erdfloh* („ohne Springschwanz") SCHRANK Beytr. z. Naturgesch. (1776) 47. *Ungeschweifter Springschwanz* ders., Enumeratio (1781) 497. Ganz weiß. *Weißer Gleichringler* v. LENGERKEN Schädlingsb. (1932) 65.

Isótoma arbórea (LINNÉ 1758). — Etwa 2 mm. Rotviolett; mit kurzer, dichter Behaarung. Springgabel kurz. An den Stämmen und unter der Rinde alleinstehender Bäume. Zoolog. N. *Isotoma* BOURLET 1839, zu griech. ἴσος 'gleich' und griech. τομή 'das Schneiden; Einschnitt' (die vier Fühlerglieder annähernd gleich groß, „antennes courtes, de quatre articles à peu près égaux"); lat. *arboreus* 'zum Baume gehörig', hier: 'an Bäumen lebend' („habitat in Europae sylvis").

Baumläufer LINNÉ-MÜLLER 5, 2 (1775) 1019. *Schwarzer Baumfloh* GLEDITSCH Forstwiss. 2 (1775) 232. *Baumfloh* FUESSLI Verz. schweitz. Inseckten (1775) 59. *Baumfußschwanzinsekt* MEIDINGER Nomenkl. (1787) 199. *Baum-Fußschwänzler, Baum-Springschwanz* BECHSTEIN-SCHARFENBERG Forstinsekten 3 (1805) 878. *Baum-Gabelschwanz* OKEN 5, 2 (1836) 617.

Isótoma sáltans (NICOLET 1841)

Ganz schwarzblau, dicht und kurz behaart. Etwa 2 mm. Hochalpine Art auf dem Eis und Schnee der Gletscher, oft in großen Mengen. Sie nähren sich von angewehten Pollen und organischen Detrituspartikeln.

Zoolog. N. Lat. *saltāns* 'tanzend, springend, hüpfend'.

Gletscherfloh BREHM-ROSSMÄSSLER Thiere d. Waldes 2 (1867) 367; HELLMICH Tiere d. Alpen (1936) 82; als Femininum bei FRIEDLI Bärndütsch 2 (1908) 63 (zum Genus von *Floh* s. oben Sp. 42). Vgl. dän. *gletscherloppe* DO 6, 1057.

Familie **Neélidae.** — Sehr kleine Tiere, um 0,5 mm. Blind. Springgabel gut ausgebildet. In humusreichen, feuchten Böden, unter moderndem Holz u. dgl. Zoolog. N. *Neelidae* Weiterbildung des Gattungs-N.s *Neēlus* FOLSOM 1896, griech. νέηλυς 'neu, eben angekommen; ein Fremder' (der Autor vermutete bei der Beschreibung der Art *N. murinus* deren Einschleppung aus Jamaica).

Außerordentlich klein (daher im Freien meist übersehen). *Zwergspringer* BROHMER Fauna ([6]1949) 150; STRESEMANN Exkursionsfauna 2, 1 (1964) 34.

Familie **Onychiúridae.** — Gelblichweiße Tiere, etwa 3 mm. Springgabel meist ganz reduziert, daher ohne Sprungvermögen. Blind; sie leben im Dunkeln (im Boden, in Höhlen). Zoolog. N. *Onychiūridae* Weiterbildung des Gattungs-N.s *Onychiūrus* GERVAIS 1841, zu griech. ὄνυξ, Gen. ὄνυχος 'Klaue' und griech. οὖρος 'Antreiber, der in Bewegung Setzende' (ohne Springgabel, Fortbewegung mit Hilfe der Beine).

Blindspringer v. LENGERKEN Schädlingsb. (1932) 65; SCHMIDT Schadinsekten (1955) 10.

Familie **Podúridae.** — Körper kurz und kräftig; Springgabel lang und gut ausgebildet. Zu dieser Familie zählt nur die folgende, auf der Wasseroberfläche lebende Art.

Wasserspringer BROHMER Fauna ([6]1949) 146; v. KÉLER Entomol. Wb. (1956) 266.

Podúra aquática LINNÉ 1758

Blauschwarz mit rotbraunen Fühlern und Beinen; manchmal auch ganz rostrot. 1 bis 1,5 mm. Auf der Wasseroberfläche von Tümpeln, Teichen, Seen, auch am Rande langsam fließender Gewässer, gelegentlich auf Brackwasser. Zur Zeit der Schneeschmelze oft in großen Mengen. Verbreitet in ganz Europa.

Zoolog. N. *Podūra* LINNÉ 1758, zu griech. πούς, Gen. ποδός 'Fuß' und griech. οὐρά 'Schwanz' (Tiere benutzen ihre Springgabel, den vermeintlichen Schwanz, zur Fortbewegung; „cauda bifurca, saltatrix"); lat. *aquāticus* 'im, am Wasser lebend' („habitat in aquosis Europae").

Die Tiere führen mit Hilfe ihrer Springgabel Sprünge auf der Wasseroberfläche aus. *Wasserfloh* SCHAEFFER Elementa entomol. (1766) Tab. 102; ADELUNG 3 (1777) 1044; BREHM 6 ([1]1869) 500. Damit namensgleich mit den Arten der Familie → *Daphniidae* aus der Klasse *Crustacea* (Krebse). Vgl. dän. *vandloppe* DO 26, 434.

Wassertreter LINNÉ-MÜLLER 5, 2 (1775) 1020; nach nl. *watertreter* HOUTTUYN 13 (1769) 31. *Wasserfreund* HERBST Naturgesch. 8 (1787) 130. *Wasser-Fußschwanztiergen* LESKE Anfangsgr. 1 (1779) 485. *Wasserfußschwanzinsekt* MEIDINGER Nomenkl. (1787) 199. Vgl. dän. *vand stjertfod* (1802) HENRIKSEN Danske Insektnavne 75. *Wasser-Gabelschwanz* OKEN 5, 2 (1835) 617. *Wasserspringschwanz* BRAHM Insektenkal. 1 (1790) 1; WEBER Lehrb. d. Entomol. (1933) 643. *Wasserspringschwänzchen* BREHM 2 ([4]1922) 49. *Großer, schwarzblauer, plumper Wasserspringschwanz* LAMPERT Leben d. Binnengew. ([3]1925) 203. *Schwarzer Wasserspringer* BROHMER Fauna ([6]1949) 146. Vgl. *Podura aquatica tota nigra* DE GEER Act. Ups. (1740) 57.

Familie **Sminthúridae.** — Körperform kugelig. Springgabel stets gut ausgebildet. Die Arten meist auf der Wasseroberfläche (vorwiegend von Lachen, Tümpeln und anderen stehenden Gewässern) an Wasserpflanzen oder unter faulendem Laub und Holz, manche auf Wiesen und an Kulturpflanzen.

Kugelspringschwanz LEUNIS ([2]1860) 650. *Kugelspringschwänze* ESCHERICH Forstinsekten 2 (1923) 2. *Kugelspringer* STELLWAAG Weinbauins. (1928) 117; v. KÉLER Entomol. Wb. (1956) 527. Der Vergleich der springenden Fortbewegung mit Bocksprüngen führt zum N. *Springböcke* BREHM 2 ([4]1922) 51.

Sminthúrus víridis (LINNÉ 1758). — Kugelig; bis 3 mm. In Färbung und Zeichnung variabel: schmutzig weiß, gelbgrün oder graugelb mit unregelmäßigen dunklen Flecken. Häufig auf Wiesen und verschiedenen Pflanzen; bisweilen an Kulturpflanzen schädlich. Zoolog. N. *Sminthūrus* LATREILLE 1804, zu griech. σμίνθος 'Maus' und griech. οὐρά 'Schwanz'; lat. *viridis* 'grün' (Grundfarbe oft gelblichgrün).

Grünling LINNÉ-MÜLLER 5, 2 (1775) 1017. *Grüner Springschwanz* SCHRANK Enumeratio (1781) 495. *Grünes Fußschwanzinsekt* MEIDINGER Nomenkl. (1787) 199. Übersetzungen des zoolog. N.s. — Mitunter schädlich an Klee, an Luzerne. *Luzernefloh* SEDLAG Ur-Insekten (1953) 27.

Familie **Tomocéridae.** — Relativ große (bis 6 mm), beschuppte Tiere mit gut ausgebildeter Springgabel und langen Fühlern.

Endglieder der Fühler geringelt (→ *Tomocerus* NIC.). *Ringelhörnler* STRESEMANN Exkursionsfauna 2, 1 (1964) 32.

Tomócerus flavéscens (TULLBERG 1871)

Bleigrau beschuppt (ohne Schuppen gelb). 4 bis 6,5 mm. An feuchten Orten; in Moos, unter Laub, unter Nadelstreu, unter Holz und Steinen, bisweilen auch in Höhlen.

Zoolog. N. *Tomocerus* NICOLET 1842, zu griech. τομή 'das Schneiden; Einschnitt' und griech. κέρας '(Fühl-)Horn' (Fühlerendglieder geringelt; „le troisième [article] très-long, annulé ou composé d'une infinité de petites nervures transversales qui le sont paraître multiarticulé . . . quatrième article court et également annelé"); lat. *flāvēscēns* 'gelb, gelblich werdend' (in unbeschupptem Zustande gelb, „grundfärgen grågul eller rent gul").

Wahrscheinlich ist *Podura plumbea* LINNÉ 1758 synonym mit der vorliegenden Art (vgl. BÖRNER in: Mitt. Nat.-hist. Mus. Hamburg [1906] 155; PALISSA in: Tierwelt Mitteleuropas 4, 1 [1964] 232). Dazu die N.n *Baumfloh* LINNÉ-MÜLLER 5, 2 (1775) 1018; ADELUNG 1 (1793) 762; vgl. LINNÉS Bemerkung: „habitat in Europae arbustis".

In der Übertragung des syn. zoolog. N.s lat. *plumbeus* 'bleiern', hier: 'bleifarbig' („fusco-caerulea nitida"). *Länglicher, braunblauer, glänzender Baumfloh* GLEDITSCH Forstwiss. 2 (1775) 232. *Das Bleyfarbige* FUESSLI Verz. schweitz. Inseckten (1775) 59. *Bleyfärbiges Fußschwanzinsekt* MEIDINGER Nomenkl. (1787) 199. *Bräunlichblauer Fußschwänzler* BECHSTEIN-SCHARFENBERG Forstinsekten 3 (1805) 877. *Bleyfärbigter Springschwanz* SCHRANK Enumeratio (1781) 496. *Bleigrauer Springschwanz* BREHM 6 ([1]1869) 500. *Braunspringschwanz* BECHSTEIN-SCHARFENBERG a. a. O. *Gemeiner Gabelschwanz* OKEN 5, 2 (1835) 617.

Ordnung Corrodéntia BURMEISTER 1839 — Staubläuse

(= Copeognátha ENDERLEIN 1903)

Kleine (1 bis 5 mm, tropische Arten bis 10 mm), meist geflügelte, teils im Freien, teils in Häusern lebende Insekten.

Corrodentia werden mit den ebenfalls beißend-kauenden → *Mallophaga* sowie den saugenden → *Anoplura* zur Überordnung → *Psocoidea* WEBER 1939 (s. oben Sp. 13) zusammengefaßt.

Die Corrodentien haben einen großen Kopf mit borstenförmigen Fühlern und beißend-kauenden Mundteilen. Der Thorax ist gedrungen gebaut. Die Flügel, bestehend aus größeren Vorder- und kleineren Hinterflügeln, zeigen ein ziemlich kompliziertes Geäder. Manche Arten sind ungeflügelt; die geflügelten Arten machen nur wenig von ihrem Flugvermögen Gebrauch. Die Verwandlung ist unvollkommen (d. h. ohne Puppenstadium, vgl. oben Sp. 14); die Flügel bilden sich allmählich während der Nymphenstadien aus. Die Corrodentien lieben Schatten und eine angemessene Luftfeuchtigkeit. Sie ernähren sich von Pilzen, Algen, Flechten sowie von pflanzlichen und tierischen Abfallstoffen; einige werden daher in ungepflegten Herbarien und Insektensammlungen schädlich. Viele freilebende Arten spannen mittels besonderer Spinndrüsen Gespinste über ihren Aufenthaltsort, die als Schutzmittel gegen Herabfallen, Austrocknung und Regen gelten. Manche leben unter diesen Gespinsten kolonienweise vereinigt.

Zoolog. N. *Corrōdentia* Part. Präs. Neutr. Pl. von lat. *corrōdere* 'zernagen' („sie leben bloß von getrockneten vegetabilischen und thierischen Substanzen, welche sie faßt beständig annagen"; zu den Corrodentien wurden vom Autor damals auch Termiten [→ *Isoptera*] und andere Insekten gezählt); syn. *Copeognatha* zu griech. κοπεύς 'Meißel' und griech. γνάθος 'Kinnbacken, Kiefer' (Innenlade des Unterkiefers in der Form eines langen, am Ende gezackten Stäbchens oder Meißels); syn. *Psōcóptera* SHIPLEY 1904, zu griech. ψώχω 'zerschrote, zerkleinere' und griech. πτερόν 'Flügel'.

Freilebende Arten meist auf Holzgewächsen, an Stämmen und Ästen, an der Rinde, an Blättern.

Stamm-Läuse der Bäume FRISCH Insecten 11 (1734) 16. Ursprünglich (z. B. von LINNÉ und späteren) mit den an Holz überaus schädlichen Termiten in einem Genus (*Termes*) zusammengefaßt. Dazu die N.n *Holzwürmer* LINNÉ-MÜLLER 5, 2 (1775) 1022. *Holzinsekt* MEIDINGER Nomenkl. (1787) 199. *Holzlaus* FUESSLI Verz. schweitz. Inseckten (1775) 59; nach nl. *houtluizen, houtluisjes* HOUTTUYN 13 (1769) 36, vgl. auch frz. *poux de bois* DE GEER Mém. 7 (1778) 40. *Holzläuse* SULZER Abgek. Gesch. d. Ins. 1 (1776) 239; BREHM 6 ([1]1869) 453; FERRANT Insekten (1911) 33; BRAUNS Waldins. (1964) 34. Auch nach Abtrennung der Termiten als selbständige Einheit (→ *Isoptera*) wurde der alte N. *Holzläuse* im Gedanken an den Aufenthalt der freilebenden *Corrodentia* auf Holzgewächsen beibehalten. Daneben freilich als neuere Bildung *Rindenläuse* BREHM 2 ([4]1922) 119; SCHMIDT Schadinsekten (1939) 26; HARDE Nützl. Ungeziefer (1964) 82.

Todtenuhr BECKMANN Anfangsgr. (1767) 117; LINNÉ-MÜLLER 5, 2 (1775) 1022; SCHMIEDLEIN Insectenlehre (1786) 417. Eigentl. der N. für die Klopftöne erzeugende Art → *Trogium pulsatorium* L., deren mit dem Ticken einer Uhr verglichenes Geräusch als Todesomen galt; (auch N. der Klopfkäfer, → *Anobiidae* Sp. 79f.). Danach auch *Unglückshaft* ILLIGER in: Magaz. f. Insektenkde 1 (1801) 153. Beide N.n sind hier auf alle damals unter dem N. *Termes* zusammengefaßten Arten ausgedehnt.

Laushaft ILLIGER in: Magaz. f. Insektenkde 1 (1801) 148; GRAVENHORST Thierreich (1845) 39. Der N. *Haft* (→ *Ephemerida*) gilt hier als Grundwort für verwandte, damals in einer Ordnung zusammengefaßte Insektengruppen.

Bücherläuse OKEN 5, 3 (1836) 1431; BREHM 2 ([4]1922) 119; BROHMER Fauna ([6]1949) 180. Der N. *Bücherlaus* bezeichnete ursprünglich → *Trogium pulsatorium* L., dann auch → *Troctes divinatorius* MÜLL.; er wurde hier auf alle Vertreter dieser Ordnung ausgedehnt. Vgl. engl. *book-lice* BUSVINE Insects (1951) 411.

Staubläuse ZACHER Vorratsschädl. (1927) 53; WEBER Lehrb. d. Entomol. (1933) 154; KLOTS-FORSTER Insekten (1959) 52. Ausdehnung des N.s für → *Trogium pulsatorium* L. auf die ganze Ordnung. v. KÉLER (Staubläuse [1953] 5) bevorzugt diesen N., denn „erstens ist es einer der ältesten Namen einiger Copeognathen, zweitens paßt er insofern auf alle Copeognathen, als sie . . . stets mehr oder weniger verstaubt sind, indem ihrem Körper in der Regel Staubpartikeln anhaften". (Zum N. vgl. auch unten Sp. 628.)

Nagerkerfe BURMEISTER Handb. d. Entomol. 2 (1839) 757. *Nagekerfe* LEUNIS ([2]1860) 640; ZACHER Vorratsschädl. (1927) 51. *Nager* LEUNIS a. a. O. Übersetzungen des zoolog. N.s *Corrodentia* (s. oben). *Meißelkiefler* BREHM 2 ([4]1922) 119; v. KÉLER Staubläuse (1953) 30. Übersetzung des zoolog. N.s *Copeognatha* (s. oben).

Die Nahrung der Tiere besteht vielfach aus Flechten u. dgl. *Flechtlinge* ENDERLEIN in: Tierwelt Mitteleuropas 4, VII (1927) 1; ZACHER Schädl. (1950) 88; BRAUNS Waldins. (1964) 34. N. wohl Parallelbildung zu *Haarlinge, Federlinge* als Bezeichnung der die Fellhaare der Säugetiere oder die Federn der Vögel fressenden → *Mallophaga*.

Erwähnenswerte deutsche N.n sind nur für die Arten *Troctes divinatorius* MÜLL. und *Trogium pulsatorium* L. überliefert. Beide leben in Häusern, in Lagern und Speichern, in alten verstaubten Truhen, Möbeln, kaum benutzten Büchern, Akten, Papieren, in Insekten- und Pflanzensammlungen. Eine Unterscheidung der Arten hat — in der deutschen N.-Gebung — lange Zeit hindurch nicht stattgefunden. Die deutschen N.n für die in dem genannten Lebensraume beobachteten Corrodentien wurden zunächst alle *Trogium pulsatorium* L. zugeordnet; erst später wurde *Troctes divinatorius* MÜLL. in die deutsche N.-Gebung einbezogen und erhielt dabei dieselben N.n, die vorher für *Trogium pulsatorium* L. galten; beide Arten führen von da an gemeinsam die N.n *Staublaus* und *Bücherlaus*. Inzwischen ist die alte Art *Troctes divinatorius* MÜLL. „in etwa 20 Arten aufgeteilt" worden (v. KÉLER), und man neigt dazu, als bevorzugten Aufenthaltsort dieser *Troctes*-Gruppe alte Papiere, Akten und Bücher anzusehen. Die moderne Zoologie möchte daher die deutschen N.n in der Weise festlegen, daß der N. *Staublaus* für *Trogium pulsatorium* L. und der N. *Bücherlaus* für die Gruppe *Troctes* verwendet wird (vgl. v. KÉLER Staubläuse [1953]; ders. in: Tierwelt Mitteleuropas 4, VIIa [1963]). Die nachstehende Darstellung folgt demgegenüber der Überlieferung und beläßt die deutschen N.n bei jener Art, der sie der jeweilige Autor beilegte. Sie setzt dabei voraus, daß mit den N.n auch andere, entweder nicht bekannte oder nicht erkannte, domicole Arten bezeichnet worden sind.

Familie **Tróctidae**

Tróctes divinatórius (MÜLLER 1776)

0,7 bis 1,4 mm große Tiere, flach, länglich oval, gelblichbraun bis dunkelbraun. Ohne Flügel. Aufenthalt in Häusern, in Wohn- und Lagerräumen zwischen zu feucht gelagerten und Schimmel ansetzenden alten Papieren, Akten, Büchern. Die Hauptnahrung sind Schimmelpilze.

Zoolog. N. *Trōctēs* BURMEISTER 1839, griech. τρώκτης 'Nager'; neulat. *dīvīnātōrius* 'die Sehergabe, die Kraft der Weissagung besitzend', vgl. lat. *dīvīnāre* 'weissagen', *dīvīnātio* 'Weissagung, Sehergabe, höhere Eingebung' (auch dieser Art werden als Todesomen gedeutete Klopftöne zugeschrieben).

Alle N.n galten früher zunächst für → *Trogium pulsatorium* L. und sind später auch dieser Art beigelegt worden (s. oben). *Staublaus* LEUNIS-LUDWIG 2 (1886) 532; BREHM 9 ([3]1893) 559; ESCHERICH Forstinsekten 2 (1923) 25. *Gewöhnliche Staublaus* KLOTS-FORSTER Insekten (1959) 52. *Gemeine Bücherlaus* KARSCH Insektenwelt ([2]1883) 572. *Bücherlaus* BREHM a. a. O.; SCHMIDT Schadinsekten (1939) 14; v. KÉLER Entomol. Wb. (1956) 159. Der N. *Bücherlaus* wird heute für diese Art (bzw. Artengruppe) bevorzugt, s. oben.

Familie **Trogíidae**

Trógium pulsatórium (LINNÉ 1758)

1,5 bis 2 mm. Kopf, Thorax und Flügeldecken rostbraun, Hinterleib weißlich mit Reihen dreieckiger, violettbrauner Flecke. Vorderflügel zu kleinen, schuppenförmigen Schildchen reduziert, Hinterflügel fehlen. In Häusern, Wohn- und Lagerräumen an feuchten Stellen, an alten Papieren, in Insektensammlungen und Herbarien, auch in Bienenwaben.

Zoolog. N. *Trōgium* ILLIGER 1798, zu griech. τρώγω 'nage'; neulat. *pulsātōrius* 'klopfend', zu lat. *pulsāre* 'stoßen, klopfen' (das Weibchen erzeugt regelmäßige, dem Ticken einer Uhr vergleichbare Klopftöne, „femina horologii instar pulsatoria in ligneis festucis").

Alte N.n. *Pediculus pulsatorius, Mortisaga* DERHAM in: Philos. Transact. 22 (1701) 832.

In alten, zu feucht gelagerten Papieren, Akten, Büchern. *Papier-Läuse* RODOCHS-BLANKAART Schau-Platz (1690) 129. *Papier-Laus* ROESEL Insecten-Belust. 2 (1749) Vorbericht Erdkäfer II. Kl., 9. *Papierlaus* KRÜNITZ Oecon. Encycl. 7 (1776) 330; ADELUNG 3 (1777) 958; BLUMENBACH Naturgesch. ([2]1825) 322. Vgl. dän. *papirlus* DO 16, 465.

Bücherlaus BÖRNER Samml. 1 (1774) 531; ADELUNG 2 (1775) 1276; LEUNIS ([2]1860) 641; BREHM 9 ([3]1893) 559; KLOTS-FORSTER Insekten (1959) 52. *Bicherlaus* Luxemb. Wb. 1, 106. *Bücher-*, *Buchmilbe* ADELUNG 2 (1775) 1276 und 3 (1777) 958. Vgl. dän. *bog miid* (1763) HENRIKSEN Danske Insektnavne 64, *boglus* DO 2, 943; engl. *book-louse* NED 1, 991.

Das Weibchen erzeugt durch Aufschlagen des Hinterleibs auf eine resonanzfähige Unterlage (Papierbogen, Tapeten, abstehende Holzsplitter) regelmäßige Klopftöne, die an das Ticken einer Uhr erinnern und verschiedentlich als Todesomen gedeutet wurden. Danach zuerst engl. *death-watch* DERHAM in: Philos. Transact. 22 (1701) 832. In dt. Übersetzung *Todten-Uhrlein* LESSER Insecto-Theol. (1738) 153. *Todenuhr* SCHAEFFER Elementa entomol. (1766) Tab. 126. *Todtenuhr* ADELUNG 2 (1775) 1276. *Todesuhr* KLOTS-FORSTER Insekten (1959) 52. *Gemeine Todtenuhr* SCHRANK Enumeratio (1781) 499. Vgl. nl. *dood-uur* HOUTTUYN 13 (1769) 44; dän. *dødningeur* HENRIKSEN Danske Insektnavne 64. *Todtenschreyer* LINNÉ-MÜLLER 5, 2 (1775) 1025; nach nl. *doodkraajer* HOUTTUYN a. a. O.

Klopfer LINNÉ-MÜLLER 5, 2 (1775) 1024. *Klopfendes Holzinsekt* MEIDINGER Nomenkl. (1787) 199. *Klopfende Holzlaus* BRAHM Insektenkal. 1 (1790) 5; THON-REICHENBACH Naturgesch. Ins. (1838) 246. *Klopfender Laushaft* PANZER Syst. Nomencl. (1804) 213. *Klopfende Bücherlaus* OKEN 5, 3 (1836) 1432.

Ähnliche klopfende, tickende Töne erzeugen die holzbohrenden Klopfkäfer (→ *Anobiidae*); Bücherläuse und Klopfkäfer haben daher gemeinsame N.n (vgl. oben Sp. 75ff.). Die Töne, erzeugt in Regalen, an Tapeten u. dgl., scheinen aus der Wand zu kommen. *Wand-Laus* ROESEL Insecten-Belust. 2 (1749) Vorbericht Erdkäfer II. Kl., 9; KRÜNITZ Oecon. Encycl. 7 (1776) 330. *Wandschmidt* FUESSLI Verz. schweitz. Inseckten (1775) 59. *Wandschmied* SULZER Abgek. Gesch. d. Ins. 1 (1776) 240. Vgl. dän. *væggesmed* (1763) HENRIKSEN Danske Insektnavne 64. Dann auch (wie → *Anobiidae*) *Erdschmidlein* NEMNICH (1793) 2, 1432. *Schmidel* SCHMELLER Bayer. 2, 545.

Verschiedentlich geben Holzteile den Resonanzboden für das Klopfgeräusch ab; zuweilen wurden die Tiere auch (wie die Klopfkäfer) im Holze lebend vorgestellt. Da sie überdies früher mit Holzschädlingen in einem Genus vereinigt waren (s. oben Sp. 625), sind schließlich folgende N.n überliefert: *Holtz-Laus* (hierher?) RODOCHS-BLANKAART Schau-Platz (1690) 129. *Holzlaus* ADELUNG 2 (1775) 1276; PANZER Syst. Nomencl. (1804) 213; BLUMENBACH Naturgesch. ([2]1825) 322. *Gemeine Holzlaus* THON-REICHENBACH Naturgesch. Ins. (1838) 246. *Holzwurm*, *Holzmade* ADELUNG a. a. O.; NEMNICH (1793) 2, 1432. Vgl. dän. *træ-orm* MÜLLER Zool. Dan. Prodr. (1776) 184; engl. *wood-louse* NED 10, 2 W 169; frz. *pou du bois* DE GEER Mém. 7 (1778) 41.

Staublaus ADELUNG 3 (1777) 958; BREHM 6 ([1]1869) 454; ZACHER Vorratsschädl. (1927) 56; v. KÉLER Entomol. Wb. (1956) 470. *Gemeine Staublaus* KEILBACH Schädl. (1966) 145. *Stöpslaus* Wb. d. luxemb. Ma. 427. *Staubwurm* KRAUSZ Nordsiebenbürg. 903; hierher?, oder als Klopfkäfer (→ *Anobiidae*) zu deuten? Ursprünglich mag man — nach aristotelischer Anschauung — angenommen haben, die Tiere entstünden aus Staub; andere erklären, das Tier „nehret sich vom Staube, doch nur von solchen, welcher von Brod, Obst und dergleichen, nicht aber von der Erde herkommt" (LESSER Insecto-Theol. [1738] 153); dagegen meint ADELUNG a. a. O., sie werde „wegen ihres kleinen Körpers die *Staublaus* genannt". Die moderne Zoologie hält an diesem N. fest, da die Corrodentien „stets mehr oder weniger verstaubt sind" (v. KÉLER Staubläuse [1953] 5; s. auch oben Sp. 625). Vgl. nl. *stofluis* Nl. Wb. 8, 3276.

Ordnung **Dermáptera** Kirby 1815 — **Ohrwürmer**

Verschieden große (von 0,5 cm bis 5 cm), schlanke Insekten mit unvollkommener Verwandlung. Der Körper ist abgeflacht und meist mit einfarbig hell- bis dunkelbrauner Oberfläche. Die Flügel sind entweder gut ausgebildet, in der Ruhelage dreifach unter den Deckflügeln fächerförmig zusammengefaltet, oder sie sind reduziert und bei manchen Arten vollständig geschwunden. Die Deckflügel sind immer stark verkürzt und bedecken als derbe Schuppen nur den ersten Hinterleibsring; sie sind bei einigen Arten stark verkümmert und mit der Rückenplatte verwachsen. Am Ende des Hinterleibs (am vorletzten Segment) sitzen die auffälligen und für alle Ohrwürmer charakteristischen Zangen (Cerci), beim Männchen meist lang und innen gezähnt, beim Weibchen kürzer und meist ungezähnt.

Ohrwürmer sind vorwiegend Dämmerungs- und Nachttiere; tagsüber verbergen sie sich unter Steinen, Fallaub, Baumrinde, in Erdlöchern, Holz- und Mauerritzen, auch in eingerollten Blättern, in Samenkapseln oder Blüten und suchen dabei möglichst alle Körperseiten in Kontakt mit ihrer Umgebung zu bringen. Sie sind rasche und gute Läufer, und selbst flugfähige Arten machen kaum von ihrem Flugvermögen Gebrauch. Die Zangen am Hinterleib dienen als Waffe, mit der Angreifer oder Beute empfindlich gezwickt werden. Zufassende Finger versuchen sie stets zu kneifen; dabei sondern sie aus Stinkdrüsen ein die Haut ätzendes Sekret ab. Die Nahrung besteht aus pflanzlichen und tierischen Stoffen (aus Staubgefäßen, Blütenblättern, Früchten, aus lebenden kleineren oder geschwächten oder aus toten Insekten).

Zoolog. N. *Dermaptera* zu griech. δέρμα 'Haut' und griech. πτερόν 'Flügel'.

Die Ohrwürmer sind allgemein bekannt und mit einer Vielzahl deutscher N.n versehen. Die meisten dieser N.n sind mit dem Worte *Ohr* zusammengesetzt, denn seit alters gilt die (irrige) Volksmeinung, daß der Ohrwurm sich mit Vorliebe die menschliche Ohrhöhle zum Aufenthaltsort erwähle oder gar darin entstehe (vgl. „Ohrenwürmlein, die in die Ohren kriechen, oder aber darinn wachsen" Wirsung Artzney Buch [1584] 120). Eine derartige Auffassung wird nachhaltig bestärkt durch den Wurmglauben spätmittelalterlicher und frühneuzeitlicher Arnzeibücher, in denen Würmer als Ursache schmerzhafter Erkrankungen angesehen werden (bereits Celsus VI, 7,5 gibt eine Anweisung, Würmer aus dem Ohre zu entfernen). Während aber ein „Zahnwurm", ein „Herzwurm", ein „Hauptwurm" u. dgl. als vermeintliche Schmerzerreger letztlich imaginäre Krankheitsdämonen geblieben sind, ist das Wirken eines Ohrenkrankheiten hervorrufenden Ohrwurms auf ein bekanntes und allenthalben verbreitetes Insekt (sowie auf einen Hundertfüßler, s. unten) übertragen worden.

Aber *Ohrwurm* und seine Synonyma bezeichnen nicht nur den Dämon oder das Insekt, sondern auch die Krankheit, das Krankheitsbild, den Ohrenschmerz selbst; vgl. „*Orwurczel*, othologa, othologia dicitur dolor auris" Voc. (Speyer 1485) r 9; „parotis, ein geschwulst hinder den oren, der *orennüttel* oder *orenmückel* genannt" Frisius Dict. (1556) 949; doch daneben: „fullo, vermis, cuius cauda in bifurcum mucronem exit, ... *Orenmittel*" Junius Nomencl. (1567) 85. Ähnlich gelten *Ohrenwutzel*, *-wützel*, *Ohrenklammer*, *Ohrenzwang* u. a. sowohl für 'Ohrenschmerz' wie für 'Ohrwurm', d. h. für Dämon, Krankheit und Insekt. Vgl. auch: „wenn si den *orenwützel* han, so nemen si ain chus in die hant und slahends an den slaff zehant und spricht: 'fleuch, fleuch *orenwützel*, dich jaget ein chuszipfel'" (1411) Vinteler Pluemen d. Tugent 7975ff. Einem solchen Bericht ist nicht zu entnehmen, ob *orenwützel* als Schmerz, als schmerzerregender Dämon oder als Insekt angesehen wurde. Andrerseits interpretiert eine ags. Glosse des 10. Jhs. das allgemein seit der Antike als Insekten-N. bekannte Lemma *blatta* (vgl. Beiheft 2) mit *eorwicga* (Wright-Wülcker 122, 4), sieht also in *eorwicga* (neuengl. *earwig* 'Ohrwurm') ein wirkliches Insekt. Man wird daher der Meinung Keils, die auf ausführlichen Studien alter Arzneibücher beruht (s. unten), beipflichten dürfen: „Es scheint nicht ausgeschlossen, daß der mittelalterliche Arzt ... das Insekt Ohrwurm, nicht den imaginären Krankheitsdämon im Auge hatte" (177). Für den Aberglauben des Volkes hingegen ist anzunehmen, daß man noch weit über das Mittelalter hinaus „an einen ständig im Ohr befindlichen dämonischen Wurm glaubte, den man zunächst als Erreger der subjektiven Gehörsempfindungen (Rauschen, Sausen, Klingen usw.) ... betrachtete; Gehörhalluzinationen wurden als Gespräche eines solchen Dämons aufgefaßt" (Riegler), den man überdies als Krankheits- und Schmerzerreger ansah.

Sobald der Ohrwurm in der Vorstellung animalischen Charakter annimmt, werden einerseits die Arten der Insektenordnung *Dermaptera*, andrerseits (seltener) Arten der Klasse → *Chilopoda* (Hundertfüßler) als jene Tiere angesehen, die (nach Ansicht mittelalterlicher Medizin) die Ursache für verschiedene Ohrengeschwüre und Ohrenschmerzen sein sollen, oder (nach dem Volksglauben) mit ihren zangenähnlichen Hinterleibsanhängen das Trommelfell zerstören, Ohrenschmerz und Taubheit hervorrufen und vom Ohre aus bis ins Gehirn vordringen, oder — in abgeschwächter Form — die Neigung zeigen, in das Ohr zu kriechen. („Der Ohr-Wurm geht insgemein nach den Ohren der Menschen und des Viehes; wischt in dieselbigen behende hinein, und beißt und naget so dann diejenigen Orte, allwo er sich angeleget hat; welches gar grosse Ungelegenheit verursachet, und mehrmahls gar den Kopf recht wüste macht" Noel Chomel Lex. 7 [1756] 204). Alle derartigen Meinungen sind unrichtig; ein Einkriechen der Tiere in die Ohrhöhle geschieht höchstens vereinzelt und zufällig.

Hundertfüßler (*Chilopoda*) haben wenig Ähnlichkeit mit den Ohrwürmern (*Dermaptera*). Gemeinsam ist ihnen (d. h. den häufigsten Vertretern in Deutschland) eine braune Färbung, Lichtscheu und damit die Vorliebe, sich tagsüber unter Steinen, Fallaub, Baumrinden, in Erdlöchern u. dgl. zu verbergen. Der alte N. für *Chilopoda* ist griech.-lat. *scolopendra*, in den frühen deutschen Wbb. interpretiert mit den gleichen N.n, die für *Dermaptera* gelten, gelegentlich aber verdeutlicht als *lange ohratzel* Golius Onomast. (1579) 305, *langer Ohrenmittel* Sebiz Feldbau (1579) 83 u. ä.

Literatur. Anzuführen sind vor allem Wortkarte und Wortliste 'Ohrwurm' bei Mitzka Dt. Wortatlas 3 (1954). Die Auswertung der dort verzeichneten N.n besorgte Werz Der Ohrwurm (Phil. Diss. Marburg 1945, maschinenschriftl.). Weitere Wortkarten 'Ohrwurm' liefern Mitzka Schles. 2 und Schwarz Sudetendt. Wortatlas 3,30ff. sowie Karte 91. Für ein Teilgebiet des Niederländischen ist zu verweisen auf Heeroma Taalatlas van Oost-Nederland 3 (1963) 77ff. sowie Karte 25. — Über den Ohrwurm als vermeintlichen Krankheitserreger handelt Keil Die Bekämpfung des Ohrwurms nach Anweisungen spätmittelalterlicher und frühneuzeitlicher deutscher Arzneibücher, in: Zs. f. dt. Phil. 79 (1960) 176—200. Der Ohrwurm im Volks- und Aberglauben ist bearbeitet von Riegler in: Hwb. Abgl. 6 (1934/35) 1219—1223.

Alte N.n. *auriculum* (8. und 11. Jh.) Wright-Wülcker Anglo-Saxon and Old English Vocabularies 7, 33 und 350, 36. *auricularia* Moufetus Ins. Theatr. (1634) 171; („quia in aures hominis irrepere solet") Charleton Onomast. (1668) 48; Linné (1735). *vermis auricularius* Charleton Exercit. (1677) 50. *inauris* (13. Jh.) Albertus Magnus De Anim. 2, 17. *Aurium Vermis* Woyt Schatz-Kammer (1716) 105. — *blatta* (10. Jh.) Wright-Wülcker 122, 14; (über die Unsicherheit in der Übersetzung von lat. *blatta* vgl. Beiheft 2). — *fullo* vermis cuius cauda in bifurcum mucronem exit Junius Nomencl. (1567) 85; lat. *fullo* (Plinius) eigentl. ein Käfer, der 'Walker' (→ *Polyphylla fullo* L., Sp. 566), von Junius wohl irrtümlich hier als 'Ohrwurm' interpretiert; dennoch weithin übernommen, z. B. Schwenckfeld Theriotropheum (1604) 536; Moufetus Ins. Theatr. (1634) 171; Frisch Wb. 2 (1741) 31. — *Forficula* Moufetus a. a. O.; Linné (1735). *Forbicina* Aldrovandi; Charleton Exercit. (1677) 50; Lesser Insecto-Theol. (1738) 63. — „Niphus *Velliculam* appellat a Vellicando" [lat. *vellicāre* 'kneipen'] Moufetus a. a. O. *vellicula* Lesser a. a. O.

Die mit *Ohr-* gebildeten und zusammengesetzten N.n, die an Gebrauchshäufigkeit alle anderen Synonyma übertreffen, gehen — wie ihre Bildungsweise verdeutlicht — zurück auf die Vorstellung eines vorauszusetzenden, älteren Krankheitsdämons als Tier (*Ohrwurm*) sowie auf die hartnäckig vertretene Ansicht, das Tier suche die menschliche Ohrhöhle als Aufenthaltsort und — schmerzerzeugend — als Wirkungsstätte (*Ohrkriecher*, *-läufer*, *-schlüpfer*, *-klemmer*, *-kneiper*, *-zwicker* usw.). Ein vereinzeltes, zufälliges Eindringen eines Tieres in die Ohrhöhle mag gelegentlich beobachtet worden sein. Weit häufiger aber wird die Vorliebe der lichtscheuen Tiere, sich in Löchern, Ritzen, Höhlungen zu verbergen, den Gedanken eines Einkriechens in die Ohröffnung befördert haben. Die wiederholt vertretene Auffassung, daß die N.n auf *Öhr* zurückzuführen seien, da die zangenartigen Hinterleibsanhänge zu einem Öhr zusammengeschlossen werden könnten (so schon Adelung 3 [1777] 911), ist abzuweisen. Hd. *Öhrwurm*, *-würmer* (z. B. Internat. entomol. Zs. 8 [1914/15] 166) sind späte, dieser Ansicht folgende Bildungen. Doch mögen nachträglich die Diminutiva zu *Ohr* (wie *Öhrle*, *Öhrchen*, *Öhrling*, oder ihre Verdoppelung *Ohröhrle* u. dgl., s. unten) verschiedentlich als Bildungen zu *Öhr* empfunden werden. Die Annahme, „der Name scheint daher zu kommen, weil sie an den Gewächsen Ohren aushöhlen" (Höfer Österr. 2 [1815] 298, insbesondere im Hinblick auf *Ohrhöhler*), ist abwegig.

1. Ohrwurm ist der geläufige N. der Hochsprache und der Mundarten. Er wird anfänglich einen imaginären Krankheitsdämon bezeichnet haben (s. oben), dessen Wirken und dessen N. auf die Arten der Ordnung *Dermaptera* übertragen wurde. Die Meinung, daß Ohrwürmer mit Vorliebe in die menschliche Ohrhöhle zu kriechen versuchen und dort mit ihren Hinterleibszangen eine schmerzhafte, zerstörerische Tätigkeit entfalten, ist noch heute weit verbreitet. „sō die *wurme* wachsent *in den ōren* oder sus dā īn choment" (Bayern, 13. Jh.) Arzneibücher (ed. Pfeiffer) 39. Noch in der Ma. gilt gelegentlich diese präpositionale Fügung, vgl. *Wurm in Oohre*, *Wüom im Oahr* (b. Osnabrück) Wortatlas, aber auch einfach *Wurm* (Oberpfalz), *Worm*, *Wörmken* (Emsland), *Waurm* (Pommern) Werz 144, die zur Präzisierung einer Ergänzungsbestimmung bedürfen. Vgl. auch nl. dial. *worm*, *wörm*, *wörmken* Heeroma Taalatlas Oost-Nederland 3, 97. *ōrwürm* Pl. (14. Jh.) Konrad v. Megenberg Buch d. Natur 381. *oerworm* (nd., 1420) Diefenbach Gloss. 61; Gemma gemm. (Köln 1504) C 7 a. *Ohr-Wurm* Woyt Schatz-Kammer (1716) 105; Frisch Insecten 8 (1730) 31. *Ohrwurm* Börner Sammlg. 1 (1774) 479; Adelung 3 (1777) 911. Vgl. nl. *oorworm*, *-wurm* Nl. Wb. 11, 193.

Auch in den Maa. gilt allgemein *Ohrwurm*, durch schriftsprachlichen Einfluß oft neben anderen N.n. Das Bestimmungswort erscheint dabei in den üblichen, mundartlichen Lautungen. Als *Ohr-*, *Ōr-wurm* im Mitteldeutschen, vgl. u. a. Rosenkranz

Thüring. Sprachraum 42; SPANGENBERG Rhön-Eichsfeld 43; KEHREIN Nassau 229; MITZKA Schles. 2, 949; Rhein. Wb. 6, 382. Als *Örworm* im Niederdeutschen, vgl. u. a. (um 1400) Nd. Jb. 15 (1889) 122; CHYTRAEUS Nomencl. (Rostock 1585) 381; SCHÜTZE Holst. 3, 176; RICHEY Hamburg. (1755) 369; Brem.-Niedersächs. Wb. 3 (1768) 267; DÄHNERT Plattdt. 339; BERGHAUS Sprachschatz d. Sassen 3, 49; WREDE Plattdt. (Hannover) 180. *Orwuo(r)m, -wüerm* FREDERKING Hahlen b. Minden 94. *Uhrwurm, -worm* vornehmlich um Lübeck, bei Aachen und im Ostmitteldeutschen; vgl. auch *Ūrwuim, Ūrwuem* SCHWARZ Sudetendt. Wortatlas 3,30. Vielfach sind diphthongierte Formen üblich, vgl. besonders *Ūereworm* LEIHENER Cronenberg 128. *Uarworm* LEITHAEUSER Berg. Land 25. *Uohreworm* HALBACH Berg. Sprachschatz 777. *Uorwurm* MITZKA Schles. 2, Karte. *Aurwuorm* BAUER-COLLITZ Waldeck 7. *Äurworm* DEITER Hastenbeck 2, 41. *Awwer-, Äwwerworm* (Detmold, Lemgo) WERZ 16. *Årworm* WOESTE Westfalen 12. *Oarwurm* MOSER Staudengeb. (Lech) 84. Mit prothetischem *h* als *Horwurm* (Schwaben), *Horworm* (Bremen) WERZ 31. Oft wohl (volksetymologisch) als „Haarwurm" aufgefaßt, s. ebda. Vgl. nl. dial. *hoorwürm* HEEROMA Taalatlas Oost-Nederland 3, 91. Mit Übergangslaut *Ortworm* (Wesermünde) WERZ 136. Vgl. nl. dial. *oortwürm* HEEROMA a. a. O. 3, 96. Eine Vielzahl weiterer Varianten s. Dt. Wortatlas und die Anführungen bei WERZ.

Seltener ist das erste Kompositionsglied in der Form *Ohre(n)*- bezeugt, vgl. *Orewurm* (Schweiz; „wahrscheinlich ... unter schriftsprachlichem Einfluß entstanden") THURNHERR Benennungsmotive 83. *Oanwuram* (Österreich/Innviertel) WERZ 131. *Ohrawura* BERTELE in: Bayer. Hefte f. Volkskde 2/3 (1915) 154. *Oanbuem* SCHWARZ Sudetendt. Wortatlas 3, 30. *Ōre(n)wurm* (selten) Rhein. Wb. 6, 382. Vgl. nl. dial. *oorenwûrm* HEEROMA Taalatlas Oost-Nederland 3, 95. Mit Übergangslaut (vgl. oben *Ortwurm*) *Ohrdenworm, Odenwuorm* (Osnabrück) WERZ 47.

Diminuiertes *Öhrl-, Öhrlein-* belegt SCHWARZ Sudetendt. Wortatlas 3, 30 als *Öhrlwurm, Erlwuem, -burm, Erlaborm*; entsprechend WERZ 10f. Auch mit *s* in der Fuge *Erlswurm* oder mit Übergangslaut *Erdl-, Eadl-, Äadlwurm* SCHWARZ a. a. O.

Diminutivformen sind überall gebräuchlich. *Ohrenwürmlein* Pl. WIRSUNG Artzney Buch(1584) 120. *Ohrwürmlein* STEINBACH Wb. 2 (1734) 1054. *Ohrwürmle* SCHWENCKFELD Theriotropheum (1603) 536. *Orwürmle* FISCHER Schwäb. 5, 89. Dann *Ohr-, Uhrwürmle, -wirmle, -wärmla* verbreitet im Ostmitteldeutschen. Mit prothetischem *h*- die Formen *Hauerwürmel, Haurwürml* MITZKA Schles. 1, 495. *Ohrwürmchen* MÜLLER-FRAUREUTH Obersächs. 2, 305; HERTEL Thüringen 176; FRISCHBIER Preuß. 2, 109. *Ūrwermechn* DÖRING Sondershausen 84. *Oarwiermche* HEINZERLING-REUTER Siegerland 194. *Ohrwörmche* WREDE Köln 2, 249. *Ohrwürmken* (Nortrup/Bersenbrück), *Ohrwormke, -wörmk* (Ostpreußen) WERZ 132 und 130. Vgl. nl. dial. *ohrwürmel, oarwürmken* HEEROMA Taalatlas Oost-Nederland 3, 96. Mit diminutivem *ang*-Suffix *Ourwürmang* (Lausitz) WERZ 132.

An süddt. *Ohrwaschl* 'Ohrläppchen, Ohrmuschel', auch 'das ganze äußere Ohr' (s. SCHMELLER Bayer. 1, 132, DELLING Baier. Id. 2, 97, SCHATZ Tirol 463) schließt sich an *Ohrwaschlwurm* (Österreich) WERZ 126.

2. Die volkszoologische Klassifikation der Tiere ist nicht einheitlich. Sofern sie in den N. eingegangen ist, werden die Tiere — neben „Wurm" (s. oben 1) — bezeichnet als „Käfer" (z. B. *-käfer, -wibel*; vgl. auch die Bildungen mit *-krabbel* u. dgl., s. unten 3) oder aber allgemeiner als „Insekt" (z. B. *-tieke*) oder „Tier" (*-tier, -vieh* u. ä.). *Ohrenkäfer* „verstreut" in ganz Deutschland, „mit Ausnahme des Südwestens", s. WERZ 76. *Orechäfer* (Schweiz) THURNHERR Benennungsmotive 82. *Ohrkäfer, Uhrkafer* MITZKA Schles. 2, Karte. *Uhrkäwer* (Mecklenb.) Wortatlas. *Ōr-, Ūrkēwer* Rhein. Wb. 6, 375. *Ohrkäber* (Mittelmark), *Uhrkäber* (Uckermark) Wortatlas. Hierher auch *Ohrkeeper* (Ostpreußen) ebda; vgl. *Käber* 'Käfer' FRISCHBIER Preuß. 1, 322 (während WERZ 77 den N. mit *Keper* 'Käufer' verbinden will). *Öhrlkäfer* (Oberösterreich) WERZ 91. *Ērlakhafer* SCHWARZ Sudetendt. Wortatlas 3, 30. Dazu auch *Ärlkejfer, Erlichkafer, Erdlakäwer* WERZ 14 u. 25 u. 24. Ohne Bestimmungswort *Käwwerletz* (Hessen) WERZ 36; eigentl. '(Mai-)Käfer', s. oben Sp. 518. Auch die wissenschaftliche Zoologie sah in dem Tier anfänglich einen Käfer mit „kurtzen und harten Ober-Flügeln oder Flügel-Decken auf dem Rücken. Um solcher Ober-Flügel willen gehört der Ohr-Wurm in das Geschlecht der kurtzflüglichen Kefer" (FRISCH Insecten 8 [1730] 32). Noch LINNÉ (und seine Zeitgenossen) stellen die Ohrwürmer in die Ordnung *Coleoptera* (Käfer). Daher auch im wissenschaftlichen Schrifttum der N. *Ohrkäfer* SCHAEFFER Elementa entomol. (1766) Tab. 63; EBERHARD Thiergesch. (1768) 204; ADELUNG 3 (1777) 910.

Backelkäfer ZIESEMER Preuß. 1, 359; vgl. ostpreuß. *Backel* 'Käfer', s. oben Sp. 71.

Ohrwiwel Rhein. Wb. 6, 382. *Ohrenwiebeler, -wēweler* BERTHOLD Hess.-Nass. 2, 515. Zu *Wibel* 'Käfer', s. oben Sp. 67ff. — Einem ähnlichen Bildungstyp scheinen die ältesten germ. Zeugnisse für den Ohrwurm zu folgen, vgl. ags. *earuuigga, aeruuica* (auriculum; 8. Jh.) The Oldest English Texts 38; *carwicga* [ear-] (auriculum; 8. Jh.) WRIGHT-WÜLCKER 7, 33; *earwicga* (auriculum; 11. Jh.) ebda 350, 36; *eorwicga* (blatta; 10. Jh.) ebda 122, 14; neuengl. *earwig* NED 3, E 15. Wie dt.

Wibel zu germ. **weban*, mhd. *weben* 'hin- und herfahrend sich bewegen' gebildet ist (s. oben Sp. 67), so wird ags. *-wicga* mit engl. dial. *to wig*, mnd. *wiggen* 'sich hin- und herbewegen', engl. *to wiggle* 'sich schlängelnd hin und her bewegen, sich winden, zappeln' (NED 10, 2, W 19) zu verbinden sein.

Ohrwake (Spreewald), *Ohrwacker* (Fläming, Niederlausitz) Wortatlas. Entlehnung aus dem Slawischen, vgl. sorb. *waka* 'Wurm' BOSE Wend.-dt. Hwb. (1840) 67, *waka* 'Käfer' ZWAHR Niederlaus.-wend. Hwb. (1847) 373, s. auch EICHLER Etymol. Wb. (1965) 132.

Ohrwubbel (Westpreußen) WERZ 130. Zu ostpreuß. *Wabbel* 'Käfer', das aus lit. *vãbalas* 'Käfer' entlehnt ist (s. oben Sp. 69); die Senkung des Stammvokals zu *u* kann (wie WERZ a. a. O. vermutet) auf dem Einfluß von *Ohrwurm* beruhen. Auch das Simplex ist bezeugt: *Wabbel* (Ostpreußen) WERZ 144.

Ohrtiek („Ostfriesland von Papenburg über Norden, Wittmund zur Nordsee") WERZ 123. *Oortike* STÜRENBURG Ostfries. 169; KRÜGER Emden 62. *Örtike* DOORNKAAT KOOLMAN Ostfries. 3, 410. *Oortiik, -tike* BERGHAUS Sprachschatz d. Sassen 3, 49. Zu fries. *Tieke* [Zecke] 'Käfer, (beißendes) Insekt', s. oben Sp. 72. Vgl. nl. dial. *oortieke* HEEROMA Taalatlas Oost-Nederland 3, 91.

Ohrrupe, -rup, -rup'm [-raupe], und assimiliert zu *Ohr-*, *Uhrrum* (Bremen/Wesermünde) WERZ 110. Vgl. nl. dial. *oorrûupe* HEEROMA Taalatlas Oost-Nederland 3, 92. *Oamadla* [-mädlein, d. i. Dimin. von „Made"] SCHWARZ Sudetendt. Wortatlas 3,31.

In der Auffassung als kriechendes, krabbelndes, lästiges (s. unten 3 und 4) Ungeziefer *Ohrenlaus* ZEHNER Nomencl. (1663) 273. *Ohrlaus* ROSENKRANZ Obere Saale 42; (Pfalz) HEEGER Tiere 2, 17; CRECELIUS Oberhessen 640. *Oorluus* Brem.-Niedersächs. Wb. 3, 267. *Morlaus* (Pfalz), „wohl durch Assimilation der Wortgruppe *im Ohr eine Laus*" WERZ 45.

Oretier (Schweiz) THURNHERR Benennungsmotive 82; (Allgäu) WERZ 123. *Ūrdier* Rhein. Wb. 6, 382. *Ohrtier* (Wesermünde) WERZ a. a. O.; zu erwarten wäre hier nd. *-deer*, so daß die Form als verhochdeutscht angesehen werden muß oder „ohne Sinn aus *-tiek* [s. oben] abgeirrt" ist (WERZ). *Uhrvichl* MITZKA Schles. 2, Karte. *Ohrwaschvieh* SCHWARZ Sudetendt. Wortatlas 3, 30. *Ohrwaschlvieh* (Österreich/Mähren) WERZ 126. Vgl. nl. *oorbeest, oorebeeste* Nl. Wb. 11, 64.

3. Die Tiere laufen rasch und behende und versuchen, bei Tage überrascht und beunruhigt, sich schnell zu verbergen. Der Volksglaube meint, daß sie in ihrer Behendigkeit die menschliche Ohrhöhle zu erreichen suchen, und einer Vielzahl von N.n liegt diese Auffassung zugrunde.

Zu den ältesten N.n im Deutschen — sowohl für den Ohrwurm als auch für den Ohrenschmerz (vgl. oben Sp. 630) — zählen *Ohrenwützel* und *Orenmützel*, die eine Reihe von (teils volksetymologisch beeinflußten, teils spielerischen) Varianten nach sich ziehen. Die N.n dürften ähnlich gebildet sein wie ags., engl. *earwig* (s. oben Sp. 634) und sich anschließen an Verben wie *wutzeln* 'sich schnell und behende bewegen, wimmeln' DWb 14, 2, 2557, *wuzeln* 'kleine, schnelle Bewegungen im Gehen machen' SCHMELLER Bayer. 2, 1064, *wūzeln* 'lebhaft sich bewegen' BLUMER Nordwestböhmen 95, *wutzeln, wützeln* 'kriechen' SCHWARZ Sudetendt. Wortatlas 3, 31, *wuzlen, derwuzlen* 'wulstig, faltig machen, in Unordnung bringen', SCHÖPF Tirol 822, *witzle* 'zittern, flimmern' FISCHER Schwäb. 6, 910; daneben stehen Substantive wie *Wutzel* 'kleines, dickliches, auch behendes Lebewesen' DWb 14, 2, 2555, *Wuzel* 'Person, Tier, das wuzelt' SCHMELLER a. a. O., *Wūzl* 'Büschel, kleines Ding' SCHATZ Tirol 715, *Wutzer, Wytser* 'kleiner Kerl' MARTIN-LIENHART Elsäss. 2, 887. *orenwützel* (Tirol 1411) HANS VINTELER Pluemen d. Tugent 7975 (mit den Varianten *ormutzel, orbutzel, orenmützel*, s. unten). *Ohrawüzeler* (Schwaben) WERZ 134. *Orewitzeler, -wizeler, -witzler* FISCHER Schwäb. 5, 79. *Aurawitzeler* (Südwürttemb.) mündl. *Aidawitzeler* [Ohr-?, oder Erd-?] (Württemb.) WERZ 10. *Ohrwitzl* (Österreich) ebda 128. *Ohrwitsl* und ($w > b$) *Ohrbitsl* SCHWARZ Sudetendt. Wortatlas 3, 31. *Ohrewiezele* (Bodensee) WERZ 128. *Oiwitzl, Oiwitzei* (Böhmen) ebda 129. *Awitzn* Pl., *Ehlwitzl* [Öhrl-] (Österreich) ebda 16 und 21. *Ohrwitzer* (Elsaß) ebda 129. Dazu auch die Weiterbildung *Fürwitzerle* (Schwaben) ebda 27. *Witzaier* (Schwarzwald) ebda 144.

Ohrenwutzel LORITZA Wien 95; (Nordwürttemb.) mündl. *Ounwuzl* SCHMELLER Bayer. 2, 1064. *Ohrwutzel* HÖFER Österreich 2, 298; UNGER-KHULL Steir. 484; SCHWARZ Sudetendt. Wortatlas 3, 31. *Oawuzl* CASTELLI Österreich 211. *Orwutzl* DALLA TORRE Tirol 124; WIEDER Südmähren 34. *Oiwuzl* (Böhmen) WERZ 133. *Eo(r)wutzel, Öhrwuzl* (Österreich) ebda 55 und 133. *Joanwuzl* (Österreich) ebda 35. *Ohrewuzle* (Allgäu), *Ohrenwuzeler, Ohrwuzerl, Ohrwütze* (Bayern) ebda 133. *Wutzl* (Bayern) ebda 145. *Oernwatzla* SCHATZ Tirol 692; vgl. *watzln* 'sich zappelnd bewegen' ebda. *Oarwazl* (Österreich), *Ohrwattel* (Ostpreußen) „verniederdeutschte Form ..., die dortigen Siedler sind Salzburger" WERZ 126. *Ohrawetzel* (Schwarzwald), *Ohrewetzler* (Württemb.) ebda 127. *Ohrenwürzele, -würzeler, -wirzeler* (Baden) ebda 133. *Ohrawirzl* (Schwarzwald) ebda 128. *Ohrwurzel, -wurzle, Ohrenwurzeler* (Bayern, Schwaben), *Oawurz* (Bayern) ebda 132; vgl. SCHMELLER 2, 1064, der neben *wuzeln* (s. oben) gleichbedeutendes *wurzeln* anführt.

Ohrenwussel, -wussler, -wuseler, -wuserl (Schwaben, Bayern) WERZ 133. *Orewusler* FISCHER

Schwäb. 5, 79. *Wuseler* (Bayern), *Wuseln* Pl. (Schwaben) WERZ 144. Vgl. *wuseln* 'sich schnell bewegen, wimmeln wie Insekten' SCHMELLER Bayer. 2, 1039, *wusle* 'sich lebhaft, rasch bewegen von (bes. kleinen) Tieren', *Wusel* 'kleines behendes Tier, was zappelt', *Wusele* 'lebhaftes, flinkes kleines Kind' FISCHER Schwäb. 6, 1007f. *Ohrenwüsel* SCHWARZ Sudetendt. Wortatlas 3, 31. *Aurwuisler*, *Ohrwüssel* (Bayern) WERZ 131 und 133. *Ohrwissel*, *-wisseler* BERTHOLD Hess.-Nass. 2, 516. Auch gesenkt zu *Ohrwessel* (Hessen) WERZ 126. *Ohrwuschel*, *-wurschel* (Schwarzwald), *Ohrwursel* (Bayern) ebda 132. *Aurawutschel* (Tübingen) ebda 133. *Ohrewischer* (Breisgau), *Aurwischel* (b. Darmstadt) ebda 128; vgl. *wische* 'rasch sich irgendwohin bewegen' FISCHER Schwäb. 6, 885.

Ohrenwiesler (Bayern) MILLER handschriftl. *Orewiseler* FISCHER Schwäb. 5, 79. *Ohrenwiesel*, *-wisl* (Bayern), *Öahrwiesel* (Österreich) WERZ 127. *Ohrenwieselchen* NEMNICH (1793) 1, 1639. Vgl. *wieseln* 'schnell laufen, sich behende bewegen' DWb 14, 1, 2, 1598, *wiselig* 'lebhaft' FISCHER 6, 890, *wislen* gleichbedeutend mit *wuslen* (s. oben) ebda 893. *Orewixel*, *-wixeler*, *-wixler* FISCHER Schwäb. 5, 79. *Ohrenwichser* (Schwarzwald) WERZ 127. *Ohrwügxler* (Österreich) ebda 131. *Ohrewechsler* (Schwarzwald) ebda 126. *Ohrenwumsel*, *-wumsler* (Schwaben) ebda 131. *Ohrewümsler* Bad. Mitteil. 6 (1915) 336. *Ohrenwimsler*, *-wimsel*, *-wimsl*, *-wimser* (Schwarzwald, Breisgau) WERZ 128. *Ohrewämsele* (Breisgau) ebda 124. Vgl. *wimmle, wummle, wumsle, wimsle* 'wimmeln' FISCHER Schwäb. 6, 833, daneben auch *winsle, winzle, wimsle, wumsle* 'winseln, wimmern' ebda 857, so daß sich Formen ergeben wie *Auranwinzeler*, *Aorawenzler* (Schwaben), *Ohrewenzele* (Baden) WERZ 126.

An *Ohrenwutzel* u. dgl. schließen sich an die (vielfach kindersprachlichen) Spielformen *Ohrbuzler* Bad. Mitteil. 6 (1915) 336. *Ohrabutzaler*, *-buzela* (Bodensee) WERZ 53. *Ohrbutzel*, *Oornbütsel* (Baden) Zs. f. hd. Maa. (1910) 365. Vgl. *Butz* '(vermummte) Schreckgestalt, Popanz, Knirps', *Bützel, Bützer* 'kleiner Kerl' OCHS Baden 1, 388ff., *Butz, Butzel* 'Person, Tier von kleiner Gestalt' SCHMELLER Bayer. 1, 317. *Orebitzeler* FISCHER Schwäb. 5, 77. *Ohrafuzeler*, *-fuzaler*, *Ohrenfusseler*, *-fuseler*, *Ohrafisserla* (Schwaben) WERZ 56. *Ohrefisseler* Bad. Mitteil. 6 (1915) 336. *Ohrefiesele*, *Ohrenfüsseler* (Bodensee), *Ohrnfisel* (Bayern) WERZ 56. Vgl. *fußeln, füsle, fiesle* 'mit raschen, kleinen Schritten gehen' OCHS Baden 2, 266, *fisle, füsle, fusle* 'rasche Bewegungen machen' FISCHER Schwäb. 2, 1523. Daneben die verschärften Formen *Ohrenfitzeler*, *-pfitzeler*, *Ohrfitzl*, *Ohrenfitzer* (Schwaben) WERZ 57. *Aurefitzer* (Nordwürttemb.) mündl. Weitergebildet zu *Mauerfitzela* (Schwaben) WERZ 42. Vgl. *fitzen*, das auch in der Bedeutung 'flitzen' begegnet, s. OCHS Baden 2, 163; vorstehende N.n sind gewiß auch von *Ohrenpfetzer* u. dgl. (s. unten) beeinflußt. Ferner *Ohrenfixler* (Schwaben) WERZ 57.

Im gleichen süddeutschen Gebiet wie *Ohrenwützel* u. dgl. begegnet dessen Nebenform *Ohrenmützel* (vgl. schon die Lesarten *ormitzel*, *orenmützel* bei [15. Jh.] VINTELER, s. oben), die ebenfalls eine Vielzahl mundartlicher Lautvarianten bildet. Ob zu *mützle* 'verderben, zerstören, zerreißen' (MARTIN-LIENHART Elsäss. 1, 746) im Hinblick auf die vermeintliche Schädigung des Trommelfells durch das Insekt (wie Zs. f. dt. Maa. [1913] 328 angenommen wird), ist ebenso fraglich wie eine Verbindung der N.n mit der „Wurzel *muk-* 'stoßen'" (THURNHERR Benennungsmotive 88). Dagegen mag Volksetymologie die N.n verknüpfen mit *Mutz* 'etw. Kurzes, Stumpfes; kleiner dicker Mensch' Schweiz. Id. 4, 616, *Mützer, Metser, Mitser* 'kleiner Kerl, schwächlicher Junge' MARTIN-LIENHART 1, 746, *Mützer* 'kleiner Mensch, kleines Tier' FISCHER Schwäb. 4, 1860; auch an *Mützer, Mützger* 'Spitzmaus' Schweiz. Id. 4, 622, sowie an (kindersprachliches) *Mutz, Mauze, Minze, Mitze* 'Katze' JUTZ Vorarlberg 2, 468, *Mutz, Mutze, Mutzel* 'Katze' FISCHER Schwäb. 4, 1857 mag zuweilen gedacht werden. *Ohrenmützel* HEYDEN Plinius (1571) 312 (wenn hier nicht, wie öfter, nur im Sinne von 'Ohrenschmerz, -krankheit'); FRISCHLIN Nomencl. (1586) 70; RULAND Dict. (1586) 905; DECIMATOR Sylva voc. (1606) 578a; JUTZ Vorarlberg 2, 602. *Oremützel* Schweiz. Id. 4, 622; MARTIN-LIENHART Elsäss. 1,746. *Ohrmützel* (Bodensee) WERZ 97. *Ohrmizel* (Breisgau) HAFNER Hb. f. Haus- u. Landwirtsch. (1840) 219. *Oremitzel* FISCHER Schwäb. 5,78, auch entstellt zu *Moremutzel* ebda. *Ūremitsl* MARTIN-LIENHART a. a. O. *Ohrmutzel* (Baden) Zs. f. dt. Maa. (1913) 328. *Ohremutz* (Elsaß) WERZ 97. *Ohrenmutse* JUTZ a. a. O. *Ohremizze* (Elsaß) WERZ 95. *Ohrenmützele*, *-mitzele* (Oberrhein) ebda 97 und 95. *Ohremizzele* Bad. Mitteil. 6 (1915) 336. *Ohremutzele* (Baden, Elsaß) WERZ 97. *Oremützeler* Schweiz. Id. 4, 622. *Ohremützler* KUMMER Schaffhausen 2, 68; MARTIN-LIENHART Elsäss. 1, 746. *Ōremitsler*, *Ōrmetsler* ebda. *Oremitzeler* FISCHER Schwäb. 5, 77. *Aurenmetzeler*, *Auramezeler*, *-meezalar*, *Auremehzeler* (Schwaben) WERZ 93. *Oremützer* MARTIN-LIENHART a. a. O.; Bad. Mitteil. 6 (1915) 336. *Ohre-*, *Ohretmützer*, *Ohremützerich* KUMMER Schaffhausen 2, 68. *Ohremiizer(li)* (Baden) Zs. f. dt. Maa. (1913) 328. *Ohrenmitzer* (b. Donaueschingen) WERZ 94. *Ohre-*, *Ohra-*, *Ohrenmutzer* (Baden, Elsaß) ebda 97. Weitergebildet zu *Schoramutzer* (Elsaß) ebda 141; die Anknüpfung an *mutzen* 'scheren, stutzen' führt zur Erweiterung des ersten Kompositionsgliedes unter Anlehnung an bedeutungsverwandtes *schoren* 'die Haare kurz schneiden'. *Ohrenmetzer* (Breisgau) WERZ 94. *Ūremetser* MARTIN-LIENHART Elsäss. 1, 746. *Ohramatzer* (Elsaß) WERZ 92. Einen *r*-Einschub (in Anlehnung an *merzeln* 'Krämer sein, handeln', also 'geschäftig sein'?, s. FISCHER Schwäb. 4, 1624) zeigen *Ohrenmürzeler* (Breisgau), *Aoramerzeler* (Schwaben) WERZ 96 und 12. *Oremirzeler* FISCHER Schwäb. 5, 78. „Das Volk nimmt an, daß das Insekt, wenn es in das Ohr gekrochen ist, mit den großen Zangen an seinem Hinterleib das Trommelfell zerfleischt", so daß sich an *Metzger* 'Schlächter, Fleischer' anschließt *Aerametsger* BERGMANN Ochsenfurt 27. *Ohretmützger* KUMMER Schaffhausen 2, 68. *Ohrenmitzger, -mietzger, Ohrmitzge, -mitzgel* (Elsaß, Baden, Schwaben) WERZ 95. *Oramigser, -mixle, Ohremixel, -mixerli* (Elsaß), *Ohrenmixler* (Schwarzwald) ebda.

Ohre-, Oahrmuschel (Baden), *Ohrmuschle, -muschele, -muschela, Oramuslr* (Schwaben) WERZ 96. *Ohrmüschel* (Elsaß) ebda. Mit affektischer Verschärfung *Auramutschel, Ohrmutschele* (Schwarzwald, Schwaben) ebda. *Ohrenmutschelein* SCHWARZ Sudetendt. Wortatlas 3,32. Die N.n sind als Spielformen von *Ohrmützel* u. dgl. anzusehen. Der Zusammenfall mit hd. *Ohrmuschel*, schwäb. *Ormutschel* (FISCHER Schwäb. 5, 82) hat die Formen gewiß begünstigt (vgl. die Diminutiva von *Ohr* als N.n des Ohrwurms, s. unten, die von einer ähnlichen Beziehung begleitet werden). Eine Verbindung zu schwäb. *Mutschel* 'Weißbrot', wie WERZ a. a. O. vermutet, ist wenig wahrscheinlich. Eher dürften *muschle, mutsche(le)* 'heimlich etwas tun (reden, handeln)', *Muschele* 'Muschel', aber auch 'kleines, dickes Kind', *Mutschel* 'Kuh, Stute, Füllen, Schaf, Ziege', s. FISCHER 4, 1827 und 1845, *Wuschele, Müschele* 'Füllen', s. MARTIN-LIENHART Elsäss. 2, 875, von volksetymologischem Einfluß gewesen sein.

Orenmittel JUNIUS Nomencl. (1567) 85. *Ohrenmittel* (1575) FISCHART Garg. 386; EMMELIUS Nomencl. (1592) 149; (für die Schweiz) ADELUNG 3 (1777) 911; auch das Simplex *Mittel* ebda. *Ohrenmietel* ZEHNER Nomencl. (1663) 273. *Ohrenmytel* (ca. 1760) Alemannia 15 (1887) 215. *Oremüttel* (ca. 1650) Schweiz. Id. 4, 581. *Oremettel* ebda 556. *Ohrenmuttel* LESSER Insecto-Theol. (1738) 63. *Ohrenmuttele* (Oberrhein) WERZ 97. An *Mettel* '(Regen-)Wurm, Engerling' (Schweiz. Id. 4, 555) angelehnt?

Nasaliert *Ohremüntzl* (Bodensee), *Ohrenmünzele, -münzeler, -münzer* (Schwarzwald) WERZ 94 und 96. *Ohrenmints, -mintsel* JUTZ Vorarlberg 2, 602. *Ohr-, Ohraminzl* (Bodensee), *Ohreminzele, -minsele* (Schwarzwald, Breisgau), *Ohreminzeli* (b. Donaueschingen) WERZ 94. *Oreminseler* FISCHER Schwäb. 5, 78. *Auremenzeler* (Schwaben) WERZ 93. *Ohrenmunzel(e)* (Schwaben) ebda 96. Vgl. dazu *munzig, menzig* 'winzig' FISCHER Schwäb. 4, 1818. Hierher auch *Ohramisalar* (Schwaben) WERZ 94, da das *i* als „wohl nasaliert" anzusehen ist. *Auremaissler* (Schwaben) ebda 92. Ob zu *meisseln* im Sinne von 'kratzen, schaben' (WERZ)?

Orenmickel FISCHART Binenkorb (1581) 161. *Oremüggel, -miggel* Schweiz. Id. 4, 132. *Ornmückel* NEUBAUER Egerland 330. *Ohrenmyckele* (ca. 1760) Alemannia 15 (1887) 215. *Ohremückeli* Bad. Mitteil. 6 (1915) 336. *Oremüggeli, -müggli, -miggeli* Schweiz. Id. a. a. O. *Ohrmück* ALER Dict. 2 (1727) 1500. *Muckel, Mucke* HÖFLER Krankheitsn. (1899) 422. Diese (wie auch die folgenden) Formen sind mit den vorigen in einem Zusammenhang zu sehen; sie „zeigen, wie etymologisch haltlos der zweite Teil des Wortes von jeher war; doch ist bei unserer Gruppe Anlehnung an *Mugg* 'Mücke, Fliege'... sehr wahrscheinlich" (Schweiz. Id. 4, 132); vgl. auch schweiz. *muggelen, müggeln* 'heimlich entwenden, im Verborgenen handeln' (ebda 134). *Ohremücker, -mügger, -miggr, -miggere* (Oberrhein) WERZ 93f. *Ohrenmikkeler, -miggeler, -migler* (Oberrhein) ebda 94. *Oremüggeler, -miggeler* Schweiz. Id. 4, 132. *Ohrenmüggeler, -mügeler, -mükeler* (Schwarzwald) WERZ 95. *Ohremuckcheler* (Oberrhein) ebda. *Ohremügser* (Breisgau) ebda 96; vgl. *mucksen* 'sich bewegen' FISCHER Schwäb. 4, 1780. Mit *r*-Einschub *Öremürgele* (Baden) GLATTES Markgräfl. 36. *Ohrenmügerler* (Baden) WERZ 95.

Ohrennickel (1599) STALDER Schweiz. 2, 250. *Oreniggel, -nigil, -nüggel* Schweiz. Id. 4, 706. *Ohraniggl* (Österreich) WERZ 97. *Ohrenniggel* JUTZ Vorarlberg 2, 603. *Ohrnixel* (Bergstraße) WERZ 98. *Oreniggeli* Schweiz. Id. a. a. O. *Oreniggser, -niggeler, -nüggeler* ebda. *Orenüttel* ebda 876. „Es läßt sich nicht ausmachen, wie weit unsere Formen bloße Spielformen zu *Ohrenmüggel* usw. unter Anlehnung an *niggele* sind ..." Schweiz. Id. 4, 706; vgl. *niggele* 'vom kribbelnden Gefühl (in den Fingern)', *geniggelet* 'wimmelnd' ebda 708.

Verbreitet sind (in Arzneibüchern u. dgl.) alte Fügungen wie: „dem würm in dy oren kriechen dem soltu also helffen ..."; „ettwen so krichen die wurme dar ein" (15. Jh.) ORTOLF V. BAYERLAND, aus der Hs. abgedruckt bei KEIL 197; ihnen folgen die N.n *Ohrenkriecher* MÜLLER-FRAUREUTH Obersächs. 2, 804; STREITBERG Ostsachsen 90; MITZKA Schles. 2, Karte; ZIMMERMANN Nordböhmen 147; ROSENKRANZ Obere Saale 42; BERTHOLD Hess.-Nass. 2, 515; ASKENASY Frankfurt 174. *Ohrnkriecher* (Sachsen, Schlesien) Wortatlas. *Oornkriicher* (Vogtland) Zs. f. dt. Maa. (1913) 261. *Örnkrichr* BLUMER Nordwestböhmen 70. *Öen-, Oankricha* SCHWARZ Sudetendt. Wortatlas 3, 30. *Oarnkriecha* MITZKA a. a. O. *Oarnkriechar* (Lesachtal) FROMMANN Dt. Maa. 4, 40. *Örnkricher* SPANGENBERG Rhön-Eichsfeld 43. *Ohrkriecher* (Sachsen, Niederlausitz) Wortatlas; MITZKA a. a. O.; BERTHOLD a. a. O. *Ēurkriche* SCHWARZ a. a. O. *Uurnkricher* (Vogtland) Zs. f. dt. Maa. (1913) 261; MITZKA a. a. O.; SCHWARZ a. a. O. *Ūrekricher* (Eifel)

FSC
www.fsc.org
MIX
Papier | Fördert
gute Waldnutzung
FSC® C083411

Zeitfracht Medien GmbH
Ferdinand-Jühlke-Straße 7
99095 Erfurt, Deutschland
produktsicherheit@kolibri360.de